AIGC 应用场景与案例

主　编　张　勇　王　彬　徐　岩
副主编　王　伟　冯成成　夏永生　尤予诺
　　　　夏嗣礼　孟　倩　田雪芹　王　振
　　　　郭法宝

北京理工大学出版社
BEIJING INSTITUTE OF TECHNOLOGY PRESS

内 容 简 介

本书围绕 AIGC 展开多方面探讨，从 AIGC 的前世今生入手，依次介绍了其分类方式、提示词工程等基础知识，为后续应用奠定理论基础。接着按不同领域展开，包括程序设计、数媒、电商、教学、办公等，各领域案例丰富且具有代表性，最后深入探讨了 AIGC 发展的生态构建、伦理法律和可持续发展等关键问题，形成了从基础到应用再到前沿思考的完整知识体系，使读者能够循序渐进地掌握 AIGC 知识。同时，教材注重培养读者的综合能力，不仅传授 AIGC 技术知识，还引导读者思考其对社会、职业和思维方式的影响，培养读者的批判性思维和创新能力，以更好地应对AIGC 时代的挑战和机遇。

本书适合作为职业院校人工智能通识类教材使用，也可供对 AIGC 感兴趣的人员阅读和参考。

图书在版编目（CIP）数据

AIGC 应用场景与案例 / 张勇，王彬，徐岩主编.

北京：北京理工大学出版社，2025.4.

ISBN 978-7-5763-5323-5

Ⅰ . TP18

中国国家版本馆 CIP 数据核字第 20255FQ344 号

责任编辑： 王玲玲	**文案编辑：** 王玲玲
责任校对： 刘亚男	**责任印制：** 施胜娟

出版发行 / 北京理工大学出版社有限责任公司

社　　址 / 北京市丰台区四合庄路 6 号

邮　　编 / 100070

电　　话 / （010）68914026（教材售后服务热线）

　　　　　　（010）63726648（课件资源服务热线）

网　　址 / http://www.bitpress.com.cn

版 印 次 / 2025 年 4 月第 1 版第 1 次印刷

印　　刷 / 涿州市京南印刷厂

开　　本 / 787 mm×1092 mm　1/16

印　　张 / 15.5

字　　数 / 359 千字

定　　价 / 76.00 元

前言

在数字化浪潮席卷全球的今天，人工智能生成内容（Artificial Intelligence Generated Content，AIGC）正以前所未有的速度改变着我们的生活、工作和学习方式。从最初的用户生成内容（UGC）到专业生成内容（PGC），再到如今的 AIGC，内容生产的每一次变革都深刻影响着社会资源配置、文化形态演变和认知范式转换。AIGC 不仅突破了传统内容生产的效率"瓶颈"，降低了创作门槛，更是构建起人机协同的新型创作生态。

本书旨在系统梳理 AIGC 技术的发展脉络，深入探讨其在不同领域的应用场景与典型案例。通过理论与实践相结合的方式，本书将帮助读者全面了解 AIGC 的核心技术、分类方法以及实际应用中的优化技巧。无论是初学者还是专业人士，都能从中获得启发，掌握 AIGC 的核心知识，并将其应用于实际工作中。

➢ 本书的结构与内容

本书共分为 7 章，每章围绕 AIGC 的不同主题展开，内容涵盖技术演进、应用场景、提示词工程、提问策略等多个方面。以下是各章的主要内容概述。

第 1 章　AIGC 改变人类生活

通过三个案例系统性地介绍了 AIGC 的应用及其对人类生活的影响。从 AIGC 发展历程和分类入手，帮助读者理解 AIGC 的起源及其在文本、图像、音频等领域的多样化应用。利用提示词工程打造多元提问话术，通过 11 个任务展示了不同场景下的提问技巧，如直接提问、场景模拟、引导思考、对比分析等，涵盖了活动策划、问题解决到创意生成等多个领域。

第 2 章　AIGC 辅助程序设计

主要探讨了 AIGC 在程序设计领域的多种应用场景和任务，展示了其在辅助编程、代码生成与分析、代码纠错与优化等方面的强大能力。通过具体案例和任务，本章系统性地介绍了如何利用 AIGC 技术提升程序设计的效率和质量。

第 3 章　AIGC 数字媒体创作

主要展示了 AIGC 技术在数字媒体创作中的广泛应用，包括场景生成、卡通形象设计、海报设计、插画创作、剧本生成、动态影像生成、背景音乐生成、字幕生成、智能剪辑以及虚拟主播等。这些工具和技术的应用，不仅提升了创作效率，还为用户提供了更多创意可能性。

第 4 章　AIGC 电商设计

主要围绕电商领域的智能化应用展开，涵盖了商品标题生成、图片处理、促销活动策划等多个方面。通过使用豆包 AI 和稿定设计等工具，帮助电商从业者提升工作效率，优化商品展示效果。

第 5 章　AIGC 辅助教学应用

围绕 AIGC 技术在辅助教学领域的应用场景，探讨 AI 工具在提升教学效率和质量方面的强大功能。AIGC 不仅能够帮助教师快速生成客观题（选择题、填空题、判断题等），还能根据考试大纲或 PPT 提纲自动生成思维导图和上机操作题，帮助学生更好地理解课程结构和重点。在作业批改方面，AIGC 技术可以自动分析学生作业，精准指出错误并提供改进建议，极大地减轻了教师的工作负担。通过这些功能，AIGC 技术正在重塑教学生态，为教育工作者和学生带来更加智能化、个性化的学习体验。

第 6 章　AIGC 助力办公应用

主要介绍了 AIGC 在办公应用中的多种场景和案例，通过多个实际案例，展示了 AIGC 在办公应用中的广泛用途，包括公文写作、讲话稿撰写、PPT 提纲生成、日程管理以及会议记录等。通过合理使用 AIGC 工具，展示了人工智能生成内容在提高办公效率、优化工作流程方面的强大能力。

第 7 章　AI 技术迭代深化 AIGC 发展

主要展望了 AIGC 技术的未来发展方向，探讨其在技术创新、伦理问题、社会影响等方面的挑战与机遇，为读者提供前瞻性的思考。

➢ **本书的特色**

主要体现在以下三个方面：

1. 案例引领，任务驱动

采用案例引领、任务驱动的方式，将知识系统化、具象化，便于学生理解和掌握。全书以案例为主线，以任务为节点，突出实际应用场景，充分体现职业教育特色。教学内容按照案例和任务进行组织，通过简单明了的操作步骤，训练读者的动手能力。每个案例设计均具有操作简便、针对性强、时代性和先进性等特点，符合实际应用需求，帮助学生将理论与实践紧密结合。

2. 多场景应用分析，实用性强

从技术、应用、提问策略等多个角度全面剖析 AIGC，帮助读者在具体场景应用中构建系统化的知识体系。书中提供了丰富的任务设计和优化技巧，读者可以直接将其应用于实际工作中，提升内容生成的效率和质量。通过多场景分析，本书不仅拓宽了读者的视野，还增强了其解决实际问题的能力，使学习更具实用价值。

3. 自主学习，"活页"设计

采用活页式设计，每个应用场景没有严格的前后逻辑关系，这为学生提供了自主学习的便利性，方便学生根据自身需求巩固和强化知识。学生可以根据学习进度和兴趣灵活调整学习内容，提高学习效率和效果。活页设计不仅增强了自主学习的机动性，还为学生提供了更多自主探索和创新的空间。

AIGC 技术的快速发展为我们提供了无限的可能性，但同时也带来了新的挑战。如何在技术创新的同时，确保其应用的伦理性和社会价值，是我们需要共同思考的问题。希望本书能够为读者提供有益的参考，激发更多关于 AIGC 的探索与创新。

让我们共同迎接 AIGC 带来的新时代，探索内容生产和应用场景的无限可能。

王　彬

目录

第 1 章

AIGC 改变人类生活

随着数字技术的日新月异，人工智能生成内容（Artificial Intelligence Generated Content，AIGC）作为继用户生成内容（User Generated Content，UGC）和专业生成内容（Professionally Generated Content，PGC）之后的新型内容生成方式，正在重塑人类信息获取、知识传播和创意表达的底层逻辑。从 Web 2.0 时代全民参与的 UGC 生态，到媒体工业化催生的 PGC 体系，直至当下基于深度学习的 AIGC 范式，内容生产的三次革命性跃迁不仅见证了技术架构的迭代升级，更引发了社会资源配置、文化形态演变和认知范式转换的连锁反应。以 ChatGPT、DeepSeek、豆包为代表的 AIGC 工具群，正在突破传统内容生成的效率"瓶颈"、创作门槛和形式创新等方面的限制，构建起人机协同的新型创作生态。

本章将系统解构 AIGC 技术体系的演进脉络：从早期基于规则模板的初级形态，到当前依托生成对抗网络（GAN）、大语言模型（LLM）和扩散模型（Diffusion Model）的智能生成范式。同时，通过提示词工程（Prompt Engineering）探讨如何实现生成内容与目标需求的精准匹配和内容生成。

1.1 认识 AIGC

学习要点

1. 了解 AIGC 从 UGC、PGC 到自身发展的演变过程，以及 GAN 和预训练语言模型等关键技术如何推动其发展。

2. 掌握 AIGC 按生成内容类型、技术框架和应用领域的分类，了解其在多领域的广泛应用。

任务一 了解 AIGC 的前世今生

【任务描述】

AIGC 是近年来快速发展的技术领域，它通过模拟人类创造性思维，利用人工智能生成各种类型的内容。要理解 AIGC 的发展历程，首先需要回顾内容生产的演变，从最初的 UGC 到 PGC，再到如今的 AIGC，技术的进步不仅改变了内容的生产方式，也深刻影响了社会和文化的格局。

【具体内容】

1. UGC

用户生成内容（UGC）的出现标志着内容生产的一个重大转折。随着互联网的普及，普通用户不再仅仅是内容的消费者，他们通过社交媒体、视频平台、博客等形式成为内容的创造者。UGC 的兴起不仅让互联网内容更加多样化，也促进了社交互动和信息共享的普及。每个人都可以上传自己的照片、视频或文章，并与世界分享自己的想法和创意，这一过程彻底改变了人们对内容创作和消费的认知。

通过 UGC，内容创作者的多样性和参与性得到了极大的提升，平台上的内容更加多元化，同时也促进了创作者与观众之间更紧密的互动关系。例如，在抖音上，用户通过短视频展示自己的才艺或日常生活，而在小红书上，用户则分享购物心得或旅行体验，这些内容都能迅速获得观众的关注和反馈，形成了强大的社交互动效应。

虽然 UGC 在创造力上充满了多样性，但其内容质量往往参差不齐。对于追求高质量创作的领域，如新闻、影视等，UGC 难以满足专业需求，特别是在处理更复杂的内容时，UGC 的局限性愈加显现。

2. PGC

正是在 UGC 带来的启发下，专业生成内容（PGC）成为内容生产的主流之一。PGC 依托于专业创作者和机构，其内容质量往往更为精致和严谨，能够满足观众对高水平内容的需求。无论是新闻报道、电影制作还是学术研究，PGC 的高质量和深度都为各行各业提供了可靠的信息源。与 UGC 不同，PGC 强调的是内容的深度、质量和可靠性。PGC 的生产通常需要专业技能、较多的资源和较长的制作周期，因此在多个领域中有着广泛应用。

然而，PGC 的生产模式存在一定的局限性。首先，PGC 的创作往往需要大量的资源投入，创作者需要花费更多时间和精力在内容制作上，这使它在处理海量内容时显得力不从心。其次，PGC 通常由少数专业人员主导，缺乏 UGC 那种广泛参与的开放性和灵活性。随着信息时代的到来，这些问题逐渐显现，也为 AIGC 的诞生提供了契机。

3. AIGC

AIGC 的诞生恰逢其时，它不仅填补了 UGC 和 PGC 之间的空白，还通过人工智能的强大计算能力和生成能力，推动了内容创作的自动化。AIGC 的核心在于其利用机器学习和深度学习技术，模拟和模仿人类的创造过程。通过从大量数据中学习，AIGC 能够生成富有创意的文本、图像、音频等内容。

与 UGC 和 PGC 不同，AIGC 在创作过程中并不依赖人工参与，机器通过训练数据中的规律生成新的内容。GPT、BERT 等语言模型，GAN 等图像生成模型的出现，使 AIGC 能够在多领域展示其能力，从生成文章到创作艺术作品，再到音乐创作，AIGC 技术的迅猛发展正在推动内容创作的自动化与智能化。AIGC 结合了 UGC 的快速生成性与 PGC 的高质量性，在效率和规模上都实现了突破。

4. AIGC 的萌芽阶段

AIGC 的技术进步并非一蹴而就，最初的生成内容模型也仅仅是从规则化的文本生成和简单的图像生成开始。自然语言生成（NLG）技术作为 AIGC 的早期应用，依赖一套预定义的规则和模板，生成的内容多为固定模式的句式。尽管如此，这一阶段的探索为后来的深度学习模型提供了宝贵的经验，也为 AIGC 的发展铺平了道路。

随着机器学习和深度学习技术的进步，AIGC 开始能够通过更复杂的算法生成内容。深度学习模型可以分析大量的文本和图像数据，发现潜在的模式，并基于这些模式进行创作。虽然这时的生成内容还显得有些生硬，但它们为后续技术的突破奠定了坚实的基础。

5. GAN

生成对抗网络（GAN）是 AIGC 发展的一个重要里程碑。2014 年，Ian Goodfellow 提出了 GAN 的概念，它通过两种神经网络生成器（Generator）和判别器（Discriminator）相互对抗，生成高度逼真的数据，如图 1-1 所示。在训练过程中，生成器的任务是生成尽可能真实的假数据，而判别器则努力识别出哪些数据是真实的，哪些是生成的。两个网络通过博弈的方式不断改进，最终生成器能够生成几乎无法与真实数据区分的内容。

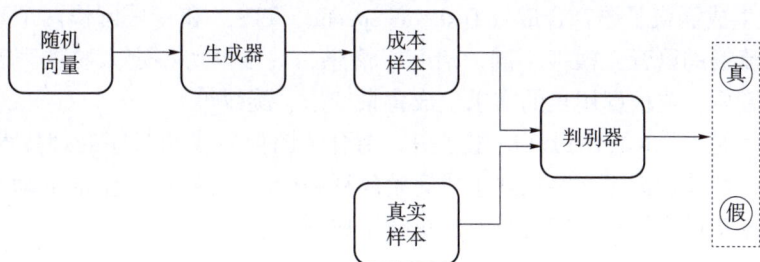

图 1-1　GAN 网络结构

GAN 的突破性意义在于，它不仅能够生成高质量的图像，还为其他生成任务打开了新的可能性。图像生成、艺术创作、数据增强等领域的应用，正是建立在 GAN 强大生成能力的基础上。深度 Fake 和 AI 艺术创作的兴起，正是 GAN 在图像领域应用成功的体现。

6. 语言生成模型的兴起

随着 AIGC 技术的发展，预训练语言模型（如 GPT、BERT 等）的崛起，标志着 AIGC 在自然语言处理领域的飞跃。GPT 系列语言模型，特别是 GPT-3，通过在大规模文本数据集上进行预训练，能够理解和生成高质量的自然语言文本。这些模型的核心原理在于自注意力机制，它使模型能够同时关注输入文本中的多个词语，理解它们之间的关系，从而生成流畅的文本内容。

自注意力机制的优势在于，它不仅能够有效处理长文本中的上下文信息，还提高了计算效率，使生成过程更加快速和精准。GPT 和 BERT 等模型的出现，使 AIGC 在自然语言生成领域达到了一个新的高度，自动化写作、对话生成、代码编写等应用逐步实现。

任务二　了解 AIGC 的分类

【任务描述】

AIGC 作为一项跨领域的创新技术，其应用和技术实现方式丰富多样。随着人工智能技术的发展，AIGC 的应用逐渐涵盖了文本、图像、音频、视频等多个内容生成领域，同时也不断渗透到各行各业。为了更清晰地了解 AIGC 的多样性，下面从生成内容的类型、使用的技术框架以及应用领域等维度进行分类。

【具体内容】

1. 生成内容分类

AIGC 的第一个分类维度是根据生成的内容类型来划分的。从最初的文本生成，到图像、音频、视频的生成，AIGC 的技术实现随着需求的不同逐渐多样化。

（1）文本生成是 AIGC 中应用最广泛的领域之一。通过自然语言生成（NLG）技术，AIGC 可以从一组数据或简短的输入生成连贯、符合逻辑的自然语言文本。文本生成不仅可以用于新闻报道，还可以用于生成博客文章、诗歌、小说、剧本、对话等，极大地提高了内容创作的效率。

（2）图像生成是 AIGC 最有潜力的领域之一，尤其是借助 GAN（生成对抗网络）和变换器（如 VQ-VAE 等）模型，计算机能够生成从照片到艺术创作的各种图像。用户可以通过简单的描述或文本输入让 AI 生成图像，这种生成方法不限于现实世界的图像，也可以创造虚拟人物和风景。

（3）音频生成涵盖了语音合成（Text-to-Speech，TTS）和音乐创作两个重要领域。AI 可以生成自然流畅的语音，模拟不同的语气、情感，甚至模仿特定人物的声音。同时，AI 也能创作新的音乐，或根据用户的需求生成背景音乐、旋律等。

（4）视频生成是 AIGC 的最新应用之一，结合了图像生成和时序处理技术。AI 可以根据输入的脚本、情节或甚至文字描述生成完整的视频内容。通过 AI 生成的动画、特效、虚拟角色等，也逐步成为影视、广告行业的重要组成部分。

2. 生成技术分类

随着 AIGC 技术的发展，生成内容的方式也逐步细化，许多不同的技术框架被应用到不同的生成任务中。以下是按技术框架分类的几种类型。

（1）基于生成对抗网络（GAN）的内容生成在图像、视频等领域的应用尤为突出。GAN 通过生成器和判别器的对抗训练，不仅可以生成非常逼真的图像，还能生成深度伪造的内容，如 DeepFake 技术。这一技术的出现，推动了图像生成领域的革命，也催生了虚拟现实和增强现实技术的创新。

（2）基于变换器（Transformer）的生成，在自然语言处理（NLP）领域，GPT 系列和 BERT 等基于 Transformer 的预训练语言模型极大提升了文本生成的质量与流畅度，能够自动生成高质量的文章、新闻、代码等内容。

（3）基于自编码器（Autoencoders）的生成，通常用于数据压缩、降噪和生成任务。与其他生成模型不同，自编码器的目标是学习输入数据的低维表示，再通过解码器生成原始数据或新的数据。自编码器通过其结构的对称性进行学习，尤其在图像生成、数据去噪等任务中具有优势。

（4）基于强化学习（RL）的生成主要应用于多步骤决策生成任务，比如游戏内容生成、自动化决策系统等。强化学习通过奖励机制来引导模型优化生成策略，生成最优的内容。

3. 生成领域分类

AIGC 的应用不限于娱乐和创作领域，还广泛渗透到各行各业。根据应用领域的不同，AIGC 可以进一步细分为以下几类。

（1）娱乐与艺术创作是 AIGC 最早也是最广泛的应用领域之一，AI 在电影、动画、音乐创作中展现出巨大的潜力。电影脚本的自动生成、视频内容的编辑和特效制作，以及音乐的自动创作，已经开始进入许多创作团队的工作流程。

（2）内容创作与媒体领域也逐渐成为 AIGC 的重要应用场景，自动化写作、新闻报道生成、广告文案创作等逐渐得到了实际应用。AI 生成的文章不仅可以快速满足信息发布的需求，还能够生成多种风格的内容，帮助媒体节省人力成本。

（3）教育与培训领域的 AIGC 应用也在快速发展，AI 能够根据学生的学习进度和兴趣生成定制化的学习内容和测试题，从而帮助教育者更高效地进行个性化教学。

（4）在商业与营销领域，AIGC 则广泛应用于个性化推荐、自动化广告创作和市场分析等任务，大大提高了商业决策的效率。AI 的强大生成能力不仅能优化内容的生产过程，还能为企业提供更加精准的营销策略。

【小结】

1. 了解 AIGC 的内容生产范式的演进和关键技术的突破。
2. 了解 AIGC 的不同分类方法和 AIGC 的应用领域。

1.2　解锁提示词工程

学习要点

1. 了解提示词工程的作用与结构。
2. 掌握提示词的优化技巧。

任务一　了解提示词工程

【任务描述】

提示词工程作为优化生成式人工智能（AIGC）内容生成的关键技术，其重要性日益凸显。它通过设计和优化提示词来引导 AIGC 系统生成特定内容，确保生成结果的准确性和相关性。为了更好地掌握提示词工程，需要深入了解提示词工程的概念与作用，以及提示词的结构组成。下面将从提示词工程的概念及作用、提示词的结构等方面进行详细阐述。

【具体内容】

1. 提示词工程的概念与作用

提示词工程是指通过设计和优化提示词，来引导生成式人工智能（AIGC）工具（如大型语言模型 LLM）生成特定内容的过程。这一工程的核心在于通过精心构造的提示词来引导模型理解用户的需求，并生成符合预期的输出。简单来说，可以把 AI 模型看作一个知识丰富的专家，这个专家具备广泛的知识储备，但由于其工作原理通常是基于算法和模式识别，而非直觉和情感，因此，它在处理用户输入时往往是非常"字面"的，类似于一个"钢铁直男"。为了使模型产生更准确和相关的响应，需要以明确且精确的方式表达需求，确保模型能够正确理解并执行任务。

提示词工程在 AIGC 应用中扮演着关键角色。好的提示词不仅能够显著提升生成内容的质量和相关性，还能有效降低不确定性。比如，让一个 AI 模型生成一首诗，如果只是简单地要求它"写一首关于春天的诗"，生成的结果可能会比较普通。但如果给出更具体的提示，要求它"写一首充满希望的春日田园诗，模仿李白的风格"，那么输出就会更加富有想象力，更贴近期望。

2. 提示词结构

提示词结构指的是如何组织和编写给 AI 的指令或问题。一个良好的提示词结构能够让 AI 更容易理解任务，并给出满意的回答。就像写一封电子邮件时，你需要清楚地说明主题和目的，以便接收者能够快速了解你的意图。一个完整的提示词通常由几个关键要素构成。

（1）指令：明确指出模型需要完成的任务或目标。例如，"生成一篇关于气候变化的文章"或"回答以下问题"。

（2）上下文：提供背景信息或情境，帮助模型更好地理解任务的范围和要求。上下文可以包括前文内容、情境描述或相关知识。

（3）输入数据：需要模型处理的原始数据。例如，让模型翻译一段中文文本，这段中文文本就是输入数据。

（4）输出指示：规定输出内容的格式、长度、风格等要求。比如，"生成 500 字的文章"或"使用学术语言回答"。

为了更直观地理解这些要素，表 1-1 展示了一个具体的案例。

表 1-1　案例

要素	解释	示例
指令	告诉模型做什么	"总结这篇文章的要点"
上下文	提供背景信息	"这篇文章是关于气候变化的"
输入数据	需要模型处理的数据	（一篇关于气候变化的文章）
输出指示	对输出内容做限制或要求	"用三点概括文章的要点"

任务二　设计高质量提示词

【任务描述】

大语言模型（LLM）作为 AIGC 技术的核心基础，通过海量文本数据学习，具备强大的语言理解和生成能力。根据 LLM 的工作原理设计有效提示词，能够最大限度地发挥 AIGC 的生成能力。

【具体内容】

AIGC 是一个广泛的概念，涵盖了利用各类 AI 技术实现内容生成的方法和应用。而大语言模型（LLM）则是支撑 AIGC 技术的核心基础，通过学习海量文本数据，掌握了丰富的语言知识和理解能力。可以说，LLM 是 AIGC 的引擎，为内容生成提供强大的语言处理能力。

LLM 是通过学习大量文本数据，掌握语言的统计特征和模式，从而实现对文本的理解和生成。当接收到提示词输入时，LLM 会解析其中的结构和含义，并根据自身积累的知识生成相应的输出。LLM 通过以下方式理解和生成文本。

（1）数据驱动的学习：LLM 从海量的文本数据中学习，这些数据包括书籍、文章、网页等，使模型能够捕捉到语言的复杂模式和细微差别。

（2）模式识别：当接收到输入文本时，LLM 会在其学习到的数据模式中寻找匹配，以预测接下来的词或句子。

（3）序列生成：基于输入的提示词，LLM 会生成一系列的词，形成连贯的文本输出。

由 LLM 的工作原理可知，LLM 的生成能力是建立在海量数据统计特征之上的，因此，在设计提示词时，需要充分考虑 LLM 的特性，以最大化发挥其潜力。比如，注重提供相关上下文、使用关键词短语等，都有助于引导 LLM 产生更高质量的内容。

基于 LLM 的工作原理，提示词设计需遵循"明确性-相关性-可控性"原则，具体技巧如下。

（1）清晰明确的指令：指令越具体、越明确，模型就越能准确理解人们的意图，避免使用模糊不清的描述。

（2）提供相关的上下文信息：充分的背景信息能帮助模型更好地理解任务，减少歧义，尤其是在处理专业性较强的任务时。

（3）使用关键词和短语：关键词和短语能引导模型关注特定的主题或风格，例如，使用"科幻""赛博朋克"等关键词，可以引导模型生成具有科幻风格的内容。

（4）限定输出格式：明确指定输出的格式，例如，要求模型以列表、表格、代码等形式输出，有助于提高结果的可用性。

（5）加入示例：通过提供少量的示例，帮助模型学习期望的输出模式。这种方法尤其适用于需要模型模仿特定风格或格式的任务。

【小结】

1. 掌握提示词的四大要素：指令、上下文、输入数据、输出指示，并能够根据这些要素进行提示词的设计。

2. 理解 LLM 的工作原理，能够根据提示词的设计技巧对提示词进行优化。

1.3　打造多元提问话术

学习要点

1. 了解不同提问方式的特点和区别。

2. 能够根据实际情况选用合适的提问方式。

任务一　直接提问——策划年级跳绳大赛方案

【任务描述】

通过向通义千问提出具体且明确的指令，让其帮助策划并设计年级跳绳大赛的相关内容，包括比赛形式、规则、奖项设置等。

【具体步骤】

（1）在 Edge 浏览器地址栏中，键入 https://tongyi.aliyun.com/，按回车键进入通义千问网页端界面，如图 1-2 所示。

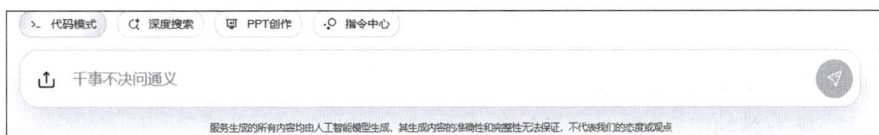

图 1-2　通义千问界面

（2）在对话框中，输入文本："请提供一个适合高中二年级学生的跳绳大赛比赛流程和规则，确保比赛简单且有趣，能够吸引学生参与。"

按回车键后，生成结果如图 1-3 所示。

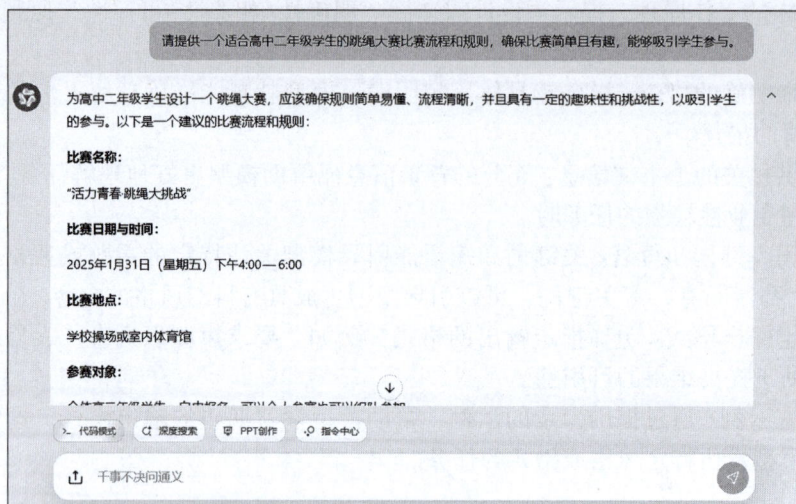

图 1-3　生成跳绳大赛活动策划截图

生成的具体内容如下：

为高中二年级学生设计一个跳绳大赛，应该确保规则简单易懂、流程清晰，并且具有一定的趣味性和挑战性，以吸引学生的参与。以下是一个建议的比赛流程和规则：

比赛名称：

"活力青春·跳绳大挑战"

比赛日期与时间：

2025 年 1 月 31 日（星期五）下午 4:00—6:00

比赛地点：

学校操场或室内体育馆

参赛对象：

全体高二年级学生，自由报名，可以个人参赛也可以组队参加。

比赛形式：

分为个人赛和团体赛两种形式。

个人赛

比赛项目：单人计时跳绳

比赛规则：每位选手有两分钟的时间尽可能多地完成跳跃次数，中途如果停顿超过 5 秒，则重新开始计数。

胜负判定：根据两分钟内完成的有效跳跃次数来决定名次，次数多者胜出。

团体赛

团队构成：每队由 3~5 名成员组成。

比赛项目：接力跳绳

比赛规则：每个队伍的成员依次进行跳绳，每人连续跳 30 秒，然后迅速将跳绳传递给下一位队员。整个过程限时 5 分钟。

胜负判定：按照各队在规定时间内累计的跳跃次数排名，次数多者获胜。如果有平局，则加赛一轮，直到决出胜负。

比赛流程：

1. 报名阶段（即日起至 2025 年 1 月 28 日）

学生通过线上或线下方式报名参加个人赛或团体赛。

2. 热身活动（比赛当天下午 3:30—4:00）

组织所有参赛选手进行热身运动，预防运动伤害。

3. 开幕式（比赛当天下午 4:00—4:15）

校长或体育教师致辞，宣布比赛正式开始。

4. 正式比赛（比赛当天下午 4:15—5:30）

先进行个人赛，后进行团体赛。

每个项目的比赛之间安排短暂休息时间。

5. 结果公布与颁奖仪式（比赛当天下午 5:30—6:00）

宣布比赛结果，颁发奖品和荣誉证书给优胜者。

鼓励未获奖的学生，强调参与的重要性。

注意事项：

所有参赛选手必须穿着适合运动的服装和鞋子。

比赛过程中应遵守秩序，尊重裁判判决。

提倡友谊第一，比赛第二的精神。

　　（3）在生成活动策划内容之后，紧接着让其生成活动海报。在对话框中输入文本：同时生成活动海报。

　　按回车键后，生成结果如图 1-4 所示。

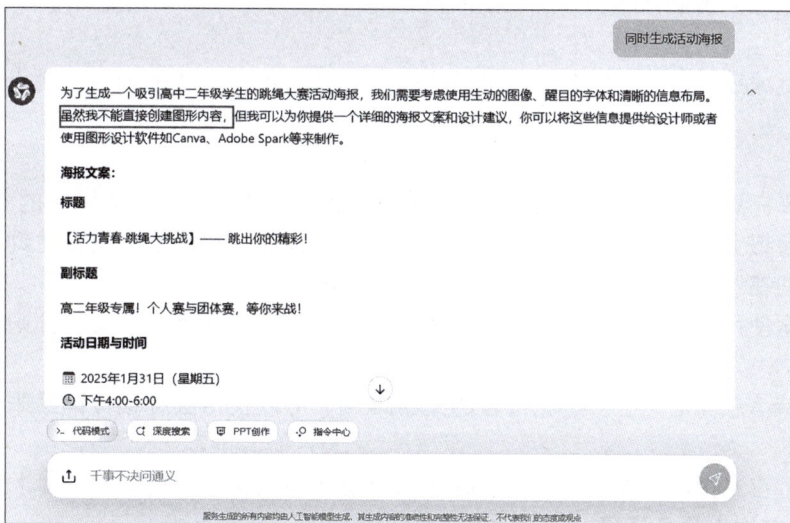

图 1-4　生成跳绳大赛活动海报截图

生成的具体内容如下：

为了生成一个吸引高中二年级学生的跳绳大赛活动海报，需要考虑使用生动的图像、醒目的字体和清晰的信息布局。虽然我不能直接创建图形内容，但我可以为你提供一个详细的海报文案和设计建议，你可以将这些信息提供给设计师或者使用图形设计软件如 Canva、Adobe Spark 等来制作。

海报文案：

标题

【活力青春·跳绳大挑战】—— 跳出你的精彩！

副标题

高二年级专属！个人赛与团体赛，等你来战！

活动日期与时间

📅2025 年 1 月 31 日（星期五）

🕐下午 4：00—6：00

地点

📍学校操场/室内体育馆

参赛方式

🎗个人赛：单人计时跳绳

🎗团体赛：接力跳绳

报名信息

👑即日起至 1 月 28 日报名

📞［报名联系方式或网站］

活动亮点

✨简单易懂的比赛规则

✨丰富的奖品等你拿

✨和同学们一起挥洒汗水，享受运动的乐趣

鼓励语

无论你是跳绳高手还是初学者，这里都是展示自己的舞台！快来加入，跳出健康，跳出快乐！

设计建议：

颜色：选择充满活力的颜色，比如橙色、黄色、蓝色，以传达青春和活力的感觉。

图片：在海报上添加一些学生跳绳的照片或者插画，让海报看起来更加生动有趣。可以是学生们在欢笑中跳跃，或是展现团队合作的画面。

字体：标题使用大胆、醒目的字体，确保从远处也能轻易读取；正文部分则选用清晰易读的字体。

排版：保持信息简洁明了，避免过多的文字堆砌。可以使用图标或分隔线来区分不同的信息块。

呼吁行动：在海报底部放置一个明显的呼吁行动按钮或文字，例如"立即报名""加入我们"，并附上报名详情。

在生成结果中可以看到，通义千问目前不能生成图片内容，但它仍然为策划者提供一个具有执行力的海报文案框架，并且在海报风格（色彩搭配、内容排版等方面）的设计上给出了中肯的建议。

任务二　直接提问——生成年级跳绳大赛海报

【任务描述】

活动策划和活动海报通常是一起进行的，活动策划就像是活动的"计划书"，里面详细说明了活动的目的、时间、地点、规则等内容，而活动海报则是将这些信息以视觉的形式展示出来，帮助吸引更多人的关注。不同于通义千问，豆包既可以根据提示词生成活动策划（文生文），也可以根据描述生成活动海报（文生图），并且支持原图的下载。

【具体步骤】

（1）在 Edge 浏览器地址栏中，键入 https://www.doubao.com，按回车键进入豆包网页端界面。界面如图 1-5 所示。

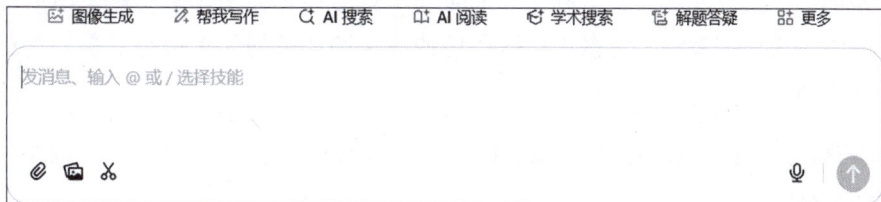

图 1-5　豆包网页端窗口

（2）在窗口中单击"图像生成"选项，进入豆包图像生成功能模块，界面如图 1-6 所示。在对话框中输入图像的描述信息，豆包会生成对应的图像并提供下载。

图 1-6　豆包图像生成窗口

（3）参照通义千问生成的海报设计思路，在对话框中输入文本：

根据描述生成海报。
主标题：跃动青春，绳彩飞扬——高二跳绳大赛
副标题：燃烧激情，跳出风采，共赴这场青春的跳跃盛宴
比赛信息：
时间：2024/11/14—2024/11/18
地点：学校操场
参赛对象：高中二年级全体学生
比赛项目：
个人赛：30 秒快速单摇跳、1 分钟花样单摇跳
团体赛：4×1 分钟接力跳绳、8 人集体长绳 8 字跳
奖项设置：
个人赛：各项目前三名获运动手环及奖状，优秀奖获荣誉证书
团体赛：各项目前三名得团队体育用品套装及奖状，还有优秀组织奖奖状
海报配图建议：可以选择一张充满活力的高中生跳绳照片作为主图，照片中展现出学生们跳绳时的欢乐和激情，背景用一些彩色的线条和动感的元素进行点缀，营造出青春活力的氛围。

按回车键后，豆包会自动在用户输入的提示词前加上"帮我生成图片："前缀，生成结果如图 1-7 所示。

图 1-7　跳绳大赛海报生成结果

（4）根据生成结果，可以看到，豆包根据描述生成四张候选海报，这些海报中的中文字符都出现了乱码的问题，在尝试了其他文生图模型（可灵、智谱清言、文心一言、硅基流动等）之后发现，对文生图模型而言，在图像中精准生成文本一直是难题，尤其是中文文字，经常出现乱码。原因是相比英文字母，汉字字符结构更复杂，且字符数量要多两个数量级。

选中一张海报，并单击海报下的"继续编辑"按钮，在对话框中输入文本："将高中生手中的跳绳修改为橙色"，按回车键后，生成结果如图 1-8 所示。

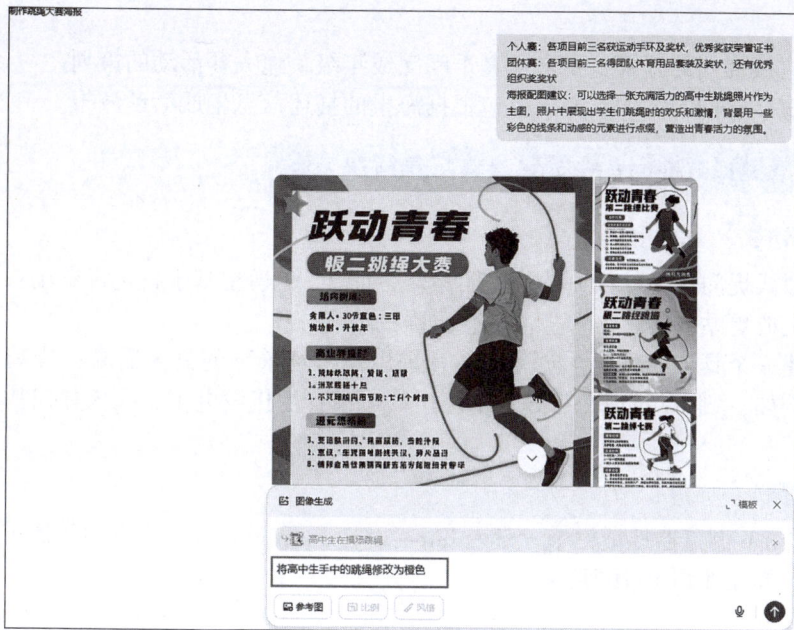

图 1-8　继续编辑海报结果

　　豆包按照提示词要求将选定海报中高中生手中的跳绳颜色修改为橙色，结果如图 1-9 所示。

图 1-9　跳绳大赛海报结果

【小结】

1. 采用直接提问的方式，要求通义千问完成年级跳绳大赛活动的策划。
2. 采用直接提问的方式，要求豆包根据海报的描述信息生成活动海报。

任务三　场景模拟式提问——提供具体场景解决方案

【任务描述】

场景模拟式提问作为一种独特的提问策略，能让 AI 模型基于特定设定场景进行思考和作答，从而生成更贴合实际需求、情境感更强的内容。

通过构建一个具体的场景，向文心一言提出模拟场景下的具体需求，让其提供详细的解决方案。例如，"假设我现在身处一个陌生的城市，手机没电了，我该如何找到最近的充电宝租赁点？"

【具体步骤】

（1）在 Edge 浏览器地址栏中，键入 https://yiyan.baidu.com/，按回车键进入文心一言网页端界面。界面如图 1-10 所示。

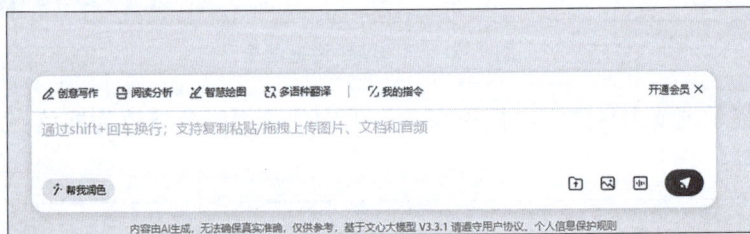

图 1-10　文心一言窗口

（2）在对话框中，输入文本："假设我现在身处一个陌生的城市，手机没电了，我该如何找到最近的充电宝租赁点？"按回车键后，生成结果如图 1-11 所示。

生成的具体内容如下：

在陌生的城市中，如果手机没电了，想要找到最近的充电宝租赁点，可以尝试以下几种方法：

一、使用手机 APP

1. **下载并安装充电宝品牌 APP**：目前市面上多家共享充电宝品牌都推出了自己的手机应用程序，通过下载并安装这些 APP，可以轻松实现一键查找附近充电宝的功能。打开 APP 后，通常会有"附近门店"或"附近充电宝"等选项，单击即可查看周边可用的充电宝位置及距离，部分 APP 还能提供导航服务。

2. **使用主流地图软件**：许多主流地图软件也集成了共享充电宝的搜索功能。在地图软件中，输入"共享充电宝"作为搜索关键词，软件会列出附近的充电宝租借点。

二、观察周围环境

1. **留意商家合作信息**：不少商家为了提升顾客体验，会与共享充电宝品牌合作，在店内设置充电宝租借设备。因此，在逛街或用餐时，可以留意商家的合作信息，或许就能发现近在咫尺的充电宝服务。

2. **前往人流密集区域**：共享充电宝往往分布在商场、餐厅、咖啡厅、火车站、机场等人流密集区域，方便人们随时取用。如果身处一个相对陌生的环境，且通过上述方法未能找到充电宝，可以前往这些区域寻找。

三、询问当地居民或商家员工

如果上述方法都未能找到充电宝租赁点，可以向当地居民或商家员工询问。他们通常对周边设施较为熟悉，能够提供有用的信息。

四、其他建议

开启省电模式：在等待找到充电宝租赁点的过程中，可以将手机切换到省电模式，以延长电池寿命。

减少用电量：尽量减少使用手机的时间和频率，关闭不必要的应用程序和功能，将手机电量用于更重要的事情上。

综上所述，在陌生的城市中，通过合理使用手机 APP、观察周围环境、询问当地居民或商家员工等方法，通常能够找到附近的充电宝租赁点。同时，在等待充电的过程中，也可以采取一些措施来延长手机电池寿命或减少用电量。

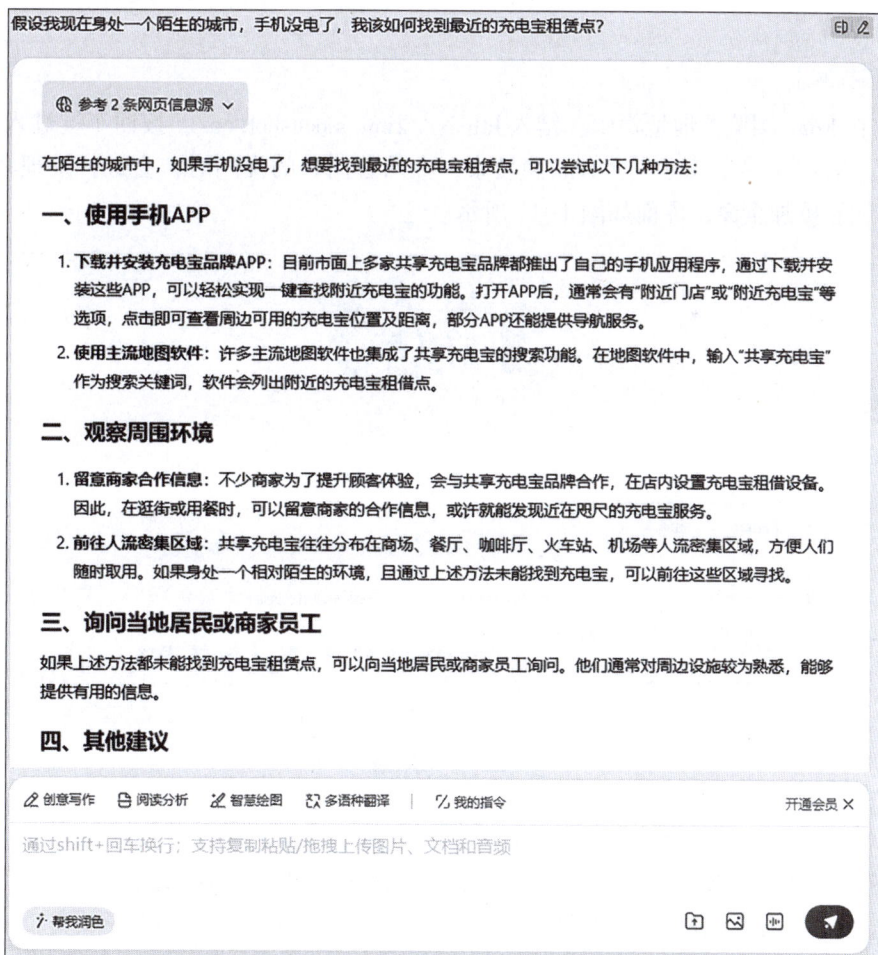

图 1-11　手机没电解决方案截图

在生成结果中可以看到，文心一言从外部和自身两方面出发，为用户提供了全方位的解决方案，该方案先从手机 APP 这种便捷的方式说起，然后过渡到观察周围环境，最后是询问当地居民，顺序合理，符合人们解决问题的思维习惯。

【小结】

1. 场景模拟提问方式，AIGC 能够提供更贴合现实情况的解决方案。
2. 采用场景模拟提问的方式，要求文心一言给出具体场景下的解决方案。

任务四　引导思考式提问——制订家庭出游方案

【任务描述】

引导思考式提问通过引导性的问题和线索，激发模型进行深度思考。这种方式不一定按严格的步骤进行，而是通过引导、提示帮助模型从多个角度进行思考，确保回答更加全面和深入。例如，你想组织一次家庭周末活动，但家人兴趣分散（孩子想郊游、老人想轻松休息、伴侣希望有社交元素）。如果直接向 AI 模型提问："怎么安排家庭周末活动？"可能得到泛泛建议（如"去公园野餐"）。但是通过引导式提问，可以细化需求，平衡不同成员需求。

【具体步骤】

（1）在 Edge 浏览器地址栏中，键入 https://kimi.moonshot.cn/，按回车键进入 Kimi 网页端界面。Kimi 提供了长考模型和联网搜索，在回答用户的提问时，会进行推理和实时联网搜索，回答更加全面，界面如图 1-12 所示。

图 1-12　Kimi 窗口

（2）在对话框中，输入文本："家庭成员年龄跨度大（6 岁孩子、60 岁父母、30 岁夫妻），如何设计一个让所有人都满意的周末活动？请先列出不同年龄段的常见偏好。"该提问用于让 Kimi 先理解家庭出游的矛盾点（孩子要动、老人要静、成年人要社交）。

按回车键后，生成结果如图 1-13 所示。

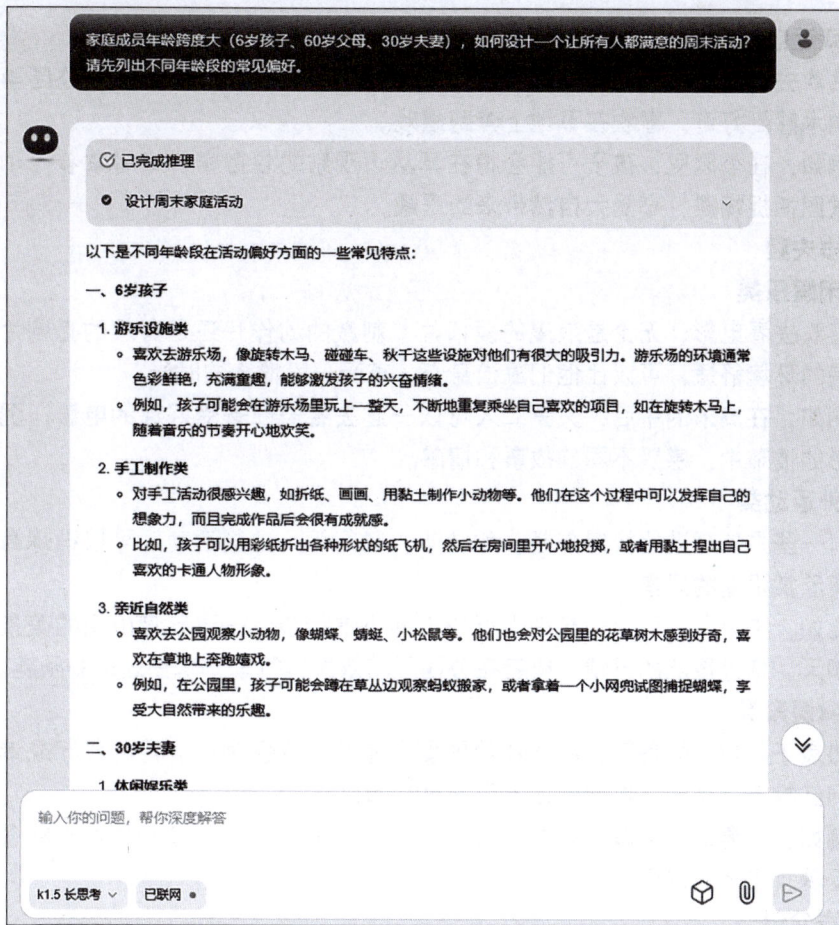

图 1-13　家庭成员偏好截图

生成的具体内容如下：

以下是不同年龄段在活动偏好方面的一些常见特点：

一、6 岁孩子

1. 游乐设施类

- 喜欢去游乐场，像旋转木马、碰碰车、秋千这些设施对他们有很大的吸引力。游乐场的环境通常色彩鲜艳，充满童趣，能够激发孩子的兴奋情绪。
- 例如，孩子可能会在游乐场里玩上一整天，不断地重复乘坐自己喜欢的项目，如在旋转木马上，随着音乐的节奏开心地欢笑。

2. 手工制作类

- 对手工活动很感兴趣，如折纸、画画、用黏土制作小动物等。他们在这个过程中可以发挥自己的想象力，而且完成作品后会很有成就感。
- 比如，孩子可以用彩纸折出各种形状的纸飞机，然后在房间里开心地投掷，或者用黏土捏出自己喜欢的卡通人物形象。

3. 亲近自然类

- 喜欢去公园观察小动物，像蝴蝶、蜻蜓、小松鼠等。他们也会对公园里的花草树木感到好奇，喜欢在草地上奔跑嬉戏。
- 例如，在公园里，孩子可能会蹲在草丛边观察蚂蚁搬家，或者拿着一个小网兜试图捕捉蝴蝶，享受大自然带来的乐趣。

二、30 岁夫妻

1. 休闲娱乐类

- 喜欢去看电影，无论是浪漫的爱情片、刺激的动作片还是有趣的喜剧片。电影院的环境舒适，可以让他们放松身心，享受一段惬意的时光。
- 例如，在周末的午后，夫妻二人可以一起去看一部备受好评的电影，沉浸在电影的情节中，感受不同的故事和情感。

2. 户外运动类

- 对一些户外运动比较感兴趣，如徒步、骑行等。这些活动既可以锻炼身体，又能欣赏沿途的风景。
- 比如，夫妻二人可以一起去附近的山间小道徒步，一边欣赏山间的美景，一边聊天，增进彼此的感情。或者在公园里骑双人自行车，享受运动的乐趣。

3. 美食探索类

- 热衷于寻找新的餐厅，品尝各种美食。他们可能会对一些特色餐厅或者新开的网红餐厅感兴趣，喜欢尝试不同的菜系和口味。
- 例如，夫妻二人可以一起去一家口碑很好的火锅店，品尝各种美味的食材，享受美食带来的愉悦。

三、60 岁父母

1. 文化体验类

- 喜欢去博物馆、美术馆等文化场所。他们对历史文物、艺术作品等有浓厚的兴趣，这些场所可以让他们感受到文化的底蕴和艺术的魅力。
- 例如，在博物馆里，父母可以仔细观赏古代的青铜器、陶瓷等文物，了解它们背后的历史故事，增长知识。

2. 休闲养生类

- 偏爱一些比较安静、养生的活动，如泡温泉、做按摩等。这些活动可以帮助他们放松身体，缓解疲劳。
- 比如，在温泉池中，父母可以一边享受温泉的滋润，一边聊天，让身心得到充分的放松。或者去专业的按摩店，通过按摩来舒缓身体的酸痛。

3. 社交活动类

- 喜欢和同龄人一起参加一些社交活动，如老年合唱团、老年舞蹈队等。这些活动可以让他们结交朋友，丰富自己的社交生活。
- 例如，父母可以参加社区组织的老年合唱团，在唱歌的过程中不仅能够愉悦身心，还能和其他老人交流感情。

（3）根据生成结果，可以选择一种户外的活动类型，同时加入一些限制条件，来约束 AI 的脑洞，贴近真实需求。

在对话框中接着输入文本："预算 500 元内，地点在徐州，不能开车超过 1 小时，且要避开拥挤景点。基于这些条件，请提供一种合适的户外活动类型。"

按回车键后，Kimi 会根据需求，并实时在线搜索徐州的户外活动地点，提供具体的出游方案，生成结果如图 1-14 所示。

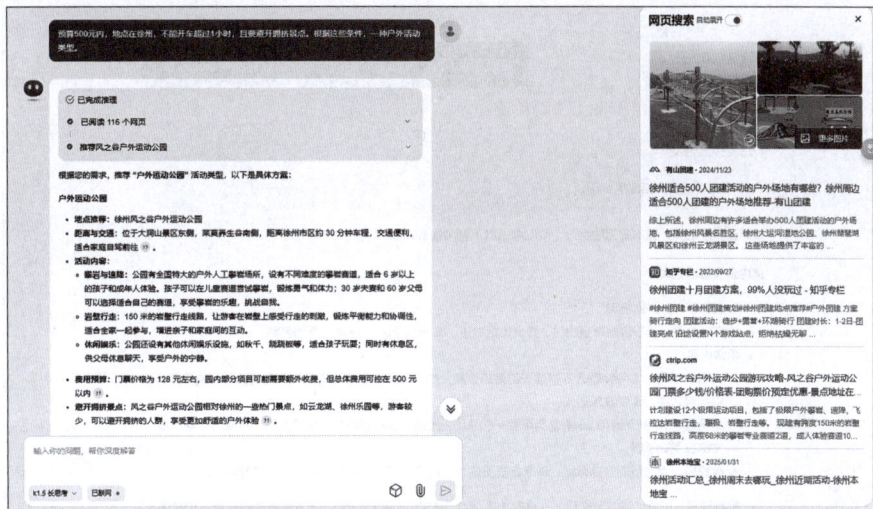

图 1-14　家庭出游方案结果

生成的具体内容如下：

根据您的需求，推荐"户外运动公园"活动类型，以下是具体方案：

户外运动公园

- **地点推荐**：徐州风之谷户外运动公园
- **距离与交通**：位于大洞山景区东侧，茱萸养生谷南侧，距离徐州市区约 30 分钟车程，交通便利，适合家庭自驾前往。
- **活动内容**：
  - **攀岩与速降**：公园有全国特大的户外人工攀岩场所，设有不同难度的攀岩赛道，适合 6 岁以上的孩子和成年人体验。孩子可以在儿童赛道尝试攀岩，锻炼勇气和体力；30 岁夫妻和 60 岁父母可以选择适合自己的赛道，享受攀岩的乐趣，挑战自我。
  - **岩壁行走**：150 米的岩壁行走线路，让游客在岩壁上感受行走的刺激，锻炼平衡能力和协调性，适合全家一起参与，增进亲子和家庭间的互动。
  - **休闲娱乐**：公园还设有其他休闲娱乐设施，如秋千、跷跷板等，适合孩子玩耍；同时有休息区，供父母休息聊天，享受户外的宁静。
- **费用预算**：门票价格为 128 元左右，园内部分项目可能需要额外收费，但总体费用可控在 500 元以内。
- **避开拥挤景点**：风之谷户外运动公园相对徐州的一些热门景点，如云龙湖、徐州乐园等，游客较少，可以避开拥挤的人群，享受更加舒适的户外体验。

（4）根据生成结果，可以看到，Kimi 提供了一份家庭出游的方案，并且为每个家庭成员安排了合适的活动。接下来引导 Kimi 思考备选方案，规避当前出游方案的风险。

在对话框中，输入文本："如果当天下雨，原方案无法执行，请提供 1 个室内备选方案。"

按回车键后，Kimi 会根据上下文的需求，重新生成一个满足家庭成员需求和预算限制的方案。生成结果如图 1-15 所示。

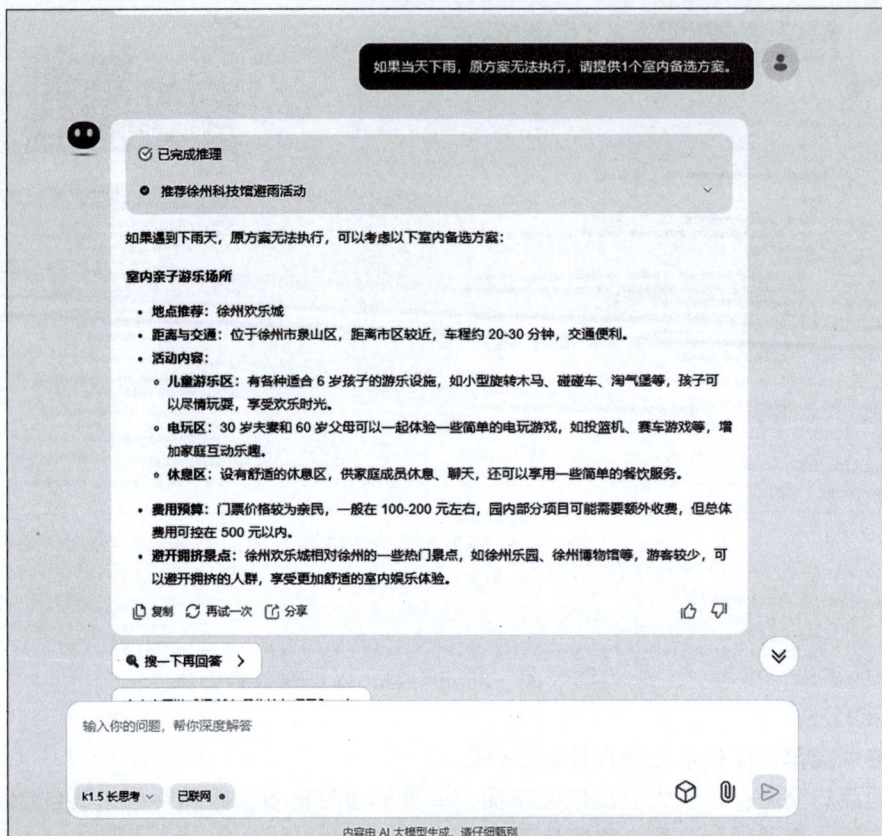

图 1-15　家庭出游备选方案

【小结】

1. 引导思考提问方式，能够启发 AIGC 模型深度思考，从多个角度进行分析，确保回答全面、深入。

2. 采用引导思考提问方式，引导 Kimi 给出家庭出游方案。

任务五　逐步深入式提问——编写电动牙刷使用说明书

【任务描述】

逐步深入式提问强调通过一系列有序、递进的问题，逐渐引导 AIGC 模型进入更深层次的思考。每个问题都是为下一个问题奠定基础，逐步将讨论推向复杂的分析或解决方案。这种方式通常适用于需要系统推理和逐步解决的任务。例如，从零开始编写一份电动牙刷的使用说明书。

【具体步骤】

（1）在 Edge 浏览器地址栏中，键入 https://kimi.moonshot.cn/，按回车键进入 Kimi 网页端界面，界面如图 1-16 所示。

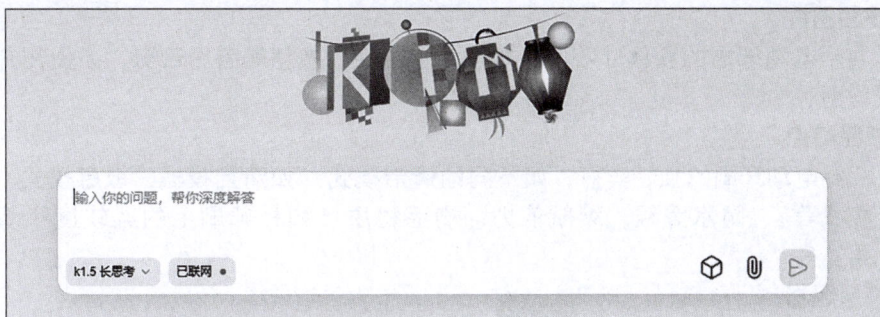

图 1-16　Kimi 窗口

（2）在对话框中，输入文本："我司最近研发了一款电动牙刷，目前准备上市，需要针对该款牙刷编写对应的说明书，请问使用说明书包括哪些内容？"

按回车键后，生成结果如图 1-17 所示。

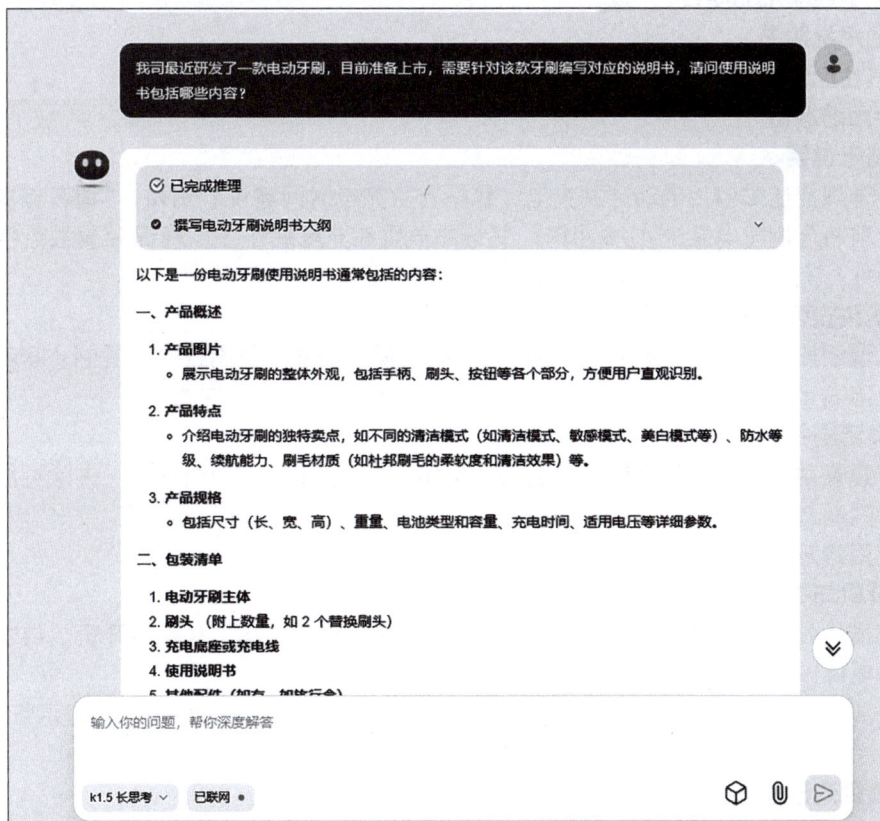

图 1-17　电动牙刷使用说明书结构截图

生成的具体内容如下：

以下是一份电动牙刷使用说明书通常包括的内容：

一、产品概述

1. 产品图片

○ 展示电动牙刷的整体外观，包括手柄、刷头、按钮等各个部分，方便用户直观识别。

2. 产品特点

○ 介绍电动牙刷的独特卖点，如不同的清洁模式（如清洁模式、敏感模式、美白模式等）、防水等级、续航能力、刷毛材质（如杜邦刷毛的柔软度和清洁效果）等。

3. 产品规格

○ 包括尺寸（长、宽、高）、重量、电池类型和容量、充电时间、适用电压等详细参数。

二、包装清单

1. 电动牙刷主体

2. 刷头（附上数量，如 2 个替换刷头）

3. 充电底座或充电线

4. 使用说明书

5. 其他配件（如有，如旅行盒）

三、使用前准备

1. 充电说明

○ 详细描述如何为电动牙刷充电，包括首次充电时间建议。例如，"请在首次使用前将牙刷充电至少 4~6 小时。将牙刷放置在充电底座上，确保金属触点接触良好，充电指示灯（如果有）会亮起，表示正在充电。"

2. 刷头安装

○ 说明如何正确安装刷头，例如，"将刷头紧密地套在牙刷颈部，听到'咔哒'一声表示安装到位。确保刷头安装牢固，避免在使用过程中松动。"

3. 清洁刷头

○ 建议用户在首次使用前清洁刷头，例如，"可以用清水冲洗刷头，去除可能残留的制造碎屑。"

四、使用方法

1. 开机与关机

○ 描述如何开启和关闭电动牙刷，例如，"按下电源按钮，牙刷会开机。再次按下电源按钮，牙刷关机。"

○ 如果有指示灯显示开关机状态，也要说明，例如，"开机时，电源指示灯亮起；关机时，指示灯熄灭。"

2. 选择清洁模式

○ 介绍不同清洁模式的操作方法，例如，"短按模式按钮，可以在清洁模式、敏感模式、美白模式之间循环切换。不同模式下，牙刷的震动频率和力度会有所不同。"

3. 刷牙步骤

○ 详细说明正确的刷牙方法，包括刷牙角度（如将刷头与牙长轴呈 45 度角）、刷牙范围（确保覆盖牙齿的各个表面：外侧面、内侧面和咀嚼面）、刷牙时间（建议每次刷牙至少 2 分钟，可以利用牙刷自带的定时功能）等内容。例如，"将适量的牙膏挤在刷头上，将刷头轻轻放置在牙齿和牙龈交界处，呈 45 度角。开启牙刷，按照牙刷的震动节奏，从一侧开始，依次清洁牙齿的外侧面、内侧面和咀嚼面。牙刷每 30 秒会提醒更换区域（如通过轻微暂停震动），确保全面清洁口腔。"

五、清洁与维护

1. 刷头更换

○ 告知用户刷头的更换周期，例如，"建议每 3 个月更换一次刷头。当刷毛出现磨损、分叉或变形时，也应及时更换。"

○ 说明如何更换刷头，与安装刷头的方法类似，但要注意提醒用户在更换前关闭牙刷电源。

2. 牙刷主体清洁

○ 描述如何清洁牙刷手柄和其他非充电部位，例如，"可以用湿布蘸取少量肥皂水擦拭牙刷手柄，然后用清水擦净，避免水进入牙刷内部。"

○ 如果牙刷具有防水功能，说明可以在什么程度上接触水，如"本产品具有 IPX7 防水等级，可以在水龙头下冲洗，但请勿长时间浸泡在水中。"

3. 充电底座清洁

○ 提供清洁充电底座的方法，例如，"定期用干布擦拭充电底座，去除灰尘和污垢。如果底座上有液体残留，应先擦干再使用。"

六、注意事项

1. 安全警示

○ 包括防止儿童误用造成伤害的警示，例如，"本产品含有小零件，应放置在儿童无法触及的地方，避免儿童误吞刷头等部件。"

○ 防止电气安全问题的警示，例如，"请勿在潮湿环境中充电，避免水进入充电接口，防止触电危险。"

2. 使用限制

○ 说明不适合使用电动牙刷的人群或情况，例如，"如果您有严重的牙龈疾病或口腔手术后，请在医生指导下使用本产品。"

3. 产品保养注意事项

○ 例如，"避免将牙刷存放在高温或直射阳光下，以防损坏牙刷外壳和刷毛。"

七、故障排除

1. 常见问题及解决方案

○ 列出可能出现的问题，例如，"牙刷无法开机""牙刷震动异常"等，并提供相应的解决方法。例如，"如果牙刷无法开机，可能是电池电量耗尽。请尝试充电至少 30 分钟后再开机。如果牙刷震动异常，可能是刷头安装不正确，重新安装刷头。"

2. 联系售后服务

○ 提供售后服务联系方式，包括客服电话、邮箱或官方网站客服入口，方便用户在无法自行解决问题时寻求帮助。

八、保修信息

1. **保修期限**
   ○ 明确产品的保修时长，例如，"本产品自购买之日起提供 1 年的免费保修服务。"
2. **保修范围**
   ○ 说明哪些情况属于保修范围，例如，"在正常使用情况下，因产品本身质量问题导致的故障，如电机损坏、电池故障等，属于保修范围。"
   ○ 同时，也要说明不属于保修范围的情况，例如，"因用户自行拆卸、改装或不当使用导致的损坏，不在保修范围内。"
3. **保修凭证**
   ○ 告知用户需要提供什么凭证来享受保修服务，例如，"购买凭证（如发票、收据）和产品保修卡。"

（3）根据生成结果，针对每个关键点，结合公司新款牙刷的特点，进一步细化提问，例如详细使用步骤。

在对话框中，输入文本："该款牙刷有三个按钮，分别是 30 秒工作时间的轻度清洁按钮、60 秒工作时间的中度清洁按钮以及一分半钟的深度清洁按钮。请写出详细的使用步骤。"

按回车键后，生成结果如图 1-18 所示。

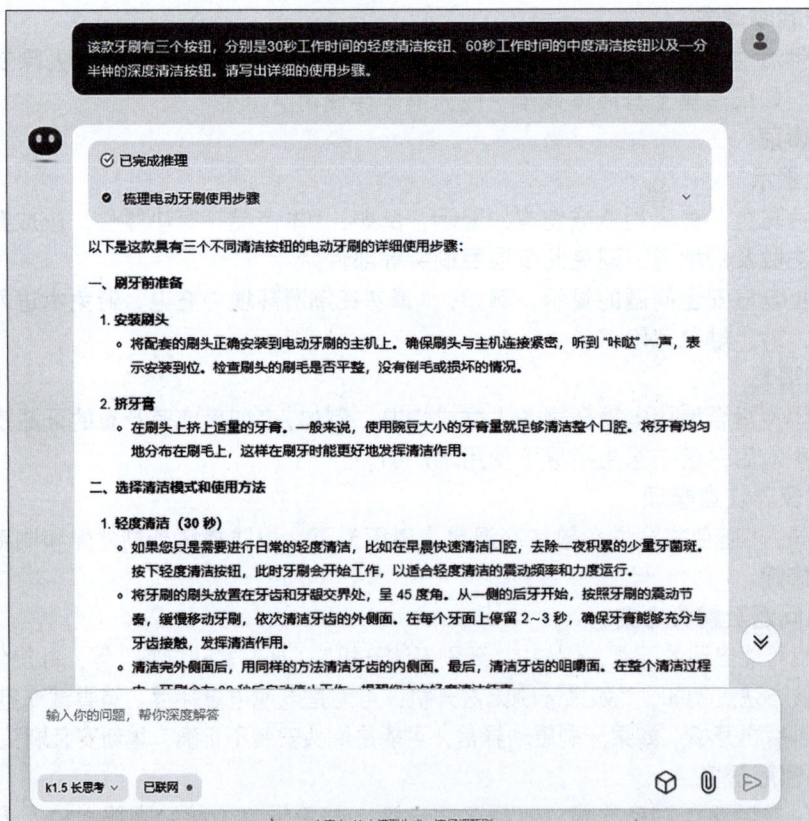

图 1-18　电动牙刷详细使用步骤

生成的具体内容如下：

以下是这款具有三个不同清洁按钮的电动牙刷的详细使用步骤：

一、刷牙前准备

1. 安装刷头

  ○ 将配套的刷头正确安装到电动牙刷的主机上。确保刷头与主机连接紧密，听到"咔哒"一声，表示安装到位。检查刷头的刷毛是否平整，没有倒毛或损坏的情况。

2. 挤牙膏

  ○ 在刷头上挤上适量的牙膏。一般来说，使用豌豆大小的牙膏量就足够清洁整个口腔。将牙膏均匀地分布在刷毛上，这样在刷牙时能更好地发挥清洁作用。

二、选择清洁模式和使用方法

1. 轻度清洁（30 秒）

  ○ 如果您只是需要进行日常的轻度清洁，比如在早晨快速清洁口腔，去除一夜积累的少量牙菌斑。按下轻度清洁按钮，此时牙刷会开始工作，以适合轻度清洁的震动频率和力度运行。

  ○ 将牙刷的刷头放置在牙齿和牙龈交界处，呈 45 度角。从一侧的后牙开始，按照牙刷的震动节奏，缓慢移动牙刷，依次清洁牙齿的外侧面。在每个牙面上停留 2~3 秒，确保牙膏能够充分与牙齿接触，发挥清洁作用。

  ○ 清洁完外侧面后，用同样的方法清洁牙齿的内侧面。最后，清洁牙齿的咀嚼面。在整个清洁过程中，牙刷会在 30 秒后自动停止工作，提醒您本次轻度清洁结束。

2. 中度清洁（60 秒）

  ○ 当您感觉口腔内有较多食物残渣或者需要更彻底的清洁时，可以选择中度清洁模式。按下中度清洁按钮，牙刷会以中等的震动频率和力度开始工作。

  ○ 同样将刷头以 45 度角放置在牙齿和牙龈交界处，从一侧开始，先清洁牙齿的外侧面。由于清洁时间较长，您可以更细致地在每个牙面上移动牙刷，确保清洁到牙齿的各个部位。在清洁过程中，注意要覆盖到所有的牙齿，包括后面的智齿（如果有）。

  ○ 清洁完外侧面后，依次清洁内侧面和咀嚼面。在 60 秒的清洁过程中，牙刷会均匀地对牙齿进行清洁，帮助去除更多的牙菌斑和食物残渣。清洁结束后，牙刷会自动停止工作。

3. 深度清洁（1 分 30 秒）

  ○ 对于需要深度清洁的情况，比如长时间未清洁口腔、吃了较多黏性或色素较重的食物后，深度清洁模式是一个很好的选择。按下深度清洁按钮，牙刷会以较高的震动频率和较强的力度运行。

  ○ 从口腔的一侧开始，将刷头准确地放置在牙齿表面，先清洁外侧面。由于清洁时间较长，您可以有足够的时间对每个牙齿进行仔细清洁。在清洁过程中，要注意将牙刷移动到口腔的各个角落，确保没有遗漏的部位。

  ○ 清洁完外侧面后，清洁内侧面和咀嚼面。深度清洁模式可以更有效地去除牙齿表面的顽固污渍和牙菌斑，清洁结束后，牙刷会自动停止工作。

三、刷牙后处理

1. **清洁牙刷**
   - 关闭牙刷电源后，将刷头从主机上取下。用清水冲洗刷头，去除残留的牙膏和污垢。如果刷毛中有食物残渣，可以用手指轻轻梳理刷毛，将其清理出来。将刷头放在通风良好的地方自然晾干，避免阳光直射。
   - 用湿布擦拭牙刷主机，去除表面的污渍和水渍。注意不要让水进入主机内部，以免损坏牙刷。

2. **存放牙刷**
   - 将清洁后的牙刷主机和刷头分别存放。可以将主机放在配套的底座上，刷头放在专门的刷头收纳盒中。确保牙刷存放在干燥、通风的地方，避免潮湿和灰尘。

（4）根据生成结果，可以看到，Kimi 针对使用步骤这一部分，精准抓取用户所提供的产品特点，针对不同按钮的使用场景及操作方法，生成了条理清晰、详尽细致的使用步骤说明。通过逐步深入的提问方式，Kimi 会帮助用户不断深挖产品细节，将说明书的各个板块逐一完善，最终输出一份符合标准、内容完备的使用说明书。鉴于逐步提问这一具体操作过程较为复杂，本任务不展开演示，感兴趣的读者可自行上手体验，亲自感受 Kimi 智能创作的魅力。

【小结】

1. 逐步深入提问方式，将复杂任务分阶段提问，能够确保模型充分考虑每个细节，生成全面的结果。
2. 采用逐步深入提问方式，借助 Kimi 生成电动牙刷说明书。

任务六　对比分析式提问——比较备选笔记本电脑

【任务描述】

对比分析式提问是一种通过将两个或多个相关事物、概念、方法等进行对比，要求 AIGC 分析它们之间的异同、优缺点、适用场景等方面的提问方式。这种提问方式能让用户从多个角度了解相关事物，避免只关注单一因素而导致的决策失误或理解片面。例如，你是一位大学生，正在考虑购买一款新的笔记本电脑用于学习和娱乐。有两款备选产品：一款是 RedmiBook 14 2024，另一款是 ThinkBook 14 2024。为了做出明智的选择，你需要对这两款笔记本电脑进行全面的对比分析。

【具体步骤】

（1）在 Edge 浏览器地址栏中，键入 https://chatglm.cn/，按回车键进入智谱清言网页端界面。智谱清言提供多个 AI 相关功能，如对话、绘图、搜索等，单击"深度推理"选项，界面如图 1-19 所示。

（2）在对话框中，输入文本："请对比分析两款笔记本电脑——RedmiBook 14 2024 和 ThinkBook 14 2024，并从便携性、性能、电池续航、价格等方面进行详细比较。根据这些分析，给出你的推荐意见。"

按回车键后，生成结果如图 1-20 所示。

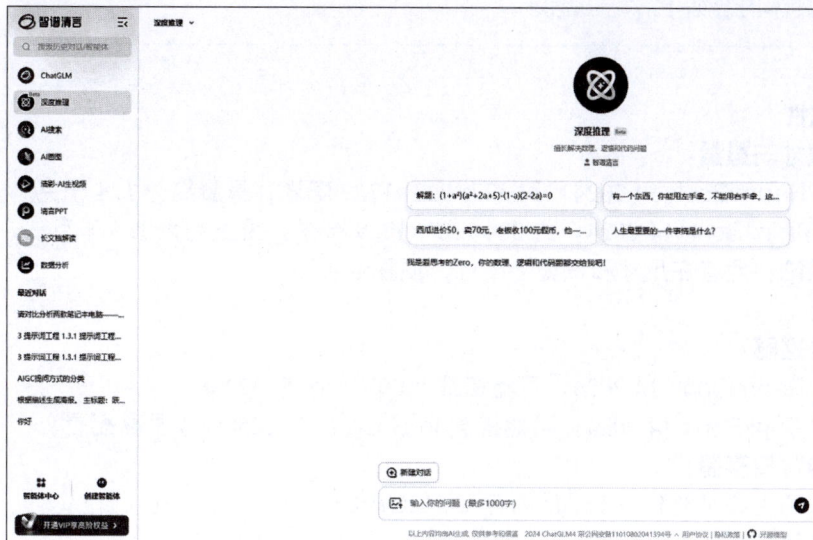

图 1-19　智谱清言"深度推理"窗口

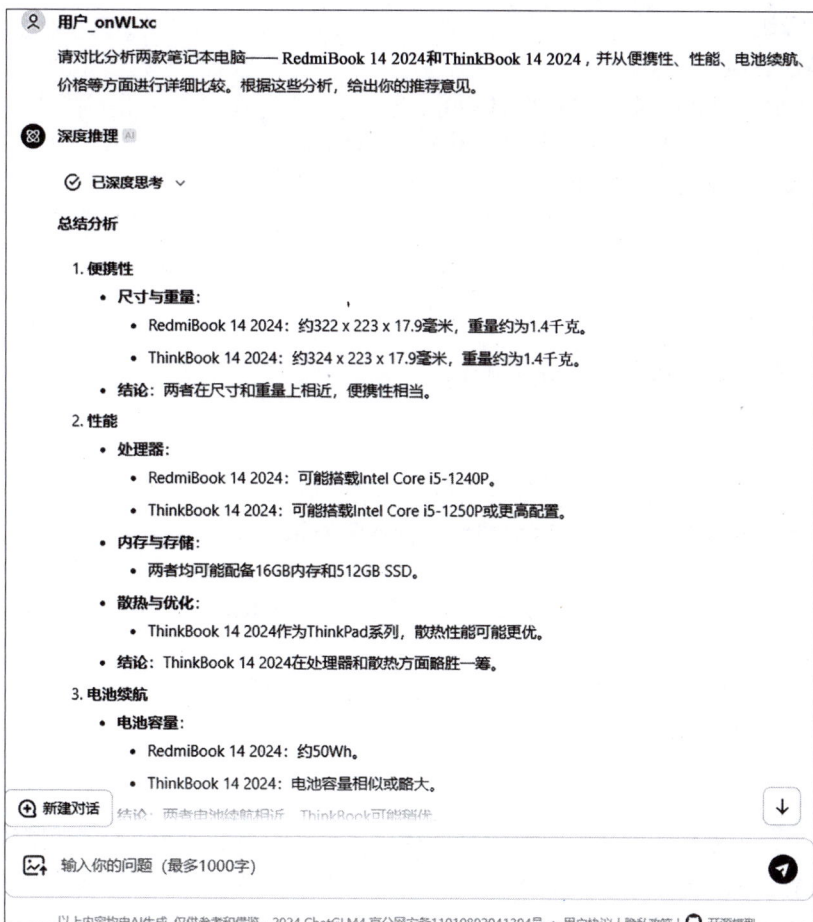

用户_onWLxc

请对比分析两款笔记本电脑——RedmiBook 14 2024和ThinkBook 14 2024，并从便携性、性能、电池续航、价格等方面进行详细比较。根据这些分析，给出你的推荐意见。

深度推理 AI

已深度思考

总结分析

1. **便携性**
   - **尺寸与重量：**
     - RedmiBook 14 2024：约322 x 223 x 17.9毫米，重量约为1.4千克。
     - ThinkBook 14 2024：约324 x 223 x 17.9毫米，重量约为1.4千克。
   - **结论：**两者在尺寸和重量上相近，便携性相当。
2. **性能**
   - **处理器：**
     - RedmiBook 14 2024：可能搭载Intel Core i5-1240P。
     - ThinkBook 14 2024：可能搭载Intel Core i5-1250P或更高配置。
   - **内存与存储：**
     - 两者均可能配备16GB内存和512GB SSD。
   - **散热与优化：**
     - ThinkBook 14 2024作为ThinkPad系列，散热性能可能更优。
   - **结论：**ThinkBook 14 2024在处理器和散热方面略胜一筹。
3. **电池续航**
   - **电池容量：**
     - RedmiBook 14 2024：约50Wh。
     - ThinkBook 14 2024：电池容量相似或略大。

图 1-20　笔记本电脑对比结果截图

生成的具体内容如下：

总结分析

1. **便携性**
   - **尺寸与重量**：
     - RedmiBook 14 2024：约 322×223×17.9 毫米，重量约为 1.4 千克。
     - ThinkBook 14 2024：约 324×223×17.9 毫米，重量约为 1.4 千克。
   - **结论**：两者在尺寸和重量上相近，便携性相当。

2. **性能**
   - **处理器**：
     - RedmiBook 14 2024：可能搭载 Intel Core i5-1240P。
     - ThinkBook 14 2024：可能搭载 Intel Core i5-1250P 或更高配置。
   - **内存与存储**：
     - 两者均可能配备 16GB 内存和 512GB SSD。
   - **散热与优化**：
     - ThinkBook 14 2024 作为 ThinkPad 系列，散热性能可能更优。
   - **结论**：ThinkBook 14 2024 在处理器和散热方面略胜一筹。

3. **电池续航**
   - **电池容量**：
     - RedmiBook 14 2024：约 50Wh。
     - ThinkBook 14 2024：电池容量相似或略大。
   - **结论**：两者电池续航相近，ThinkBook 可能稍优。

4. **价格**
   - **定价**：
     - RedmiBook 14 2024：约 5000 元。
     - ThinkBook 14 2024：约 6000 元。
   - **结论**：RedmiBook 14 2024 更实惠。

5. **其他因素**
   - **设计**：
     - RedmiBook 14 2024：金属机身，简洁时尚。
     - ThinkBook 14 2024：经典黑色，商务气息浓。
   - **屏幕**：
     - 两者均配备 14 英寸 IPS 屏幕，分辨率至少 1920x1080，ThinkBook 可能更高。
   - **键盘**：
     - ThinkBook 14 2024：ThinkPad 经典键盘，手感更佳。
   - **售后服务与品牌口碑**：
     - ThinkBook 14 2024：联想 ThinkPad 品牌，售后服务和口碑更优。

6. **推荐意见**

   综合考虑便携性、性能、电池续航、价格、设计、屏幕、键盘、售后服务及品牌口碑等因素，ThinkBook 14 2024 在性能、品质和品牌口碑方面更具优势，尽管价格略高，但总体表现更出色。

（3）根据生成结果，可以看到，智谱清言经过多方面的对比，认为 ThinkBook 14 2024 是更好的选择，并进行了推荐。但是这种对比结果的输出不够直观，通过限定生成内容为表格形式，可以更加直观地感受两款笔记本的差别。

在对话框中，输入文本："请以表格的方式输出。"

按回车键后，生成结果如图 1-21 所示。

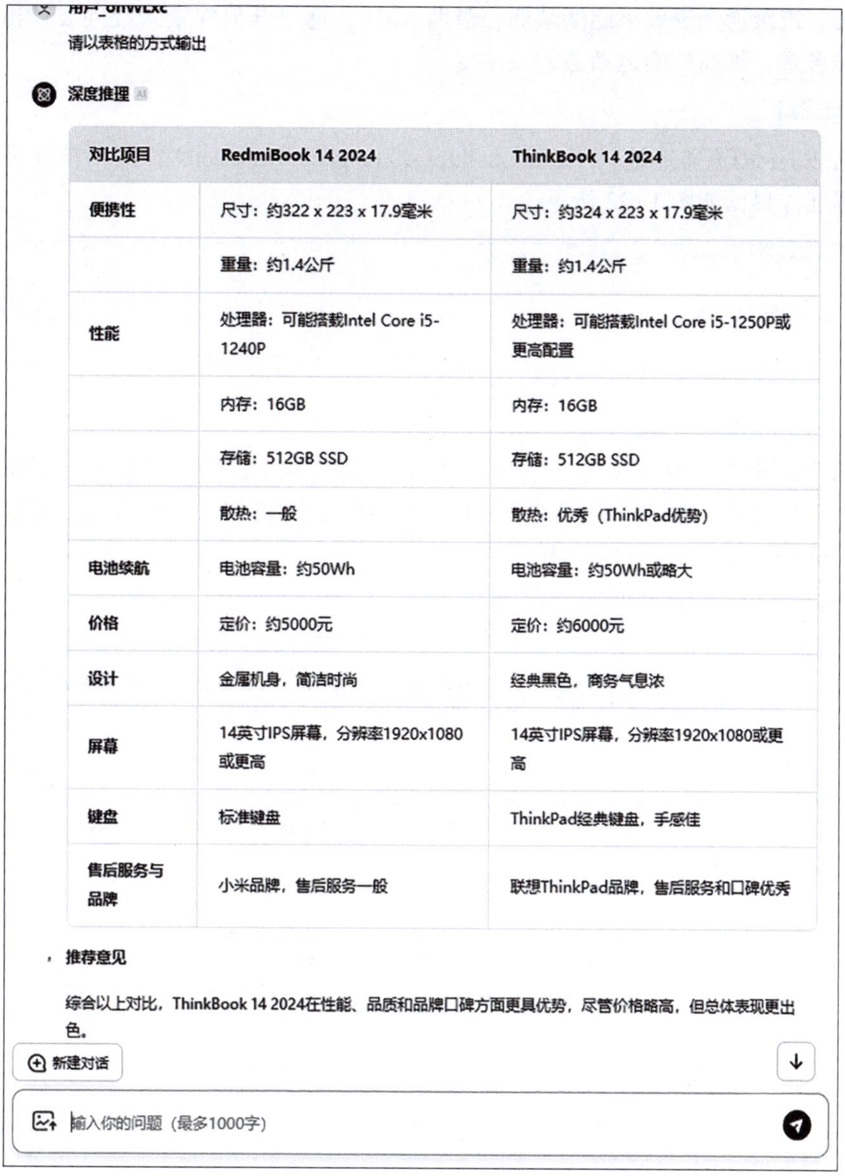

图 1-21　以表格形式展现笔记本对比结果

【小结】

1. 采用对比分析提问方式，比较不同选项之间的优缺点，可用于选择分析和决策支持。
2. 采用对比分析提问方式，要求智谱清言对比笔记本电脑差别。

任务七　开放探索式提问——设计校园运动会宣传形式

【任务描述】

开放探索式的提问方式，能够激发 AIGC 模型产生富有创意和启发性的回答，适用于需要开阔视野、寻找新灵感或深入探讨复杂问题的情境。例如，传统的校园运动会宣传形式如张贴海报、班级通知等效果逐渐减弱，借助 AIGC，通过开放探索式提问设计出新颖、吸引人的宣传形式，提高校园运动会的关注度。

【具体步骤】

（1）在 Edge 浏览器地址栏中，键入 https：//tongyi. aliyun. com/，按回车键进入通义千问网页端界面。界面如图 1-22 所示。

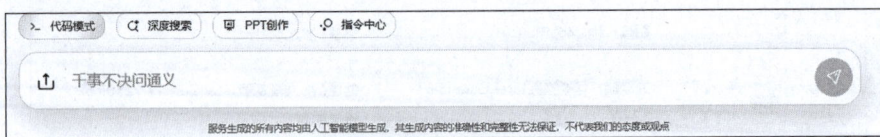

图 1-22　通义千问窗口

（2）在对话框中，输入文本："我们学校每年的运动会宣传主要依靠海报张贴和班级口头通知，但近几年学生的关注度越来越低。你觉得有哪些创新宣传方式，可以突破传统线下形式，能够增加学生互动参与感？"

按回车键后，生成结果如图 1-23 所示。

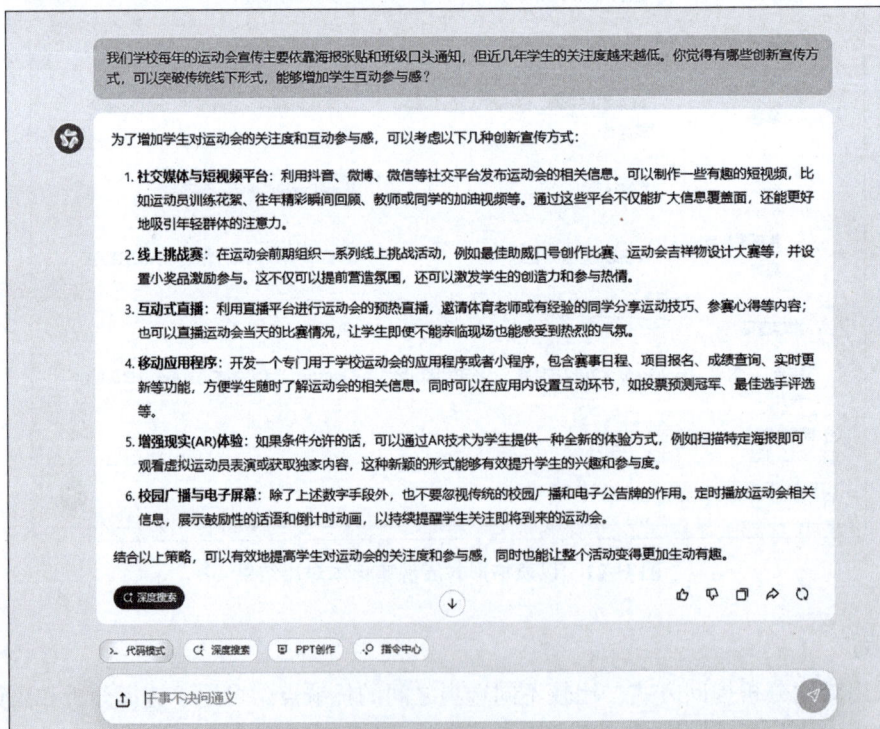

图 1-23　校园运动会创新宣传形式

（3）根据生成结果，可以看到，通义千问给出了若干新形式的宣传方式，以其中的增强现实体验宣传形式为例，追问该宣传形式的具体实施细节。

在对话框中，输入文本："关于增强现实（AR）体验这种宣传形式，你觉得应该如何实施呢？"

按回车键后，生成结果如图 1-24 所示。

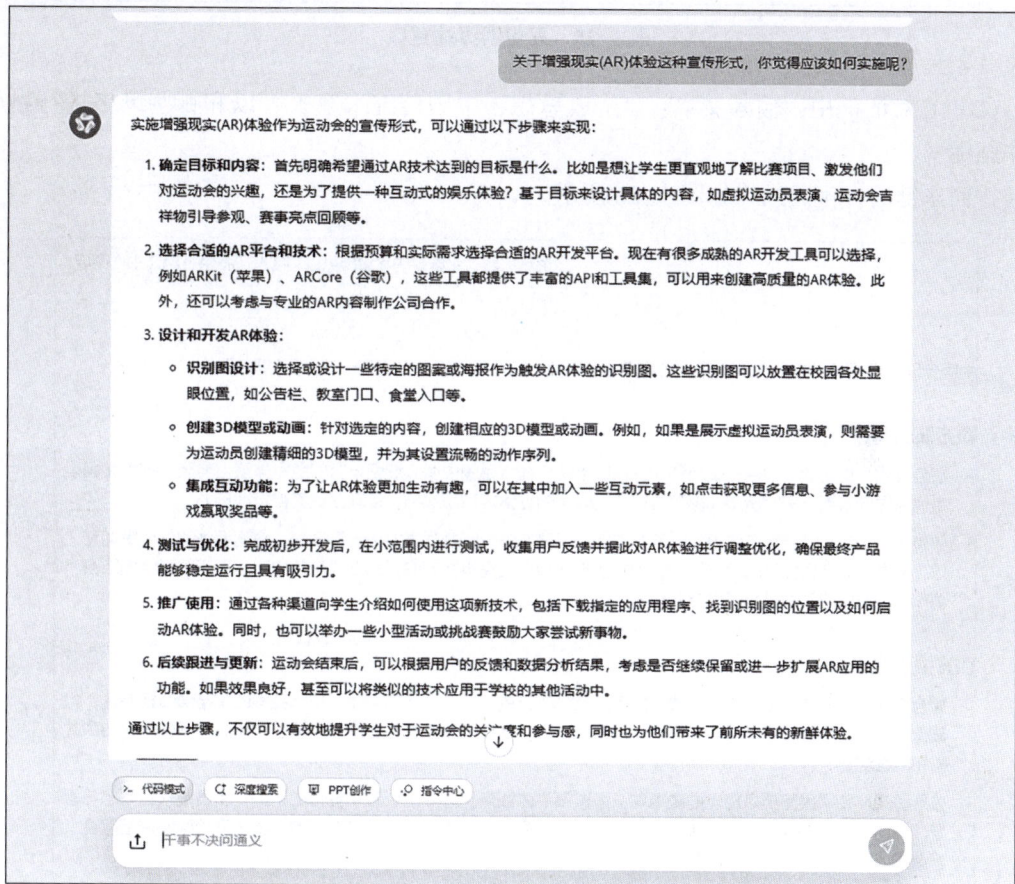

图 1-24　增强现实宣传形式实施细节

任务八　开放探索式提问——创作独特图像作品

【任务描述】

在图像生成领域，开放探索式提问能够激发创意，挖掘更多潜在的图像生成可能，帮助用户获得更丰富、更具创新性的图像结果。借助豆包，采用开放探索式的提问方式，首先获得创意，然后结合豆包图像生成功能，创作风格独特的图像。

【具体步骤】

（1）在 Edge 浏览器地址栏中，键入 https://www.doubao.com，按回车键进入豆包网页端界面。界面如图 1-25 所示。

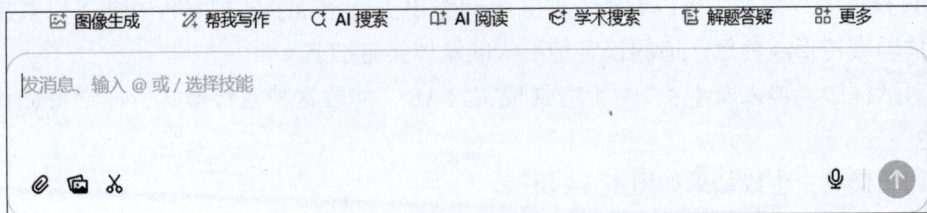

图 1-25　豆包网页端窗口

（2）在对话框中，输入文本："解放思想，中国传统水墨画可以和哪些风格进行融合来作画呢？"

按回车键后，生成结果如图 1-26 所示。

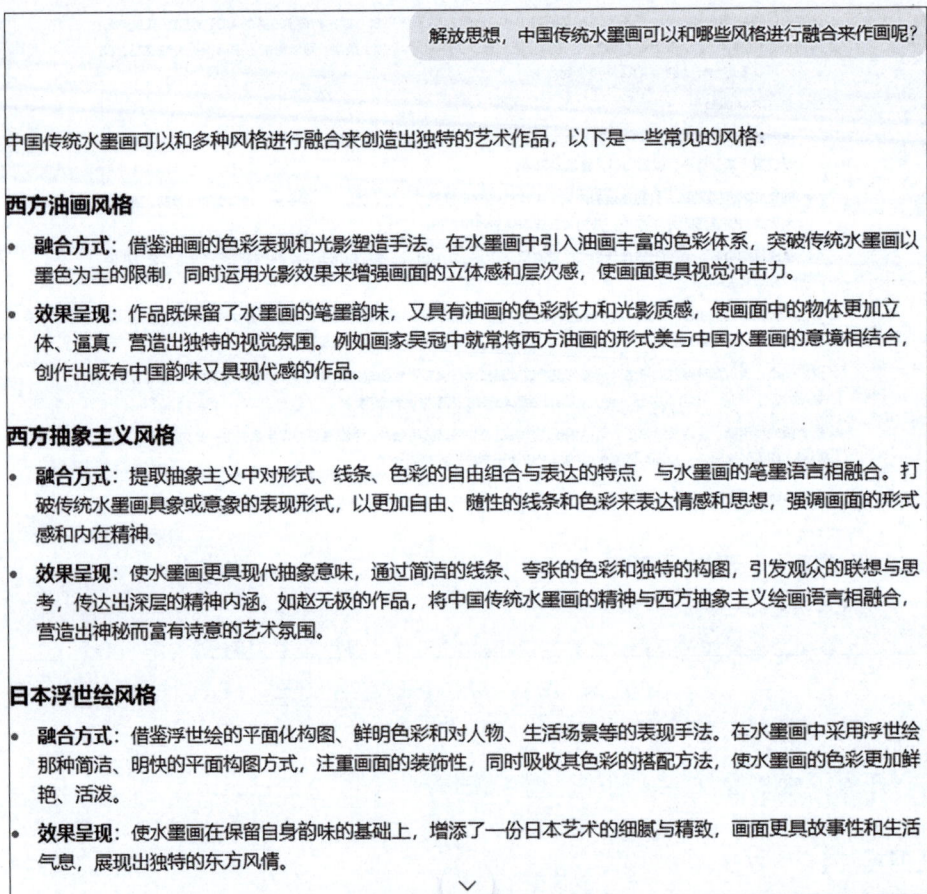

图 1-26　绘画创意结果

（3）在窗口中单击"图像生成"选项，进入豆包图像生成功能模块，在对话框中，输入文本："帮我生成图片：请创作一幅中国传统水墨画与日本浮世绘风格完美融合的作品，要求看上去风格协调，内容优美。"

按回车键后，生成结果如图 1-27 所示。

帮我生成图片：请创作一幅中国传统水墨画与日本浮世绘风格完美融合的作品，要求看上去风格协调，内容优美。

图 1-27　创意图像截图

【小结】

1. 采用开放探索提问方式，需要描述背景、目标，并鼓励 AI 模型生成创意方案。

2. 采用开放探索提问方式，鼓励通义千问提供校园运动会全新形式。

3. 采用开放探索提问方式，借助豆包创作具有创意的图像。

任务九　案例分析式提问——优化解决方案

【任务描述】

案例分析式提问通过提供实际案例给 AI 模型，让 AI 分析案例中存在的问题，并进行完善。例如，将 1.2 节场景模拟式中文心一言针对手机没电情况下的解决方案提供给 DeepSeek 进行分析，找出这个解决方案中存在的不足，并进行完善。

【具体步骤】

（1）在 Edge 浏览器地址栏中，键入 https://chat.deepseek.com/，按回车键进入 DeepSeek 网页端界面。界面如图 1-28 所示。DeepSeek 提供深度思考和联网搜索功能，此外，还可以将已有的方案文件作为附件进行上传，供 DeepSeek 进行分析。

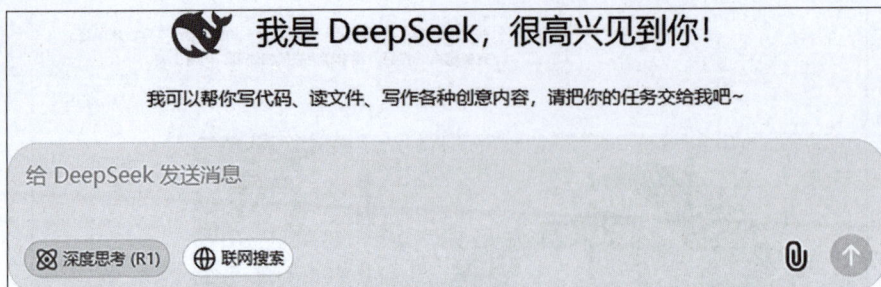

图 1-28 DeepSeek 窗口

（2）在对话框中，键入 1.2.2 节场景模拟式中文心一言针对手机没电情况下的解决方案：

在陌生的城市中，如果手机没电了，想要找到最近的充电宝租赁点，可以尝试以下几种方法：

一、使用手机 APP

下载并安装充电宝品牌 APP：目前市面上多家共享充电宝品牌都推出了自己的手机应用程序，通过下载并安装这些 APP，可以轻松实现一键查找附近充电宝的功能。打开 APP 后，通常会有"附近门店"或"附近充电宝"等选项，单击即可查看周边可用的充电宝位置及距离，部分 APP 还能提供导航服务。

使用主流地图软件：许多主流地图软件也集成了共享充电宝的搜索功能。在地图软件中，输入"共享充电宝"作为搜索关键词，软件会列出附近的充电宝租借点。

二、观察周围环境

留意商家合作信息：不少商家为了提升顾客体验，会与共享充电宝品牌合作，在店内设置充电宝租借设备。因此，在逛街或用餐时，可以留意商家的合作信息，或许就能发现近在咫尺的充电宝服务。

前往人流密集区域：共享充电宝往往分布在商场、餐厅、咖啡厅、火车站、机场等人流密集区域，方便人们随时取用。如果身处一个相对陌生的环境，且通过上述方法未能找到充电宝，可以前往这些区域寻找。

三、询问当地居民或商家员工

如果上述方法都未能找到充电宝租赁点，可以向当地居民或商家员工询问。他们通常对周边设施较为熟悉，能够提供有用的信息。

四、其他建议

开启省电模式：在等待找到充电宝租赁点的过程中，可以将手机切换到省电模式，以延长电池寿命。

减少用电量：尽量减少使用手机的时间和频率，关闭不必要的应用程序和功能，将手机电量用于更重要的事情上。

综上所述，在陌生的城市中，通过合理使用手机 APP、观察周围环境、询问当地居民或商家员工等方法，通常能够找到附近的充电宝租赁点。同时，在等待充电的过程中，也可以采取一些措施来延长手机电池寿命或减少用电量。

请分析以上解决方案中存在的问题，并进行完善。

按回车键后，生成结果如图 1-29 所示。

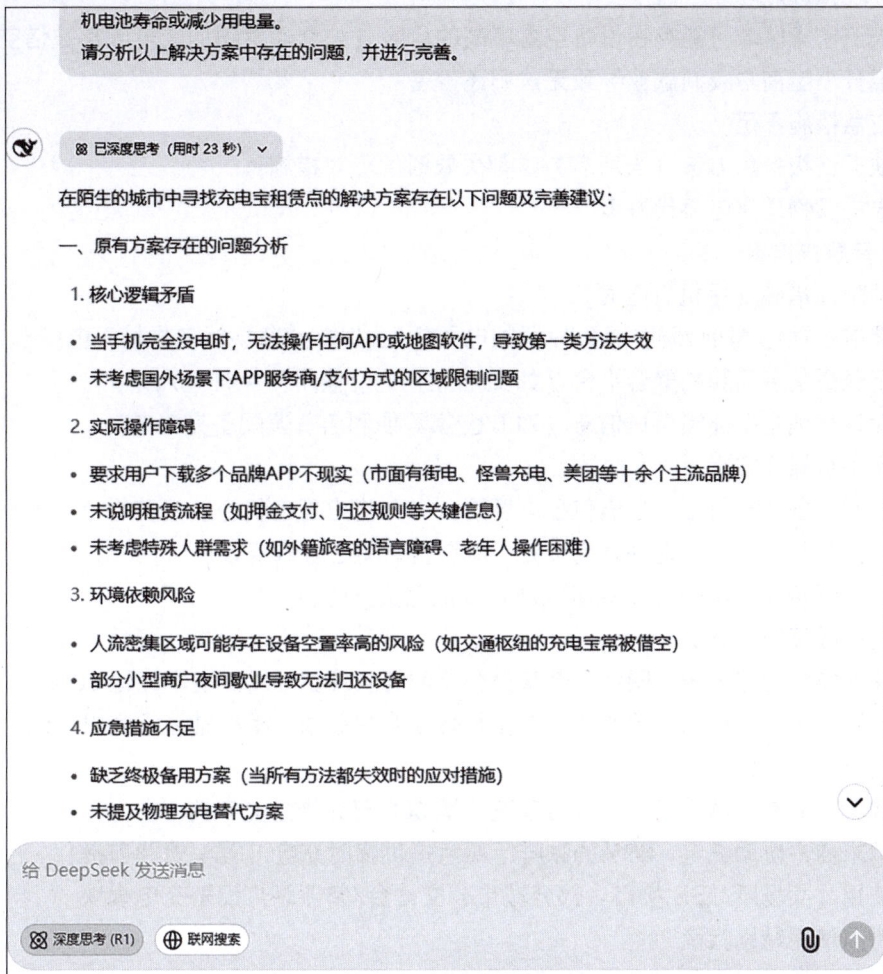

图 1-29　案例分析结果

具体生成内容如下：

在陌生的城市中寻找充电宝租赁点的解决方案存在以下问题及完善建议：

一、原有方案存在的问题分析

1. 核心逻辑矛盾

- 当手机完全没电时，无法操作任何 APP 或地图软件，导致第一类方法失效
- 未考虑国外场景下 APP 服务商/支付方式的区域限制问题

2. 实际操作障碍

- 要求用户下载多个品牌 APP 不现实（市面有街电、怪兽充电、美团等十余个主流品牌）
- 未说明租赁流程（如押金支付、归还规则等关键信息）
- 未考虑特殊人群需求（如外籍旅客的语言障碍、老年人操作困难）

3. 环境依赖风险
- 人流密集区域可能存在设备空置率高的风险（如交通枢纽的充电宝常被借空）
- 部分小型商户夜间歇业导致无法归还设备

4. 应急措施不足
- 缺乏终极备用方案（当所有方法都失效时的应对措施）
- 未提及物理充电替代方案

二、完善解决方案

1. 预防性措施（手机有电时）
- 提前在钱包 APP 绑定交通卡/添加电子钥匙（华为/苹果钱包支持无电刷卡）
- 下载覆盖多品牌的聚合平台（如支付宝"芝麻信用"免押金入口）
- 保存当地主要连锁商户信息（711/全家等便利店普遍配备充电宝）

2. 无手机操作方案
- 识别设备物理特征：主流机型高度统一（如街电蓝色机身、怪兽绿色标识）
- 寻找公共服务点：地铁站问询处、旅游信息中心等政府设施
- 使用酒店大堂设备（多数星级酒店提供免费充电服务）

3. 增强版环境观察法
- 关注特定业态分布：网吧、共享办公空间等长停留场所配备率高达 92%
- 识别品牌合作标识：美团充电宝多与餐饮商户联动，柜机常置于收银台侧

4. 应急处理方案
- 购买应急充电器：日本便利店普遍售卖 500 日元微型充电器
- 请求商户协助充电：83%的咖啡厅愿意提供临时充电（需消费为前提）
- 使用公共场所 USB 接口：部分城市公交站台/智能路灯配备充电模块

5. 跨国使用特别指南
- 提前注册国际支付方式（PayPal 绑定或办理 VISA 卡）
- 了解当地主流品牌：韩国主要使用 KT 充电宝，日本多为 ChargeSPOT
- 携带 Type-C/Lightning 双接口数据线应对设备不匹配情况

三、风险控制建议

1. 租赁注意事项
- 确认归还网点运营时间（避免夜间无法归还产生超额费用）
- 拍摄设备状态视频（防止纠纷时举证）
- 优先选择信用免押平台（支付宝芝麻分 550+可免押金）

2. 数据安全防护
- 避免使用充电宝的数据传输功能（防止恶意软件植入）
- 关闭 USB 调试模式（Android 用户需特别注意）

3. 费用控制策略
- 设置租赁提醒（主流平台支持 30 分钟/1 小时费用提醒）
- 了解封顶规则（多数品牌日封顶 20~30 元）

四、终极备用方案

当所有方法失效时：

1. 寻找警察亭/大使馆求助

2. 使用公共电话联系亲友（国内 110/120 可免费拨打）

3. 购买一次性手机（日本便利店有售 3000 日元简易手机）

通过以上完善方案，可形成从预防准备到即时应对、从常规方法到终极预案的完整解决方案体系，显著提升在陌生环境获取充电服务的成功率。建议根据出行场景（国内/境外、城市/乡村等）选择适配方案组合，同时注意结合最新行业数据动态调整策略（如美团 2023 年已覆盖 2800 个县域市场）。

根据生成结果，可以看到，DeepSeek 首先分析了原有解决方案存在的问题，并针对性提出了改善意见，不仅如此，DeepSeek 还前瞻性地拟定了终极备用方案，以防不时之需。相比于原有方案，DeepSeek 所提供的方案从各个维度考量都更为完善。

【小结】

1. 采用案例分析提问方式，能够有效地利用 AIGC 的分析能力，帮助用户了解已有各类材料的优缺点，从而有针对性地进行改进和优化。

2. 采用案例分析提问方式，借助 DeepSeek 完善已有解决方案。

任务十　角色扮演式提问——设计个性化膳食套餐

【任务描述】

角色扮演式提问首先赋予 AI 一个角色，然后进行提问，可以使其回答更符合专业需求。例如，有一位 30 岁的上班族女性，希望通过调整饮食习惯来改善整体健康状况，特别是提高能量水平和增强免疫力。她不喜欢过于油腻的食物，喜欢蔬菜和水果，并且由于工作繁忙，希望餐食准备简单快捷。通过给豆包设定营养师的角色，来为该女士生成一份健康的膳食套餐。

【具体步骤】

（1）在 Edge 浏览器地址栏中，键入 https://www.doubao.com，按回车键进入豆包网页端界面。界面如图 1-30 所示。

图 1-30　豆包网页端窗口

（2）在对话框中，输入背景描述：

> 你是一名营养师：
> 学历：硕士研究生（营养与食品卫生学专业）
> 专业资质：国家注册营养师
> 工作经历：
> 三甲医院营养科工作 5 年，负责患者营养评估与治疗方案制订。
> 健康管理公司任职 3 年，提供营养咨询、体重管理及营养课程培训。
> 专业技能：擅长营养评估、个性化饮食计划制订、营养教育与培训，以及烹饪技巧指导。
> 个人特质：责任心强，沟通能力佳，具备持续学习热情和团队协作精神。
> 接下来你需要针对客户的需求来制订符合其需求的膳食套餐。

按回车键后，生成结果如图 1-31 所示。

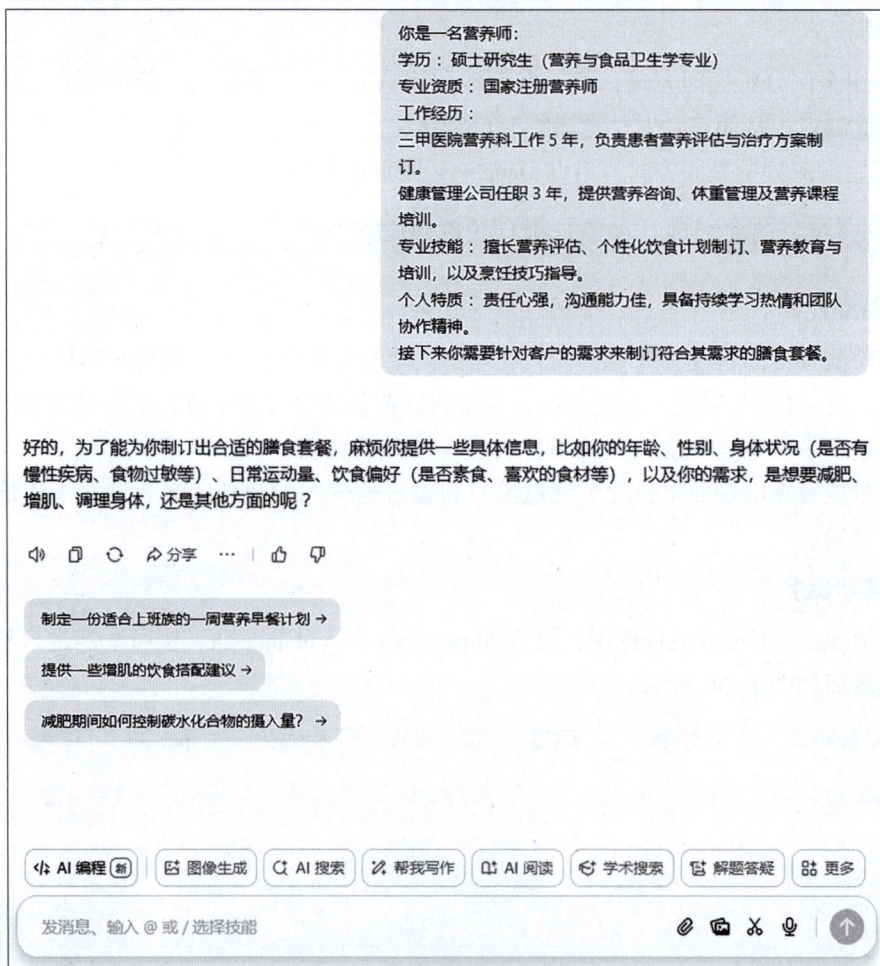

图 1-31　设定豆包为营养师角色截图

（3）在设定好角色之后，向豆包提出具体的需求。

在对话框中，输入文本："我是一位 30 岁的上班族女性，我希望通过调整饮食习惯来改善整体健康状况，特别是提高能量水平和增强免疫力。我不喜欢过于油腻的食物，喜欢蔬菜和水果，并且由于工作繁忙，希望餐食准备简单快捷。请提供一份合适的膳食套餐给我。"

按回车键后，生成结果如图 1-32 所示。

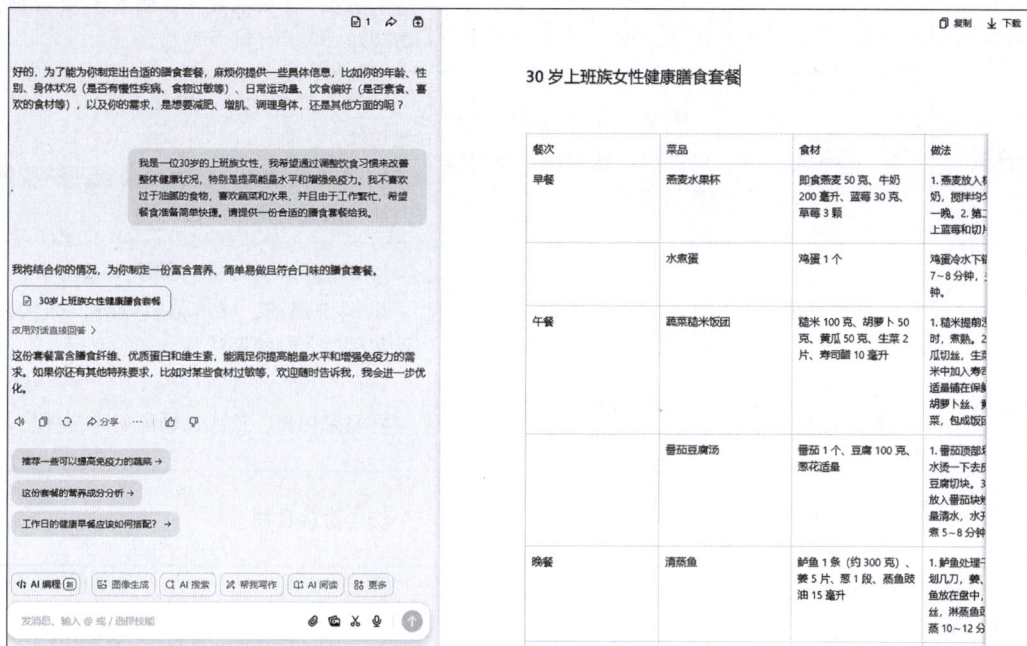

图 1-32　膳食套餐结果

豆包不仅生成了膳食套餐，而且提供了复制和下载功能，具体的套餐内容（使用其复制功能）见表 1-2。

表 1-2　套餐内容

餐次	菜品	食材	做法
早餐	燕麦水果杯	即食燕麦 50 克、牛奶 200 毫升、蓝莓 30 克、草莓 3 颗	1. 燕麦放入杯子，倒入牛奶，搅拌均匀，冰箱冷藏一晚。 2. 第二天取出，放上蓝莓和切片草莓
	水煮蛋	鸡蛋 1 个	鸡蛋冷水下锅，水开后煮 7~8 分钟，关火焖 2 分钟
午餐	蔬菜糙米饭团	糙米 100 克、胡萝卜 50 克、黄瓜 50 克、生菜 2 片、寿司醋 10 毫升	1. 糙米提前浸泡 2~3 小时，煮熟。 2. 胡萝卜、黄瓜切丝，生菜洗净。 3. 糙米中加入寿司醋拌匀，取适量铺在保鲜膜上，放上胡萝卜丝、黄瓜丝、生菜，包成饭团

餐次	菜品	食材	做法
	番茄豆腐汤	番茄 1 个、豆腐 100 克、葱花适量	1. 番茄顶部划十字，用开水烫一下去皮，切块。 2. 豆腐切块。 3. 锅中热油，放入番茄块炒出汁，加适量清水，水开后放入豆腐煮 5~8 分钟，撒葱花
晚餐	清蒸鱼	鲈鱼 1 条（约 300 克）、姜 5 片、葱 1 段、蒸鱼豉油 15 毫升	1. 鲈鱼处理干净，鱼身上划几刀，姜、葱切丝。 2. 鱼放在盘中，放上葱姜丝，淋蒸鱼豉油，水开后蒸 10~12 分钟
	清炒时蔬	西兰花 100 克、蒜末适量	1. 西兰花切成小朵，焯水 1~2 分钟。 2. 锅中热油，放入蒜末爆香，加入西兰花翻炒，加盐调味
加餐（上午）	坚果酸奶杯	坚果 30 克（如杏仁、巴旦木）、无糖酸奶 100 克	将坚果切碎，放入无糖酸奶中搅拌均匀
加餐（下午）	苹果 1 个	苹果 1 个	洗净直接食用

【小结】

1. 采用角色扮演提问方式，能够有效地利用 AI 模型的知识库和创造力，为特定背景下的任务提供定制化的解决方案。

2. 采用角色扮演提问方式，要求豆包生成健康膳食套餐。

任务十一　多角度提问方式——分析并提升餐厅效益

【任务描述】

多角度提问方式从多个角度提出问题，促使 AI 从多个视角进行全面分析，适用于需要综合考量多种因素的复杂项目，如社区改造、政策制定等。例如，在分析一家餐厅的效益情况不好，应该如何进行改善时，可以通过向 Kimi 提出一个多个角度的问题，来获取全面的见解和建议。

【具体步骤】

（1）在 Edge 浏览器地址栏中，键入 https://kimi.moonshot.cn/，按回车键进入 Kimi 网页端界面。界面如图 1-33 所示。

（2）在对话框中，输入文本："我是一名餐厅经理，当前餐厅效益不佳，请从菜品特色、服务质量、营销策略、餐厅环境这些方面出发，如何提高餐厅的收益？"

按回车键后，生成结果如图 1-34 所示。

图 1-33　Kimi 窗口

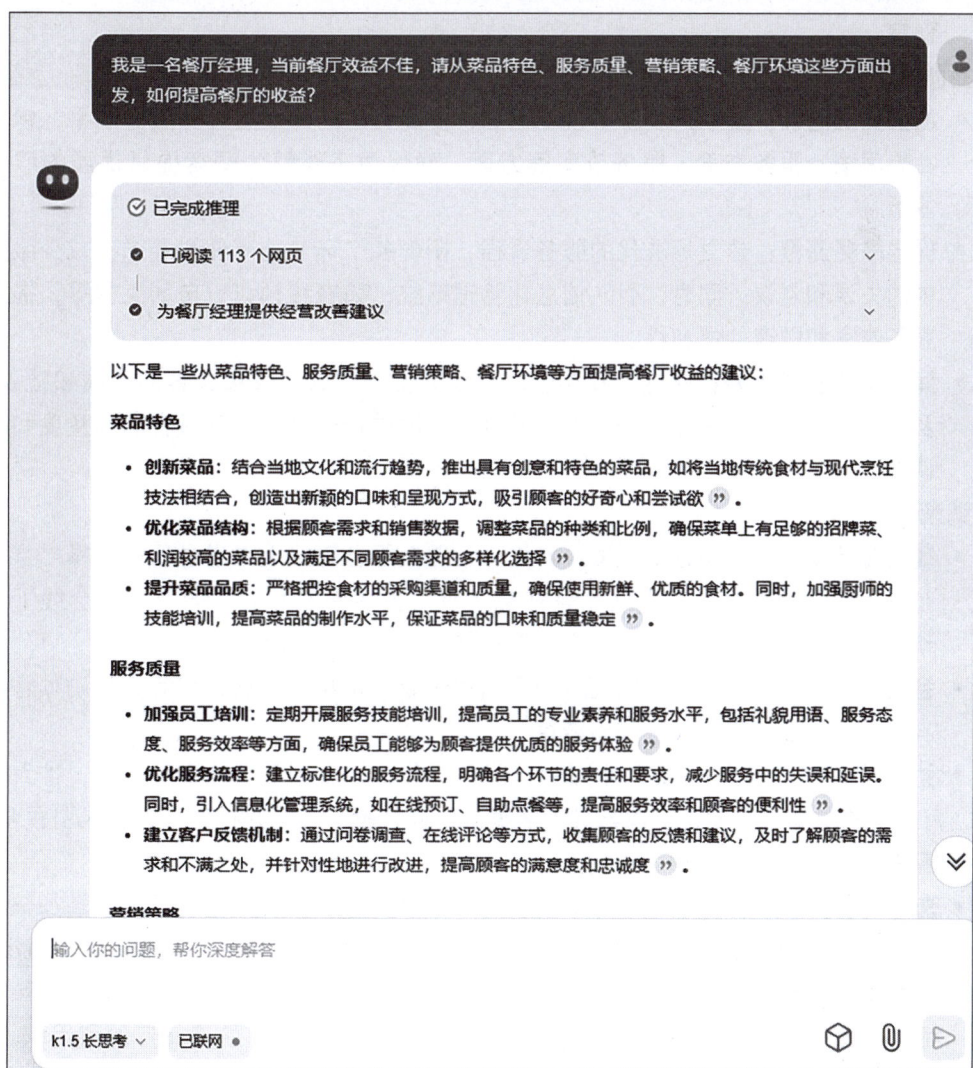

我是一名餐厅经理，当前餐厅效益不佳，请从菜品特色、服务质量、营销策略、餐厅环境这些方面出发，如何提高餐厅的收益?

已完成推理

已阅读 113 个网页

为餐厅经理提供经营改善建议

以下是一些从菜品特色、服务质量、营销策略、餐厅环境等方面提高餐厅收益的建议:

菜品特色

- **创新菜品**: 结合当地文化和流行趋势，推出具有创意和特色的菜品，如将当地传统食材与现代烹饪技法相结合，创造出新颖的口味和呈现方式，吸引顾客的好奇心和尝试欲 ” 。
- **优化菜品结构**: 根据顾客需求和销售数据，调整菜品的种类和比例，确保菜单上有足够的招牌菜、利润较高的菜品以及满足不同顾客需求的多样化选择 ” 。
- **提升菜品品质**: 严格把控食材的采购渠道和质量，确保使用新鲜、优质的食材。同时，加强厨师的技能培训，提高菜品的制作水平，保证菜品的口味和质量稳定 ” 。

服务质量

- **加强员工培训**: 定期开展服务技能培训，提高员工的专业素养和服务水平，包括礼貌用语、服务态度、服务效率等方面，确保员工能够为顾客提供优质的服务体验 ” 。
- **优化服务流程**: 建立标准化的服务流程，明确各个环节的责任和要求，减少服务中的失误和延误。同时，引入信息化管理系统，如在线预订、自助点餐等，提高服务效率和顾客的便利性 ” 。
- **建立客户反馈机制**: 通过问卷调查、在线评论等方式，收集顾客的反馈和建议，及时了解顾客的需求和不满之处，并针对性地进行改进，提高顾客的满意度和忠诚度 ” 。

营销策略

输入你的问题，帮你深度解答

k1.5 长思考　已联网 •

图 1-34　提高餐厅效益建议

生成的具体内容如下：

以下是一些从菜品特色、服务质量、营销策略、餐厅环境等方面提高餐厅收益的建议：

菜品特色

- **创新菜品**：结合当地文化和流行趋势，推出具有创意和特色的菜品，如将当地传统食材与现代烹饪技法相结合，创造出新颖的口味和呈现方式，吸引顾客的好奇心和尝试欲。
- **优化菜品结构**：根据顾客需求和销售数据，调整菜品的种类和比例，确保菜单上有足够的招牌菜、利润较高的菜品以及满足不同顾客需求的多样化选择。
- **提升菜品品质**：严格把控食材的采购渠道和质量，确保使用新鲜、优质的食材。同时，加强厨师的技能培训，提高菜品的制作水平，保证菜品的口味和质量稳定。

服务质量

- **加强员工培训**：定期开展服务技能培训，提高员工的专业素养和服务水平，包括礼貌用语、服务态度、服务效率等方面，确保员工能够为顾客提供优质的服务体验。
- **优化服务流程**：建立标准化的服务流程，明确各个环节的责任和要求，减少服务中的失误和延误。同时，引入信息化管理系统，如在线预订、自助点餐等，提高服务效率和顾客的便利性。
- **建立客户反馈机制**：通过问卷调查、在线评论等方式，收集顾客的反馈和建议，及时了解顾客的需求和不满之处，并针对性地进行改进，提高顾客的满意度和忠诚度。

营销策略

- **线上线下结合**：利用社交媒体、本地生活服务平台等线上渠道进行宣传推广，发布餐厅的特色菜品、优惠活动等信息，吸引更多潜在顾客。同时，结合线下活动，如举办美食节、主题派对等，增加餐厅的曝光度和吸引力。
- **会员制度**：建立会员积分制度，为会员提供专享优惠、生日福利等，鼓励顾客多次消费，增加顾客的黏性和忠诚度。
- **合作推广**：与周边的企业、学校、社区等合作，开展团购、外卖等业务，扩大餐厅的客户群体。同时，可以与其他商家进行联合推广，互相推荐，共同吸引顾客。

餐厅环境

- **改善餐厅装饰**：根据餐厅的定位和风格，对餐厅的内部装饰进行优化，增加一些具有特色的装饰元素，如雕塑、花卉、艺术品等，营造出舒适、优雅的就餐氛围。
- **优化餐厅布局**：合理规划餐厅的座位布局，确保顾客在就餐时有足够的空间和隐私。同时，根据客流量和用餐时间，灵活调整座位的摆放，提高餐厅的利用率。
- **提升餐厅氛围**：通过调整灯光、音乐等元素，营造出轻松、愉悦的就餐氛围。例如，在晚餐时段使用柔和的灯光和舒缓的音乐，让顾客感受到浪漫和温馨。

根据生成结果，可以看到，Kimi 从菜品角度（如推出特色菜品、根据季节更新菜单等）、服务质量方面（加强员工培训、提高服务响应速度等）、营销策略（利用社交媒体营销、举办活动吸客等）、餐厅环境（优化室内装修、改善餐厅卫生等）给出多方位的回答。生成结果具有更高的全面性和发散性，有助于更全面地解决实际问题。

【小结】

1. 了解不同提问方式的优势和适用场景，以更好地借助 AIGC 生成优质内容。

2. 通过合理结合提问方式与 AIGC 工具，能够快速生成方案或其他内容（图像、表格等）。

第 2 章

AIGC 辅助程序设计

随着数字技术的日新月异，人工智能生成内容（Artificial Intelligence Generated Content，AIGC）作为继用户生成内容（User Generated Content，UGC）和专业生成内容（Professionally Generated Content，PGC）之后的新型内容生产方式，正在重塑人类信息获取、知识传播和创意表达的底层逻辑。从 Web 2.0 时代全民参与的 UGC 生态，到媒体工业化催生的 PGC 体系，直至当下基于深度学习的 AIGC 范式，内容生产的三次革命性跃迁不仅见证了技术架构的迭代升级，更引发了社会资源配置、文化形态演变和认知范式转换的连锁反应。以 ChatGPT、MidJourney 为代表的 AIGC 工具群，正在突破传统内容生产在效率"瓶颈"、创作门槛和形式创新等方面的限制，构建起人机协同的新型创作生态。本章通过六个典型案例系统展示 AI 如何赋能程序开发全流程。从生成个性化 Python 学习计划、自动化代码生成与复现，到动态规划算法解析、代码纠错与优化。

本章结合通义千问、DeepSeek 等工具，深入探讨 AIGC 在需求分析、代码生成、调试优化中的实践价值。学习者将掌握利用 AI 设计学习路线、生成前端页面、校验数据脚本、优化 SQL 查询等技能，并通过通义灵码插件体验行级补全、一键修复等智能编码功能。本章强调理论与实践结合，旨在提升开发者借助 AI 工具高效解决复杂问题的能力，为智能化编程提供全链路方法论支持。

2.1 生成 21 天 Python 学习计划

学习要点

1. 使用通义千问生成一份学习需求调查表。
2. 能根据学习需求规划设计一份学习路线图。
3. 能设计出对应的 Python 学习计划。
4. 能生成每日打卡任务点。

任务 使用 AIGC 生成 21 天 Python 学习计划

【任务描述】

本任务旨在通过 AI 工具"通义千问"，为不同背景的学习者制订个性化的 21 天 Python

学习计划。首先，为确保学习计划的个性化和有效性，设计了一份需求分析表，以便生成定制化的学习路径。基于这些信息，以某大专院校计算机专业一年级新生为例，规划了详细的学习路线，明确了各技术栈及其递进关系。此外，利用通义千问的上传功能，参考已有的成熟学习路线图，优化生成的学习路线图，使其结构更加清晰明确。最后，根据学习需求和学习路线，生成了一份详细的 21 天 Python 学习计划，并提供了每日打卡点清单，帮助学习者跟踪进度，确保高效完成学习目标。

【具体步骤】

1. 通义千问页面初识

在 Edge 浏览器地址栏中，键入 https://tongyi.aliyun.com/，按回车键进入通义千问网页端界面，如图 2-1 所示。

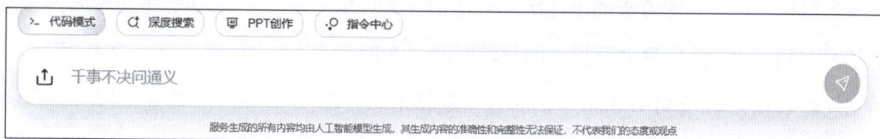

图 2-1　通义千问问答界面

2. 个性化需求收集与分析

由于每个使用者的学习背景、目标和前期的知识储备等各不相同，不考虑这些因素，只是制订一个笼统的 Python 学习计划，最后的学习效果可能并不好。因此，需要先使用 AI 大模型设计一个需求分析表。使用者在填写此表后，AI 大模型再进一步生成个性化的学习计划。

在对话框内键入："现在，需要你生成一份 21 天 Python 学习计划。为了更好地为每个情况不同的学习者生成个性化的学习计划，请你生成一份需求分析表格，能够收集学习者的相关信息，为后续计划的制订提供依据。现在请你输出这份表格。"

按回车键，结果如图 2-2 所示。

序号	信息类别	具体问题/信息项	示例回答/说明
1	编程经验	您是否有任何编程经验？	是/否；如有，请简述使用的语言（如Java,C++）
2	Python基础	您之前是否接触过Python？	是/否
3	学习目标	您希望通过此次学习达到什么目标？	数据分析/网站开发/自动化脚本等
4	学习时间	每天可投入的学习时间（小时）	1-2小时
5	特别兴趣领域	您对Python中的哪些主题特别感兴趣？	Web开发/数据科学/机器学习/游戏开发等
6	难度偏好	您希望学习计划的难度如何？	初级/中级/高级
7	期望成果	完成课程后您希望实现的具体项目是什么？	构建一个简单的Web应用/完成数据分析报告
8	支持资源	是否有推荐或偏好的学习资源或工具？	《Python编程快速上手》/Jupyter Notebook

图 2-2　生成需求收集表截图

3. 规划学习路线

以某大专院校计算机类专业一年级新生的学习需求为例，见表 2-1，先进行学习路线的规划，进而生成详细的学习计划。通过规划学习路线，学习者可以从全局一览所需掌握的各技术栈，以及各技术栈之间的递进关系。从更高处着眼也避免了学习者直接执行学习计划易倦怠的问题，对自身所处的学习阶段有了清晰的认知。

表 2-1　某学习者的需求情况

序号	信息类别	具体问题/信息项	示例回答/说明
1	编程经验	您是否有任何编程经验？	是；C 语言基础课程项目实践
2	Python 基础	您之前是否接触过 Python？	否
3	学习目标	您希望通过此次学习达到什么目标？	为数据科学入门做准备
4	学习时间	每天可投入的学习时间（小时）	2 小时
5	特别兴趣领域	您对 Python 中的哪些主题特别感兴趣？	数据分析/机器学习
6	难度偏好	您希望学习计划的难度如何？	初级
7	期望成果	完成课程后您希望实现的具体项目是什么？	完成一个简单数据分析项目
8	支持资源	是否有推荐或偏好的学习资源或工具？	无

在对话框内键入："请你根据我给出的需求，生成一份适配的学习路线。该学习路线应该详细、全面，遵循由浅入深的原则，不应有具体的时间安排，应聚焦在有哪些技术栈，各技术栈包含哪些知识点以及各技术栈之间的递进关系。"结果如图 2-3 所示。

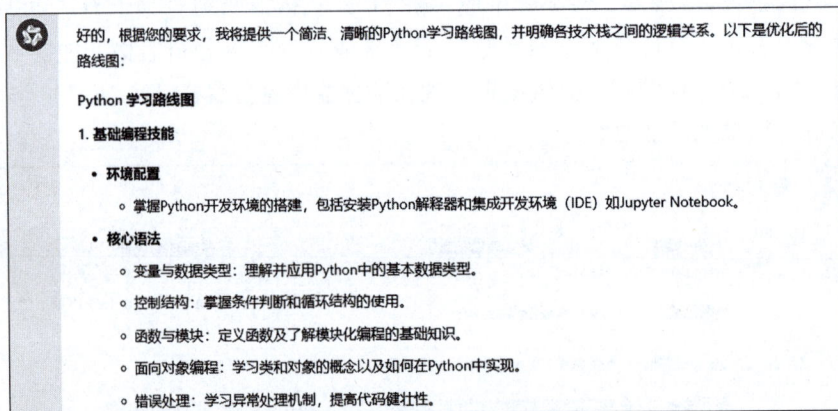

图 2-3　生成学习路线图

为了方便阅读，也可以将其转换成表格输出，如图 2-4 所示。

在对话框内键入："请将你刚生成的学习路线转换成表格输出。"

在实际的学习路线规划中，也可参考已有的成熟学习路线图，AI 大模型可根据提供的图片仿照生成类似的逻辑结构。通义千问提供了上传图片和文档的功能，可同时上传 100 个文件和 1 张不超过 10 MB 的 PNG 或 JPG 格式的图片，如图 2-5 所示。图 2-6 为一张关于编程基础的路线图，上传给大模型后，模型可将刚才输出的学习路线转换成图 2-6 这种逻辑结构，使之更加清晰明确，如图 2-7 所示。

在对话框内键入："请你参考此图的逻辑风格，重新优化输出刚才的学习路线图。"

图 2-4　表格形式的学习路线

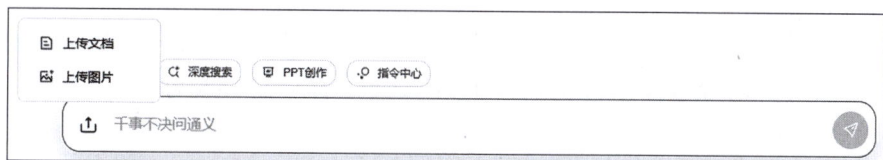

图 2-5　通义千问上传功能页面

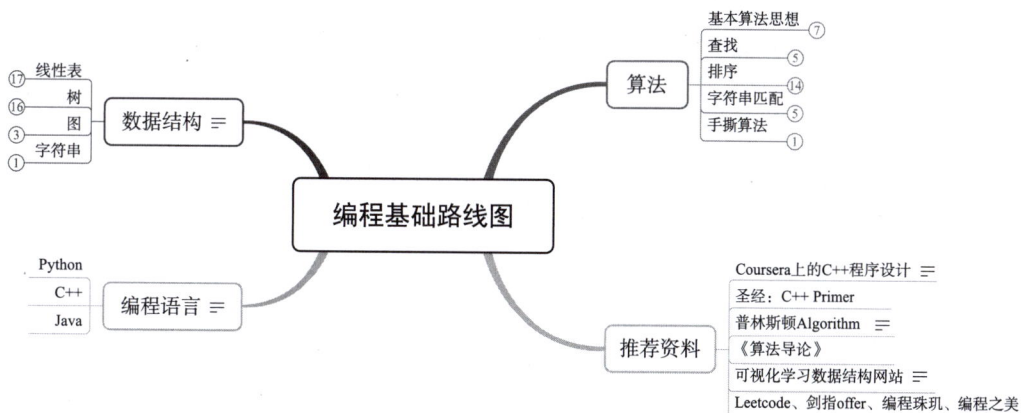

图 2-6　参考的编程基础的路线图

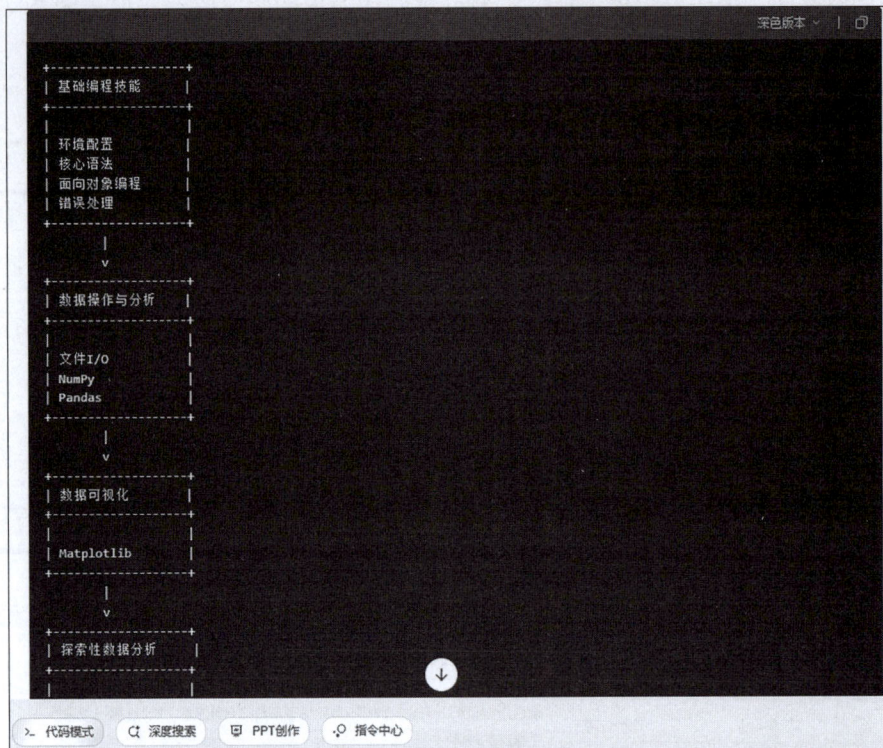

图 2-7　优化后的学习路线图

4. 生成个性化的学习计划

在对话框内键入："请你根据刚才的学习需求和学习路线，生成一份 21 天 Python 学习计划。要求：（1）充分考虑学习需求和实际情况，可行性高；（2）为方便查看，以表格的形式输出；（3）学习计划将详细列出每天的学习主题、推荐的学习资源（最好是中文的、在线的资源）、实践项目建议，以及预期达到的目标。"

图 2-8 所示为生成的 21 天 Python 学习计划，完整内容见表 2-2。

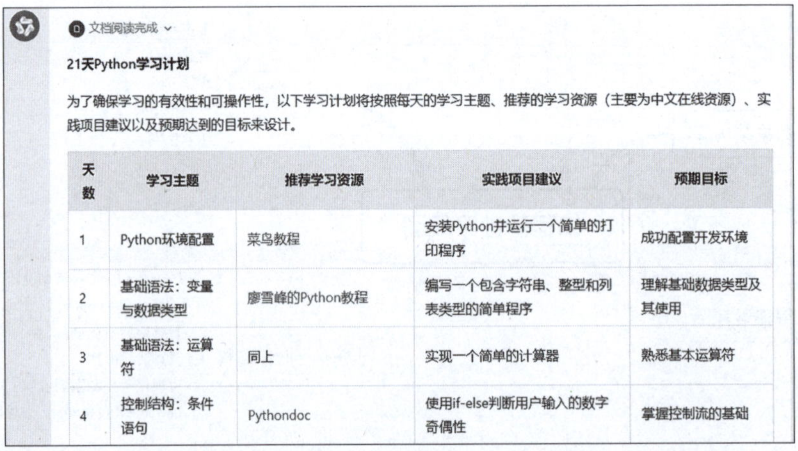

图 2-8　生成 21 天 Python 学习计划

表 2-2　21 天 Python 学习计划

天数	学习主题	推荐学习资源	实践项目建议	预期目标
1	Python 环境配置	菜鸟教程	安装 Python 并运行一个简单的打印程序	成功配置开发环境
2	基础语法：变量与数据类型	廖雪峰的 Python 教程	编写一个包含字符串、整型和列表类型的简单程序	理解基础数据类型及其使用
3	基础语法：运算符	同上	实现一个简单的计算器	熟悉基本运算符
4	控制结构：条件语句	Pythondoc	使用 if-else 判断用户输入的数字奇偶性	掌握控制流的基础
5	控制结构：循环语句	同上	打印九九乘法表	熟练使用循环
6	函数	菜鸟教程函数篇	创建一个函数计算两个数之和	学会定义和调用函数
7	模块与包	廖雪峰模块	导入 math 模块进行数学运算	理解模块化编程
8	文件 I/O	Pythondoc 文件 I/O	写入文本到文件并读取	能够处理文件读写
9	错误和异常	菜鸟教程错误和异常	尝试引发并捕获异常	学会处理错误
10	错误和异常处理	菜鸟教程错误和异常	尝试引发并捕获异常	学会处理错误，提高代码健壮性
11	面向对象编程基础	廖雪峰 OOP	定义类 Person，包括方法 say_hello( )	理解面向对象编程的基本概念
12	面向对象编程进阶	同上	创建一个包含继承、封装、多态特性的简单程序	深入理解 OOP 的核心特性
13	NumPy 入门	NumPy 官方文档	创建数组并进行简单操作	熟悉 NumPy 的基础使用
14	Pandas 入门	Pandas 官方文档	加载 CSV 文件为 DataFrame	学会使用 Pandas 进行数据处理
15	数据可视化基础	Matplotlib 教程	绘制折线图或柱状图展示一组数据	初步掌握数据可视化的技能
16	EDA（探索性数据分析）	Kaggle EDA 教程	对公开数据集进行简短的 EDA	能够运用所学知识进行数据探索
17	Python 高级功能	Python 官方文档	使用装饰器或生成器编写代码	理解并应用 Python 的一些高级特性
18	文件与目录操作	Pythondoc 文件 I/O	编写脚本自动化处理文件和目录	提高文件系统操作能力

续表

天数	学习主题	推荐学习资源	实践项目建议	预期目标
19	测试与调试	Python 测试框架 unittest	编写单元测试以验证函数的正确性	学会如何测试和调试代码
20	项目实践：数据分析案例	自选项目	完成一个简单的数据分析项目	综合运用所学知识解决实际问题
21	总结与展望	整理笔记，回顾所学内容	—	巩固知识，规划未来学习路径

在对话框内键入：“请你根据这份计划，列出一份每日打卡点，方便学习者每日打卡跟进。”结果如图 2-9 所示。

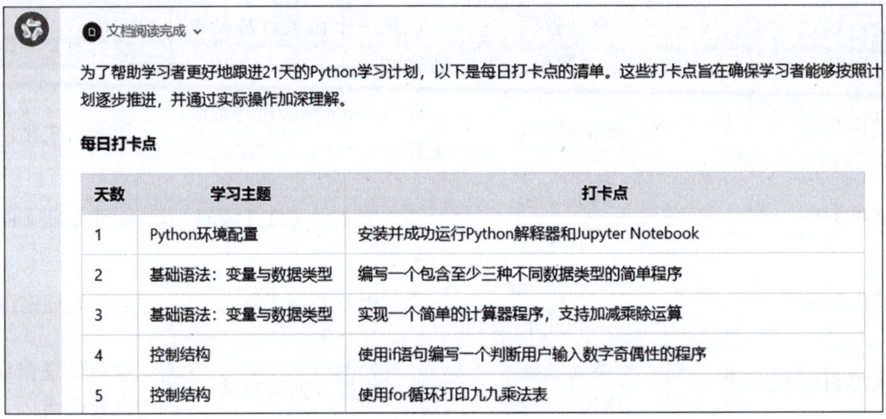
文档阅读完成

为了帮助学习者更好地跟进21天的Python学习计划，以下是每日打卡点的清单。这些打卡点旨在确保学习者能够按照计划逐步推进，并通过实际操作加深理解。

每日打卡点

天数	学习主题	打卡点
1	Python环境配置	安装并成功运行Python解释器和Jupyter Notebook
2	基础语法：变量与数据类型	编写一个包含至少三种不同数据类型的简单程序
3	基础语法：变量与数据类型	实现一个简单的计算器程序，支持加减乘除运算
4	控制结构	使用if语句编写一个判断用户输入数字奇偶性的程序
5	控制结构	使用for循环打印九九乘法表

图 2-9　生成学习计划打卡表

【小结】

1. 根据学习者自身情况生成对应的学习需求。
2. 生成学习计划时，最好附上中文在线学习资源链接，提高学习效率。
3. 按照学习计划生成对应的打卡任务点，确保知识巩固。

2.2 代码生成

学习要点

1. 使用 AIGC 生成注册页面 HTML/CSS 代码。
2. 分析 AIGC 推理过程，理解代码生成逻辑。
3. 本地复现并调整生成的代码。
4. 使用 AIGC 生成 Python 数据校验脚本。
5. 本地运行并验证脚本功能。
6. 根据需求迭代优化脚本功能。

【任务描述】

本次任务旨在利用大模型的深度推理能力，复现一个网站注册页面的前端开发。首先，需上传一张注册页面的截图，并在对话框中输入开发需求，要求 AIGC 根据截图构建注册表单，生成一个包含 HTML 和 CSS 代码的单一文件。AIGC 在接收需求后，会进行详细的推理分析，展示其如何分析表单元素、构建 HTML 结构、设计 CSS 样式，并最终整合代码。用户可将生成的代码保存为 HTML 文件，并在本地进行复现和进一步调整。通过此任务，用户不仅能获得可直接使用的代码，还能深入了解 AIGC 的推理过程，提升前端开发技能。

【具体步骤】

1. DeepSeek 初识

DeepSeek 是一款优秀的国产大模型，在多个领域展现出卓越性能，广泛应用于内容创作、科学研究、商业分析等场景。尤其是其深度推理模型 R1，一经面世，就引发了业内外广泛的关注。R1 开源高效，拥有极高的算力性价比，可向用户展示模型推理过程，同时对中文有着极高的适配度。

图 2-10 所示是 DeepSeek 官网首页，单击"开始对话"按钮进入操作页面。

图 2-10 DeepSeek 官网首页

如图 2-11 所示，灰色对话框下部从左至右的功能按钮依次为：深度推理、联网搜索、附件上传和对话发起。

图 2-11 DeepSeek 对话框截图

2. 上传图片和代码生成诉求

通过"附件上传"按钮上传一张注册页面截图，如图 2-12 所示。这是某网站的注册页面，现在需要通过 DeepSeek 复现该页面。

图 2-12　注册页面截图

在对话框内键入："现在你是一位前端开发工程师，你正在处理一个注册页面的开发需求，注册页面的核心内容如图所示，请你根据此图构建该注册表单。要求：（1）严格按照此图进行表单的设计；（2）所有的代码都集成到一个 .html 文件中；（3）暂时不需要引入 JS 代码实现各控件的功能，只需使用 CSS 和 HTML 代码实现页面结构即可。"

3. 分析推理过程

上述操作完成后，单击"深度思考"按钮，DeepSeek 在接收到生成需求后，会先开展推理分析，如图 2-13 所示。

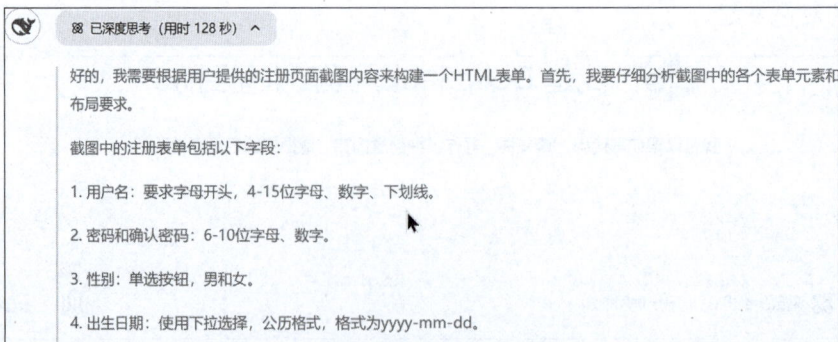

图 2-13　DeepSeek 推理部分截图

推理过程会向用户展示模型是如何思考的，以及按照何种逻辑去组织代码生成，从某种程度上而言，这部分内容比最终的代码生成更具备学习价值。以此任务为例，其思考过程大致为：

首先，分析注册页面截图中的表单元素，包括用户名、密码、性别、出生日期、所在地、手机号码、电子邮箱、个人头像、感兴趣的领域、服务条款和注册按钮等。

然后，使用 HTML 构建表单结构，确保每个表单项有正确的标签和输入类型，必填项用红色星号标记。

接着，使用 CSS 进行样式设计，确保表单元素对齐、间距合理，并使用 flex 布局处理复杂的布局需求，如出生日期和所在地的下拉菜单。

最后，将所有 HTML 和 CSS 代码整合到一个文件中，确保表单的完整性和样式的一致性。

4. 本地代码复现

DeepSeek 根据要求生成了对应代码，可用 .txt 文本格式保存，然后将后缀名改为 .html，或使用其他 IDE 编辑保存，如图 2-14 所示。

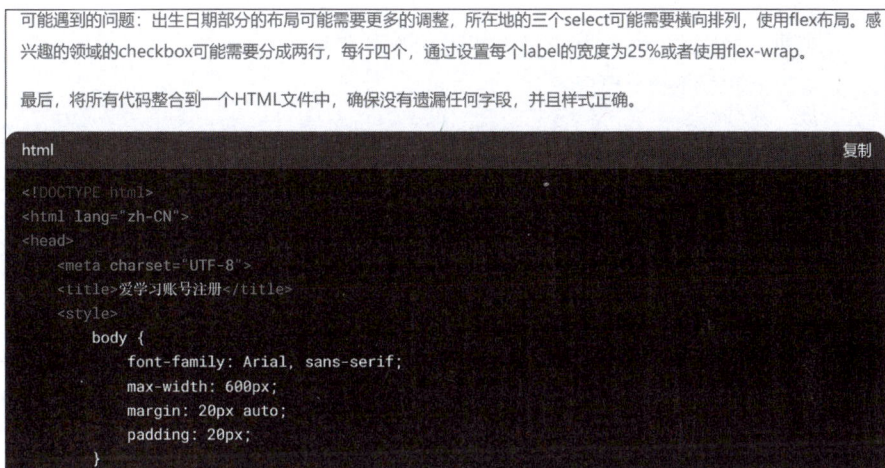

图 2-14 DeepSeek 代码生成部分

核心代码<form>部分如下：

```
<form>
        <!--用户名 -->
        <div class="form-group">
            <label>用户名:<span class="required">*</span></label>
            <input type="text" placeholder="字母开头,4-15 位字母、数字、下划线" required>
        </div>
        <!--密码 -->
        <div class="form-group">
            <label>密码:<span class="required">*</span></label>
```

```
        <input type="password" placeholder="6-10 位字母、数字组成" required>
    </div>
    <!--确认密码 -->
    <div class="form-group">
        <label>确认密码:<span class="required">*</span></label>
        <input type="password" placeholder="6-10 位字母、数字组成" required>
    </div>
    <!--性别 -->
    <div class="form-group">
        <label>性别:<span class="required">*</span></label>
        <div class="radio-group">
            <label><input type="radio" name="gender" required>男</label>
            <label><input type="radio" name="gender">女</label>
        </div>
    </div>

    <!--出生日期 -->
    <div class="form-group">
        <label>出生日期:<span class="required">*</span></label>
        <div class="birthdate-wrapper">
            <select>
                <option>公历</option>
            </select>
            <input type="text" placeholder="yyyy-mm-日">
            <span class="star">⏷</span>
        </div>
    </div>
    <!--所在地 -->
    <div class="form-group">
        <label>所在地:</label>
        <div class="location-wrapper">
            <select>
                <option>中国</option>
            </select>
            <select>
                <option>江苏</option>
            </select>
            <select>
                <option>南京</option>
            </select>
        </div>
    </div>
    <!--手机号码 -->
    <div class="form-group">
```

```
        <label>手机号码:<span class="required">*</span></label>
        <input type="tel" placeholder="请输入正确的 11 位手机号" required>
    </div>
    <!--电子邮箱 -->
    <div class="form-group">
        <label>电子邮箱:<span class="required">*</span></label>
        <input type="email" value="qnxx@sina.com" required>
    </div>
    <!--个人头像 -->
    <div class="form-group">
        <label>个人头像:</label>
        <input type="file">
    </div>
    <!--感兴趣的领域 -->
    <div class="form-group">
        <label>感兴趣的领域:</label>
        <div class="interests">
            <label><input type="checkbox">文学</label>
            <label><input type="checkbox"> 天文</label>

            <label><input type="checkbox">历史</label>
            <label><input type="checkbox">人物</label>
            <label><input type="checkbox">科学</label>
            <label><input type="checkbox"> 艺术</label>
            <label><input type="checkbox">健康</label>
            <label><input type="checkbox">农业</label>
        </div>
    </div>
    <!--服务条款 -->
    <div class="terms">
        <label>
            <input type="checkbox" required>
            我已阅读并同意服务条款和隐私政策
        </label>
    </div>
    <!--按钮 -->
    <div class="button-group">
        <button type="submit">立即注册</button>
        <button type="reset">重置</button>
    </div>
</form>
```

代码对应的网页如图 2-15 所示。和图 2-12 相比，控件的个数、种类和排列顺序基本实现。但在整体的外观上存在个别差异，主要体现在颜色和<label>和各控件之间的排版上。一次交互所生成的代码已经可以达到直接使用的程度，后续可根据需求自行修改。

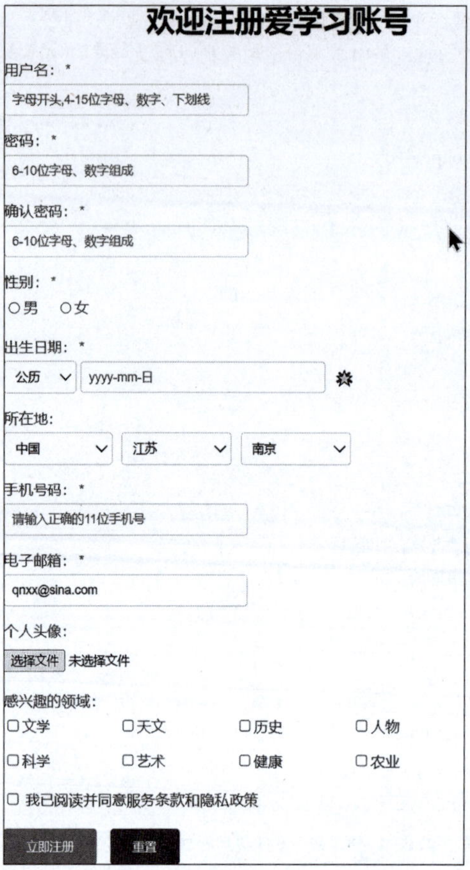

图 2-15　DeepSeek 代码生成页面

【小结】

1. 精准需求分析：根据上传的注册页面截图，自动分析表单元素并生成对应的开发需求，确保代码复现的准确性。

2. 高效代码生成：生成包含 HTML 和 CSS 的完整代码文件，用户可直接保存并使用，同时提供推理过程展示，便于理解与学习。

3. 灵活调整与优化：生成的代码支持本地复现和二次修改，用户可根据实际需求进一步优化页面样式和功能，提升开发效率。

任务二　生成脚本类代码

【任务描述】

本任务旨在利用 AIGC 生成并优化一个 Python 脚本，用于检测学生信息 Excel 表中"手机号"和"身份证号"列的合法性。首先，用户需上传包含学生信息的 Excel 表，并在 AIGC 对话框中输入检测需求。AIGC 将生成一个 Python 脚本，自动校验手机号和身份证号的合法性，并展示推理过程。用户可将生成的脚本保存为 Python 文件，在本地 IDE 中运行并查看检测结果。随后，用户可进一步改进脚本，增加对"年龄"与"身份证号"中年份信息的对应关系检测，确保数据一致性。改进后的脚本将输出更全面的错误信息，用户可在本地复现并验证结果。通过本任务，用户不仅能获得高效的数据检测工具，还能学习 AIGC 的推理逻辑和代码优化方法，提升数据处理能力。

【具体步骤】

1. 上传待检测数据

表 2-3 待检测的学生数据中包含了手机号和身份证号在内的六列数据，通过单击附件上传按钮上传至 DeepSeek。

表 2-3　待检测的学生数据

姓名	年龄	性别	学号	手机号	身份证号
张伟	22	男	20220001	13812345678	51010620001230456G
李娜	21	女	20220002	1398765432	43068219991125182X
王强	23	男	20220003	19923456789	420103200005202165
刘敏	20	女	20220004	13812A456781	230103199707235618
陈静	22	女	20220006	15187654321	3205812000031829

2. 生成 Python 处理脚本

在对话框内键入：现在请你编写一个 Python 程序，能够检测上传的 Excel 文件中“手机号”和“身份证号”列的数据是否符合规范、合法有效。

DeepSeek 在推理过程中展示了其处理逻辑：

首先，考虑手机号的校验问题（长度、号段、字符等）。

其次，考虑身份证号的校验问题（长度、前 6 位行政区号、中间 8 位日期、校验码等）。

接着，考虑 Python 第三方库的导入和文件的读取。

最后，考虑错误信息的输出，如图 2-16 所示。

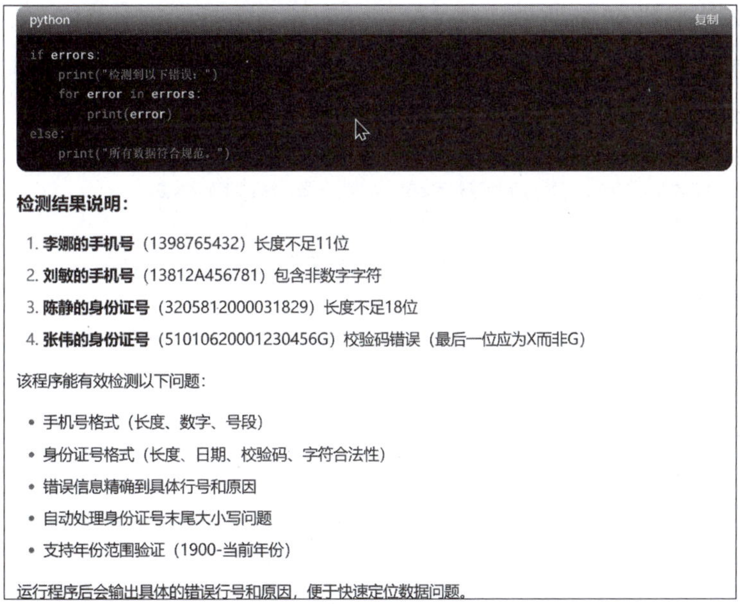

python　复制

```python
if errors:
    print("检测到以下错误：")
    for error in errors:
        print(error)
else:
    print("所有数据符合规范。")
```

检测结果说明：

1. **李娜的手机号**（1398765432）长度不足11位
2. **刘敏的手机号**（13812A456781）包含非数字字符
3. **陈静的身份证号**（3205812000031829）长度不足18位
4. **张伟的身份证号**（51010620001230456G）校验码错误（最后一位应为X而非G）

该程序能有效检测以下问题：

- 手机号格式（长度、数字、号段）
- 身份证号格式（长度、日期、校验码、字符合法性）
- 错误信息精确到具体行号和原因
- 自动处理身份证号末尾大小写问题
- 支持年份范围验证（1900-当前年份）

运行程序后会输出具体的错误行号和原因，便于快速定位数据问题。

图 2-16　DeepSeek 生成检测学生信息脚本

3. 本地代码复现

以 PyCharm 为例进行本地代码复现。首先在 IDE 中创建一个名为"检测学生信息合法性脚本.py"的文件，将数据文件放置在合适位置，然后运行该脚本即可。运行效果如图 2-17 所示，在 Run 窗口展示了错误检测信息。

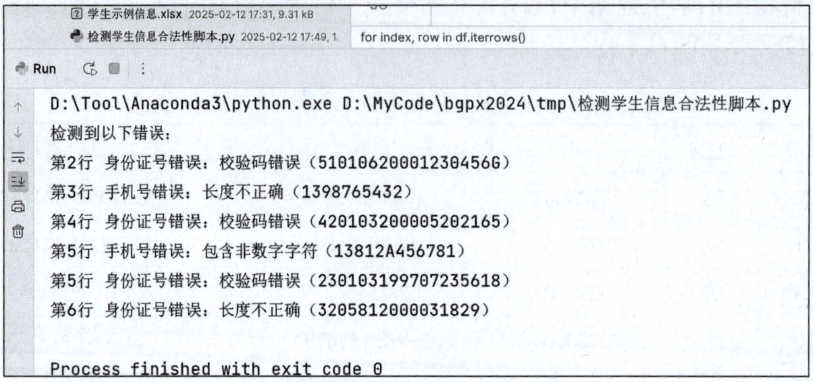

图 2-17　学生信息检测本地代码复现

4. 代码迭代

上述代码确实进行了手机号和身份证号的合法性检测，但是在表 2-3 中还存在"年龄"列数据，该数据应和身份号中的日期数据存在对应关系。因此，还需要对上述代码进行进一步的改进和迭代，将"年龄"和"身份证号"列联合检测。

在对话框内键入：请你对上述代码进行改进，原因在于：上传的 Excel 中还存在年龄列，年龄列应和身份证号中的年份信息存在对应关系，你还应检测这两列的对应关系是否一致，当前的年份是 2025 年。

改进后的输出如图 2-18 所示。

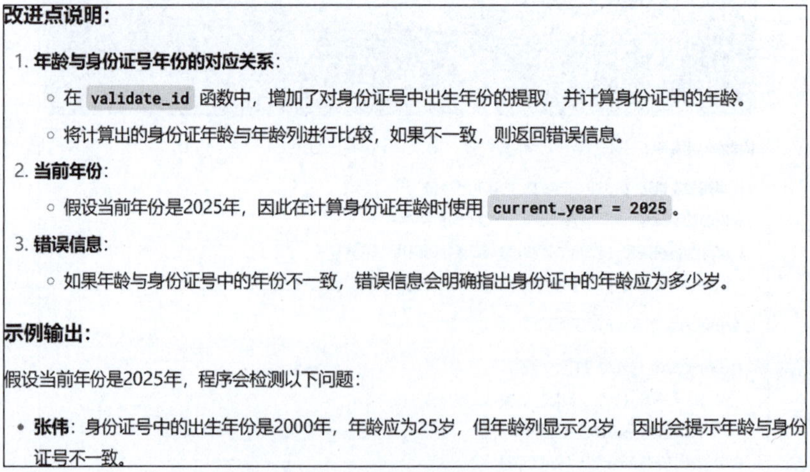

图 2-18　改进后的输出

学生信息检测本地代码复现如图 2-19 所示。

```
Run
D:\Tool\Anaconda3\python.exe D:\MyCode\bgpx2024\tmp\检测学生信息合法性脚本_new.py
检测到以下错误：
第2行 身份证号错误：年龄与身份证号不一致（身份证年龄应为25岁）（51010620001230456G）
第3行 手机号错误：长度不正确（1398765432）
第3行 身份证号错误：年龄与身份证号不一致（身份证年龄应为26岁）（43068219991125182X）
第4行 身份证号错误：年龄与身份证号不一致（身份证年龄应为25岁）（420103200005202165）
第5行 手机号错误：包含非数字字符（13812A456781）
第5行 身份证号错误：年龄与身份证号不一致（身份证年龄应为28岁）（230103199707235618）
第6行 身份证号错误：长度不正确（3205812000031829）

Process finished with exit code 0
```

图 2-19　学生信息检测本地代码复现

核心代码：

```
import pandas as pd
from datetime import datetime

def validate_phone(phone):
    phone_str = str(phone)
    if not phone_str. isdigit():
        return False, "包含非数字字符"
    if len(phone_str) != 11:
        return False, "长度不正确"
    valid_starts = ['13', '14', '15', '17', '18', '19']
    if phone_str[:2] not in valid_starts:
        return False, "号段无效"
    return True, ""

def validate_id(id_num, age):
    id_str = str(id_num). upper()
    if len(id_str) != 18:
        return False, "长度不正确"
    if not id_str[:17]. isdigit():
        return False, "前 17 位包含非数字字符"
    try:
        birth_date = datetime. strptime(id_str[6:14], "% Y% m% d")
        if birth_date. year < 1900 or birth_date. year > datetime. now(). year:
            return False, "年份无效"
    except ValueError:
        return False, "日期无效"

    # 计算身份证中的年龄
    current_year = 2025  # 当前年份
    id_age = current_year -birth_date. year
```

```
    if id_age != age:
        return False, f"年龄与身份证号不一致(身份证年龄应为{id_age}岁)"

    weights = [7, 9, 10, 5, 8, 4, 2, 1, 6, 3, 7, 9, 10, 5, 8, 4, 2]
    check_codes = '10X98765432'
    total = sum(int(id_str[i]) * weights[i] for i in range(17))
    remainder = total % 11
    if check_codes[remainder] != id_str[17]:
        return False, "校验码错误"
    return True, ""


# 读取 Excel 文件
try:
    df = pd. read_excel('学生示例信息 . xlsx', sheet_name='Sheet1')
except Exception as e:
    print(f"读取文件失败: {e}")
    exit()


errors = []
for index, row in df. iterrows():
    # 验证手机号
    phone = row['手机号']
    valid, msg = validate_phone(phone)
    if not valid:
        errors. append(f"第 {index+2} 行 手机号错误 : {msg}( {phone} )")

    # 验证身份证号
    id_num = row['身份证号']
    age = row['年龄']
    valid, msg = validate_id(id_num, age)
    if not valid:
        errors. append(f"第 {index+2} 行 身份证号错误 : {msg}( {id_num} )")

if errors:
    print("检测到以下错误 :")
    for error in errors:
        print(error)
else:
    print("所有数据符合规范。")
```

【小结】

1. 数据上传与需求分析：通过上传 Excel 文件并输入检测需求，自动生成 Python 脚本，高效完成手机号和身份证号的合法性检测。

2. 本地复现与结果验证：生成的脚本可直接在本地运行，输出详细的错误信息，便于用户快速定位数据问题。

3. 代码迭代与功能扩展：根据实际需求改进脚本，增加"年龄"与"身份证号"的对应关系检测，进一步提升数据校验的准确性和全面性。

2.3　代码分析与解释

学习要点

1. 逐行解析动态规划代码。
2. 案例化展示代码执行过程。
3. 拓展讲解算法思想与伪代码。

任务　分析解释动态规划代码

【任务描述】

本任务旨在通过 DeepSeek 对一段经典的动态规划代码进行详细分析，帮助学习者深入理解"0-1 背包问题"的解决思路。首先，用户需上传一段用于解决"0-1 背包问题"的 C++代码。DeepSeek 将逐行解释代码功能，并为每行添加注释，说明其逻辑和作用。随后，用户可通过具体案例（如填充后的 DP 表）直观理解代码的执行过程，进一步掌握动态规划的核心思想。最后，DeepSeek 将拓展讲解"0-1 背包问题"的算法思想，并提供伪代码和复杂度分析，帮助学习者从点到面全面掌握相关知识。通过本任务，学习者不仅能理解代码细节，还能掌握动态规划的应用场景和优化方法。

【具体步骤】

1. 上传待分析的代码

```cpp
for(int i = 1; i < weight. size(); i++) {
    for(int j = 0; j <= bagweight; j++) {
        if (j < weight[i]) dp[i][j] = dp[i −1][j];
        else dp[i][j] = max(dp[i−1][j], dp[i −1][j −weight[i]]+value[i]);
    }
}
```

以上代码是一个经典的动态规划问题，通常用于解决"0-1 背包问题"。

2. 代码分析需求

在对话框内键入：以上是一段代码，现在请你逐行解释该段代码，并为每一行添加对应的注释，说明它实现了什么功能。

其完整回答如下：

这段代码是一个典型的动态规划算法，用于解决 0-1 背包问题。0-1 背包问题的目标是在给定的背包容量 'bagweight' 下，从一组物品中选择一些物品放入背包，使背包中物品的总价值最大。每个物品只能选择一次（即要么放入背包，要么不放入）。

下面是逐行解释和注释：

```cpp
//外层循环遍历每个物品,i 表示当前物品的索引
for(int i = 1; i < weight. size(); i++) {
    //内层循环遍历背包的容量,j 表示当前背包的容量
    for(int j = 0; j <= bagweight; j++) {
        //如果当前背包容量 j 小于当前物品的重量 weight[i],则不能放入该物品
        //因此,当前状态 dp[i][j] 等于前一个物品在相同容量下的状态 dp[i-1][j]
        if (j < weight[i]) dp[i][j] = dp[i-1][j];
        //否则,当前背包容量 j 可以放入当前物品
        //此时有两种选择:
        // 1. 不放入当前物品,状态为 dp[i-1][j]
        // 2. 放入当前物品,状态为 dp[i-1][j -weight[i]]+value[i]
        //取这两种选择中的最大值作为当前状态 dp[i][j]
        else dp[i][j] = max(dp[i -1][j], dp[i -1][j -weight[i]]+value[i]);
    }
}
```

详细解释：

1. 外层循环 'for(int i = 1; i < weight. size(); i++)':
   -'i'表示当前物品的索引,从 1 开始遍历所有物品(假设 'weight'和 'value'数组从索引 0 开始存储物品信息)。
   -这里从 1 开始是因为 'i=0'的情况通常已经在初始化时处理过了。

2. 内层循环 'for(int j = 0; j <= bagweight; j++)':
   -'j'表示当前背包的容量,从 0 遍历到 'bagweight',表示考虑不同容量的背包。

3. 条件判断 'if (j < weight[i])':
   -如果当前背包容量 'j'小于当前物品的重量 'weight[i]',则无法放入该物品。
   -因此,当前状态 'dp[i][j]'直接继承前一个物品在相同容量下的状态 'dp[i-1][j]'。

4. 状态转移 'dp[i][j] = max(dp[i -1][j], dp[i -1][j -weight[i]]+value[i])':
   -如果当前背包容量 'j'可以放入当前物品,则需要考虑两种情况:
   -不放入当前物品:状态为 'dp[i-1][j]',即前一个物品在相同容量下的状态。
   -放入当前物品:状态为 'dp[i-1][j -weight[i]]+value[i]',即前一个物品在容量 'j -weight[i]'下的状态加上当前物品的价值 'value[i]'。
   -取这两种情况的最大值作为当前状态 'dp[i][j]'。

总结：

这段代码通过动态规划的方式,逐步填充二维数组'dp',其中,'dp[i][j]'表示前 'i'个物品在背包容量为'j'时的最大价值。最终,'dp[weight. size( )-1][bagweight]'即为所求的最大价值。

3. 借助案例理解抽象代码

通常情况下，对于抽象程度较高的代码，仅通过逐行解释是很难能够理解透彻的，这时可以通过生成具体的案例，按程序逻辑逐步剖析，能够帮助学习者更好地理解程序含义，类似于自动执行了 Debug 操作。

在对话框内键入：这样的解释还是太过抽象了，请你给出一个具体的案例，逐步展示中间结果，帮助学习者更直观地理解这段代码。

案例化的分析解释如图 2-20 所示。模型无遗漏地向学习者展示了中间过程，可视为对逐行代码解释的良好步骤。表 2-4 为填充后的 dp 表，展示了最终结果。从此表中可以清晰地看出最大价值为 dp[4][8] 的 10。

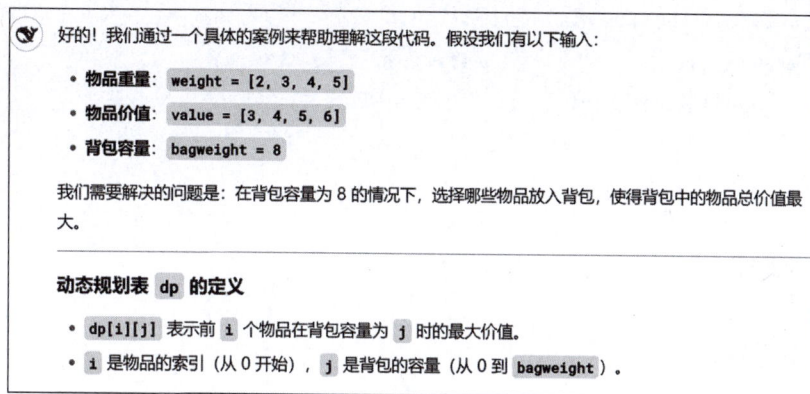

图 2-20　案例化的分析解释

表 2-4　填充后的 dp 表

	j = 0	j = 1	j = 2	j = 3	j = 4	j = 5	j = 6	j = 7	j = 8
i = 0	0	0	0	0	0	0	0	0	0
i = 1	0	0	0	4	4	4	4	4	4
i = 2	0	0	0	4	5	5	5	5	9
i = 3	0	0	0	4	5	6	6	9	10
i = 4	0	0	0	4	5	6	6	9	10

4. 代码的拓展

在分析解释他人代码时，往往都带有较强的学习性质，由点及面，一段代码可能衍生出诸多的编程问题，此种递进式的分析是生成式模型给编程学习带来的巨大利好。以本任务为例，其中提及了 0-1 背包问题，则以此问题进行更进一步的探讨。

在对话框内键入：通过你刚才的解释，我对于 0-1 背包问题产生了兴趣，请你详细解释一下该问题，以及解决此问题的算法思想和伪代码。

模型给出了 0-1 背包问题的详细解释，还给出了算法复杂度分析，如图 2-21 所示。

复杂度分析

- **时间复杂度**: $O(n \times bagweight)$，其中 `n` 是物品数量，`bagweight` 是背包容量。
- **空间复杂度**: $O(n \times bagweight)$，用于存储 DP 表。

总结

0-1 背包问题通过动态规划的思想，将问题分解为子问题，逐步构建最优解。通过状态转移方程和初始化条件，可以高效地求解最大价值。

图 2-21　0-1 背包问题复杂度分析

生成的 0-1 背包伪代码如下。

```
function knapsack(weight, value, bagweight):
    n = length(weight)                 //物品数量
    dp = array[n+1][bagweight+1]       // 初始化 DP 表

    //初始化:没有物品或背包容量为 0 时,最大价值为 0
    for j from 0 to bagweight:
        dp[0][j] = 0
    for i from 0 to n:
        dp[i][0] = 0

    //动态规划填充 DP 表
    for i from 1 to n:                     //遍历每个物品
        for j from 0 to bagweight:         //遍历每个背包容量
            if j < weight[i-1]:            // 当前容量无法放入第 i 个物品
                dp[i][j]=dp[i-1][j]
            else:                          //当前容量可以放入第 i 个物品
                dp[i][j] = max(dp[i-1][j], dp[i-1][j -weight[i-1]]+value[i-1])

    //返回最大价值
    return dp[n][bagweight]
```

【小结】

1. 代码逐行解析：对上传代码进行逐行解释，添加详细注释，帮助学习者理解动态规划的实现逻辑。

2. 案例化分析：通过具体案例和填充后的 DP 表，直观展示代码执行过程，帮助学习者更清晰地理解动态规划的状态转移和结果生成。

3. 问题拓展与算法讲解：进一步讲解算法思想，提供伪代码和复杂度分析，帮助学习者全面掌握动态规划的应用与优化方法。

2.4　代码纠错

学习要点

1. 分析 Python 和 Hadoop 代码的运行时错误及潜在隐患，定位问题根源。
2. 引入异常处理机制，提升代码健壮性和稳定性。
3. 动态处理不规则数据结构，避免硬编码限制。
4. 优化键值类型设置与路径配置，确保代码适应生产环境。
5. 提供编程建议，改进代码可维护性和执行效率。

任务一　分析 IDE 报错信息

【任务描述】

本任务旨在通过 AIGC 分析并修复一段 Python 代码中的运行时错误。代码用于计算二维列表中数值的统计信息（总和、平均值、最大值和最小值），但在运行时，常因数据类型不一致和列表结构不规则而导致报错。用户需提交报错信息，AIGC 将详细分析错误原因并提供解决方案。随后，AIGC 对原始代码进行修改，引入异常处理机制、动态列数处理和初始值优化等改进措施，确保代码能够正确处理不规则数据和非法输入。最后，AIGC 提供针对性的编程建议，帮助用户避免类似错误，提升代码的健壮性和可维护性。

【具体步骤】

1. 提交报错信息

使用 AIGC 进行代码纠错的一个重要的应用场景就是针对 IDE 的报错信息分析。通常情况下，编译时错误较易发现和改正，原因在于现在大多数的 IDE 都有较完备的错误分析功能，可以自主地改正编译时错误，可以说是将错误"扼杀在摇篮里"。但是，运行时错误往往无法直观地修改，常见的有除零错误、索引越界、类型错误和键错误等。通常等到 IDE 提供报错信息后，才会意识到错误的产生，因此分析报错信息是编程学习中重要的一环。

现在有一段 Python 代码用于计算一个二维列表中数值的统计信息，包括总和、平均值、最大值和最小值，如图 2-22 所示。

```
Run
D:\Tool\Anaconda3\python.exe D:\MyCode\bgpx2024\tmp\运行时错误demo.py
Traceback (most recent call last):
  File "D:\MyCode\bgpx2024\tmp\运行时错误demo.py", line 42, in <module>
    main()
  File "D:\MyCode\bgpx2024\tmp\运行时错误demo.py", line 36, in main
    result = calculate_statistics(sample_data)
  File "D:\MyCode\bgpx2024\tmp\运行时错误demo.py", line 14, in calculate_statistics
    total_sum += data[i][j]
TypeError: unsupported operand type(s) for +=: 'int' and 'str'

Process finished with exit code 1
```

图 2-22　报错信息

示例代码：

```
        function knapsack(weight, value, bagweight):
        def calculate_statistics(data):

        rows = len(data)
        cols = len(data[0])
        total_sum = 0
        max_value = data[0][0]
        min_value = data[0][0]

        for i in range(rows):
            for j in range(cols):
                total_sum += data[i][j]
                if data[i][j] > max_value:
                    max_value = data[i][j]
                if data[i][j] < min_value:
                    min_value = data[i][j]

        average = total_sum / (rows *cols)

        return {
            "total_sum": total_sum,
            "average": average,
            "max_value": max_value,
            "min_value": min_value
        }

def main():
    sample_data = [
        [1, 2, 3],
        [4, "5", 6],
        [7, 8]
    ]

    result = calculate_statistics(sample_data)
    print("Statistics:", result)
    print("Standard Deviation:", result["std_dev"])

if __name__ == "__main__":
    main()
```

2. 分析报错信息

在对话框内键入：现有一个 Python 程序用于计算一个二维列表中数值的统计信息，包括总和、平均值、最大值和最小值，其运行时存在以下错误，请详细分析错误原因，并给出解决方案。报错信息如下：

（注：此处贴出前述报错代码。）（略）

模型给出了错误原因分析和对应的解决方案，如图 2-23 所示。

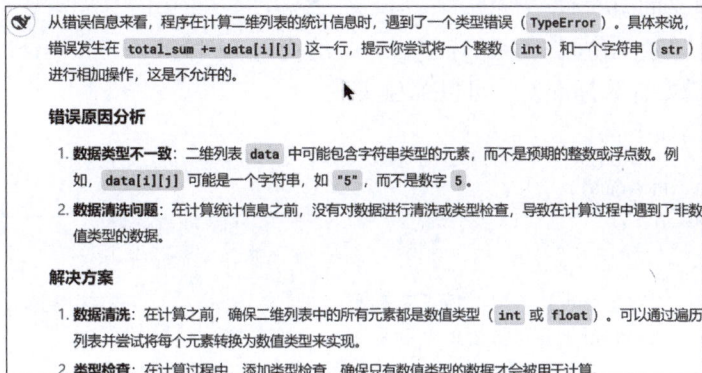

从错误信息来看，程序在计算二维列表的统计信息时，遇到了一个类型错误（`TypeError`）。具体来说，错误发生在 `total_sum += data[i][j]` 这一行，提示你尝试将一个整数（`int`）和一个字符串（`str`）进行相加操作，这是不允许的。

错误原因分析

1. **数据类型不一致**：二维列表 `data` 中可能包含字符串类型的元素，而不是预期的整数或浮点数。例如，`data[i][j]` 可能是一个字符串，如 `"5"`，而不是数字 `5`。
2. **数据清洗问题**：在计算统计信息之前，没有对数据进行清洗或类型检查，导致在计算过程中遇到了非数值类型的数据。

解决方案

1. **数据清洗**：在计算之前，确保二维列表中的所有元素都是数值类型（`int` 或 `float`）。可以通过遍历列表并尝试将每个元素转换为数值类型来实现。
2. **类型检查**：在计算过程中，添加类型检查，确保只有数值类型的数据才会被用于计算。

图 2-23　错误原因分析和对应解决方案

3. 修改错误代码

在对话框内键入：以下是对应的原始代码，请你根据报错信息修改以下代码，使之能正常运行，并给出针对性的编程建议，防止后续再出现此类错误。原始代码：

（注：此处粘贴前述代码。）（略）

如图 2-24 所示，DeepSeek 给出了详细的错误分析。

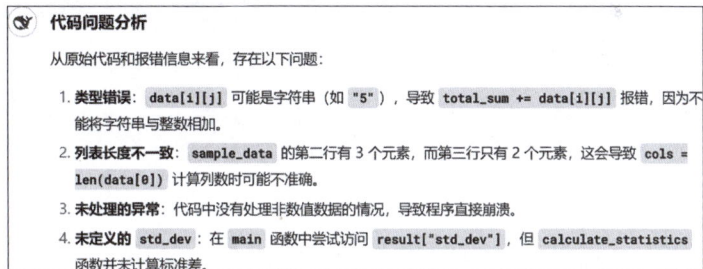

代码问题分析

从原始代码和报错信息来看，存在以下问题：

1. **类型错误**：`data[i][j]` 可能是字符串（如 `"5"`），导致 `total_sum += data[i][j]` 报错，因为不能将字符串与整数相加。
2. **列表长度不一致**：`sample_data` 的第二行有 3 个元素，而第三行只有 2 个元素，这会导致 `cols = len(data[0])` 计算列数时可能不准确。
3. **未处理的异常**：代码中没有处理非数值数据的情况，导致程序直接崩溃。
4. **未定义的 `std_dev`**：在 `main` 函数中尝试访问 `result["std_dev"]`，但 `calculate_statistics` 函数并未计算标准差。

图 2-24　代码级的错误分析

修改后的代码一个重要的改变就是引入了异常处理机制。通过抛出异常能够有效地提醒用户，这是一种良好的编程习惯。总的来说，修改有：

1）类型转换

①使用 try-except 结构尝试将每个元素转换为浮点数。如果转换失败（即元素不是数字），则跳过该元素并输出警告信息。

②这样可以避免类型错误，同时确保只有数值数据被用于计算。

2）动态列数处理

不再使用 cols＝len(data[0]) 计算列数，而是直接遍历每一行的元素。这样可以处理不规则二维列表（每行长度不一致）。

3）初始值设置

将 max_value 初始化为负无穷（float('-inf')），将 min_value 初始化为正无穷（float('inf')），以确保任何有效值都能正确更新最大值和最小值。

4）异常处理

如果输入数据中没有有效的数值数据，抛出 ValueError 并提示用户。

5）移除未定义的 std_dev

删除了 main 函数中访问 result["std_dev"] 的代码，因为 calculate_statistics 函数并未计算标准差。如果需要计算标准差，可以单独实现。

修改后的代码如下：

```python
def calculate_statistics(data):
    total_sum = 0
    count = 0
    max_value = float('-inf')    #初始化为负无穷
    min_value = float('inf')     #初始化为正无穷

    for row in data:
        for item in row:
            #尝试将元素转换为浮点数
            try:
                value = float(item)
            except ValueError:
                #如果转换失败,跳过该元素
                print(f"Warning: Non-numeric value '{item}'found. Skipping. ")
                continue

            #更新统计信息
            total_sum += value
            count += 1
            if value > max_value:
                max_value = value
            if value < min_value:
                min_value = value

    if count == 0:
        raise ValueError("No numeric data found in the input. ")

    average = total_sum / count

    return {
        "total_sum": total_sum,
```

```
            "average": average,
            "max_value": max_value,
            "min_value": min_value
        }

def main():
    sample_data = [
        [1, 2, 3],
        [4, "5", 6],
        [7, 8]
    ]

    try:
        result = calculate_statistics(sample_data)
        print("Statistics:", result)
    except ValueError as e:
        print(e)

if __name__ == "__main__":
    main()
```

最后模型也针对性地给出了编程建议，如图 2-25 所示。

编程建议

1. 数据清洗：
- 在处理数据之前，确保数据的类型和格式符合预期。可以使用 `try-except` 结构捕获异常并处理无效数据。

2. 动态处理不规则数据：
- 对于二维列表，不要假设每行的长度一致。使用动态遍历方法（如 `for row in data` 和 `for item in row`）来处理不规则数据。

3. 初始值设置：
- 在计算最大值和最小值时，初始值应设置为理论上的极限值（如 `float('inf')` 和 `float('-inf')`），以避免初始值影响计算结果。

4. 异常处理：
- 在关键操作（如类型转换、文件读取等）中添加异常处理，避免程序因意外输入而崩溃。

5. 功能单一化：
- 每个函数应只完成一个明确的任务。例如，`calculate_statistics` 只计算总和、平均值、最大值和最小值。如果需要计算标准差，可以单独实现一个函数。

6. 测试用例：
- 编写测试用例，覆盖各种边界情况（如空列表、非数值数据、不规则数据等），确保代码的健壮性。

图 2-25　针对性编程建议

【小结】

1. 错误分析与修复：详细分析运行时错误的原因，并提供代码级别的修复方案，包括异常处理、动态列数处理和初始值优化。

2. 编程建议与优化：针对性地提出编程建议，如使用异常处理机制、避免硬编码列数、初始化极值等，帮助用户提升代码的健壮性和可维护性。

任务二　纠正潜在错误

【任务描述】

本任务旨在进行 AIGC 分析，并修复一个 Hadoop MapReduce 作业程序中的潜在隐患。该程序用于数据分区和作业启动，但由于代码中存在输入/输出路径硬编码、输出键值类型设置错误以及缺乏异常处理等问题，可能导致运行时错误或资源浪费。用户需上传代码，AIGC 将全面检查潜在风险并提供修正建议，包括优化路径配置、修正输出键值类型、增加异常处理机制等。修改后的代码将更具健壮性和可维护性，适用于实际生产环境。通过本任务，用户能够提前发现并修复潜在问题，降低调试成本，提升代码质量。

【具体步骤】

1. 上传存在潜在隐患代码

与任务一不同，有时程序存在一些潜在性质的错误，这些错误不一定在运行时爆发。只要不是刻意去复现这些错误，这些错误一般不会发生。此外，有些程序的报错信息需要到运行日志中寻找，这些程序不如本地运行调试那么便捷，运行一次的时间成本较高，如果等错误真正出现了再去调试，就会导致调试难度加大，时间成本也会上升。如需调用远程计算资源一类的程序，例如深度学习训练等，此时分析代码的潜在问题就显得尤为重要。

以下 Hadoop 的 MapReduce 作业程序主要用于处理数据分区和设置作业启动类。

```java
public class JobMain extends Configured implements Tool {
@Override
public int run(String[] args) throws Exception {
    Job job = Job. getInstance(super. getConf(), "partition_maperduce");

        job. setInputFormatClass(TextInputFormat. class);
        TextInputFormat. addInputPath(job, new Path("file:///D:\\input"));
        job. setMapperClass(PartitionMapper. class);
        job. setMapOutputKeyClass(Text. class);
        job. setMapOutputValueClass(NullWritable. class);
        job. setPartitionerClass(MyPartitioner. class);
        job. setReducerClass(PartitionerReducer. class);
        job. setOutputValueClass(Text. class);
        job. setOutputValueClass(NullWritable. class);
        job. setNumReduceTasks(2);
        job. setOutputFormatClass(TextOutputFormat. class);
        TextOutputFormat. setOutputPath(job,new Path("file:///D:\\out\\partition_out3"));

    boolean bl = job. waitForCompletion(true);
```

```
            return bl? 0:1;
        }

    public static void main(String[] args) throws Exception {
        Configuration configuration = new Configuration();
        int run = ToolRunner. run(configuration, new JobMain(), args);
        System. exit(run);

        }
    }
```

2. 分析潜在问题

在对话框内键入：以下是一个 Hadoop 的 MapReduce 作业程序，请你全面检查它的潜在风险，并给出对应的修正建议。

结果如图 2-26 所示。

图 2-26　潜在问题分析

3. 代码修正

在对话框内键入：我应该怎么修改这些潜在的错误呢？

结果如图 2-27 所示。

图 2-27　潜在问题代码修改

修改后的核心代码：

```
public class YourJobClass {
    public static void main(String[] args) throws Exception {
        Configuration conf = new Configuration();
        Job job = Job. getInstance(conf, "Your Job Name");

        //设置 Mapper、Reducer 和 Combiner 类
        job. setJarByClass(YourJobClass. class);
        job. setMapperClass(YourMapperClass. class);
        job. setReducerClass(PartitionerReducer. class);

        //设置输出键值类型
        job. setMapOutputKeyClass(Text. class);
        job. setMapOutputValueClass(NullWritable. class);
        job. setOutputKeyClass(Text. class);
        job. setOutputValueClass(NullWritable. class);    //确保与 Reducer 一致

        //设置输入、输出路径
        FileInputFormat. addInputPath(job, new Path("your_input_path"));
        FileOutputFormat. setOutputPath(job, new Path("your_output_path"));

        System. exit(job. waitForCompletion(true) ? 0 : 1);
    }
}
```

【小结】

1. 潜在风险分析：全面检查代码中的潜在问题，如硬编码路径、输出键值类型错误和缺乏异常处理，帮助用户提前发现可能引发运行时错误的隐患。

2. 代码修正与优化：提供具体的修改建议，包括动态配置路径、修正输出键值类型、增加异常处理等，确保代码更具健壮性和可维护性，适用于实际生产环境。

2.5 代码测试优化

学习要点

1. 生成全面测试用例，评估代码复杂性与性能。

2. 使用优化算法，提升效率与健壮性。

3. 分析 SQL 语句"瓶颈"，定位低效操作。

4. 优化查询逻辑，减少资源消耗，提升效率。

任务一　进行算法测试与评估

【任务描述】

本任务以经典的斐波那契数列求解为例，讲解代码的测试与优化方法。首先，用户需对初始递归实现的斐波那契函数进行测试，AIGC 生成初始测试用例并评估其效率与复杂性。随后，用户发现测试用例未充分覆盖边界情况，要求重新生成更全面的测试用例。AIGC 生成改进后的测试用例，覆盖正常情况、边界情况和异常输入。接着，用户请求优化代码，AIGC 提出改进方案，包括使用记忆化递归降低时间复杂度，以及引入迭代方法进一步提升性能，同时增加对异常输入的处理，提升代码健壮性。通过本任务，用户能够掌握代码测试与优化的完整流程。

【具体步骤】

通过 2.4 节的学习，掌握了保证代码正确性的方法，更进一步地，要提升代码的性能，确保其高效，并拥有良好的时空复杂度，能够在不同场景下处理任务。本任务以经典的斐波那契数列求解为例，讲解代码的测试和优化。

1. 测试算法代码

在对话框内键入：请你对如下代码进行测试，测试完成后，对该段代码进行复杂性、效率性的评估。

```
def fib(n):
    if n <= 2:
        return n
    return fib(n-1)+fib(n-2)
```

模型给出了对应的测试用例，如下所示。通过这个测试用例能够很清楚地看到，该段测试没有充分考虑到边界问题。因为根据斐波那契数列的定义，fib(0) 应为 0，显然测试中并没有涉及这部分。此外，还有负数与较大 n 的情况并没有充分考虑进去。所以需要对测试用例进行迭代，以满足更多更复杂的需求。

第一次生成的测试用例：

```
def test_fib():
    assert fib(1) == 1
    assert fib(2) == 2
    assert fib(3) == 3
    assert fib(4) == 5
    assert fib(5) == 8
    assert fib(6) == 13
    assert fib(7) == 21
    assert fib(8) == 34
    assert fib(9) == 55
    assert fib(10) == 89
    print("所有测试通过!")
```

在对话框内键入：上述的代码测试考虑到了边界情况吗？我认为第一次的测试用例并不全面，请你重新生成测试用例，要求：尽可能覆盖所有的可能性。

第二次生成的测试用例：

```python
def test_fib():
    #正常情况
    assert fib(1) == 1
    assert fib(2) == 2
    assert fib(3) == 3
    assert fib(4) == 5
    assert fib(5) == 8
    assert fib(6) == 13
    assert fib(7) == 21
    assert fib(8) == 34
    assert fib(9) == 55
    assert fib(10) == 89
    assert fib(20) == 10946   #较大的 n

    #边界情况
    try:
        fib(0)
        assert False, "fib(0)应该抛出异常或返回 0"
    except:
        pass    #预期行为

    try:
        fib(-1)
        assert False, "fib(-1)应该抛出异常"
    except:
        pass    #预期行为

    print("所有测试通过!")

test_fib()
```

2. 代码优化

在对话框内键入：请你根据测试情况，优化该段代码，提升性能，并增加代码的健壮性。

模型根据测试的结果进行了针对性的修改，一是从性能上提升，降低了源代码的复杂度；二是从健壮性上提升，考虑到了多种输入情况，如图 2-28 所示。

优化点解释

1. **记忆化递归**：
   - 使用 `memo` 字典存储已经计算过的斐波那契数，避免重复计算。
   - 时间复杂度降低到 $O(n)$，空间复杂度为 $O(n)$。
2. **处理边界情况**：
   - 增加对 `n = 0` 的处理，返回 0。
   - 增加对负数输入的处理，抛出 `ValueError` 异常。
3. **迭代方法**：
   - 使用迭代代替递归，避免递归调用栈的深度限制。
   - 时间复杂度为 $O(n)$，空间复杂度为 $O(1)$。

总结

- **记忆化递归**：适合需要多次调用的情况，能够显著提高性能。
- **迭代方法**：适合单次调用的情况，性能更高且不受递归深度限制。
- **健壮性**：增加了对边界情况和异常输入的处理，使代码更加健壮。

图 2-28　优化建议

优化后的代码：

```
def fib(n, memo={}):
    #处理负数输入
    if n < 0:
        raise ValueError("输入必须是非负整数")

    #处理边界情况
    if n == 0:
        return 0
    if n <= 2:
        return n

    #检查是否已经计算过
    if n in memo:
        return memo[n]

    #计算并存储结果
    memo[n] = fib(n-1, memo)+fib(n-2, memo)
    return memo[n]

#使用迭代方法进一步优化
def fib_iterative(n):
    if n < 0:
        raise ValueError("输入必须是非负整数")
    if n == 0:
        return 0
```

```
if n <= 2:
    return n

a, b = 1, 2
for_in range(3, n+1):
    a, b = b, a+b
return b
```

【小结】

1. 全面测试与评估：DeepSeek 生成覆盖正常情况、边界情况和异常输入的测试用例，帮助用户全面评估代码的正确性和健壮性，同时分析代码的时间复杂度。

2. 性能优化与健壮性提升：DeepSeek 提供优化方案，包括记忆化递归和迭代方法，显著降低时间复杂度，同时增加对异常输入的处理，确保代码高效且健壮。

任务二　进行 SQL 性能优化

【任务描述】

本任务旨在优化一条复杂的 SQL 查询语句，以解决其在大规模数据场景下的性能"瓶颈"问题。AIGC 首先分析该 SQL 语句的性能隐患，包括 EXISTS 子查询的重复执行、LEFT JOIN 与 GROUP BY 的低效组合、HAVING 子句的使用问题、索引缺失以及 COUNT 函数的重复计算。随后，AIGC 提供针对性的优化建议，如使用 JOIN 替代 EXISTS、添加索引、提前过滤数据、优化聚合操作等，并生成优化后的 SQL 代码。通过本任务，用户能够掌握 SQL 优化的核心方法，提升查询效率。

【具体步骤】

SQL 优化主要是为了解决查询性能低下问题，尤其是在处理大规模数据时。随着数据库中数据量的增长，未优化的 SQL 语句可能会导致查询时间显著增加、系统资源过度消耗，甚至可能引发系统崩溃或超时错误。此外，数据库的硬件环境（如磁盘 I/O 速度）和软件配置（如索引、缓存策略）也会影响 SQL 执行效率。因此，优化 SQL 语句就显得尤为重要。

1. 分析 SQL 语句存在性能"瓶颈"

现在存在这样一个 SQL 需求：查询所有状态为"active"的客户（customers 表），并统计每个客户的订单数量（来自 orders 表），同时满足以下条件：（1）客户必须有至少一个订单，且该订单的详细信息（order_details 表）中包含商品价格大于 100 的记录。（2）只返回那些订单数量大于 5 的客户。对应 SQL 语句如下：

```
SELECT t1. id, t1. name, COUNT(t2. order_id) AS order_count
FROM customers t1
LEFT JOIN orders t2 ON t1. id = t2. customer_id
WHERE t1. status = 'active'
    AND EXISTS (
        SELECT 1
        FROM order_details t3
```

```
        WHERE t3. order_id = t2. order_id
            AND t3. product_price > 100
    )
  GROUP BY t1. id, t1. name
  HAVING COUNT(t2. order_id) > 5;
```

在对话框内键入：请你分析如下 SQL 语句存在哪些性能层面的问题，会造成哪些隐患？（注：此处粘贴上述代码。）（略）

模型给出了 EXISTS 子查询的重复执行、LEFT JOIN 与 GROUP BY 的组合、HAVING 子句的使用、索引缺失和 COUNT（t2. order_id）的重复计算共计 5 个风险提示，如图 2-29 所示。

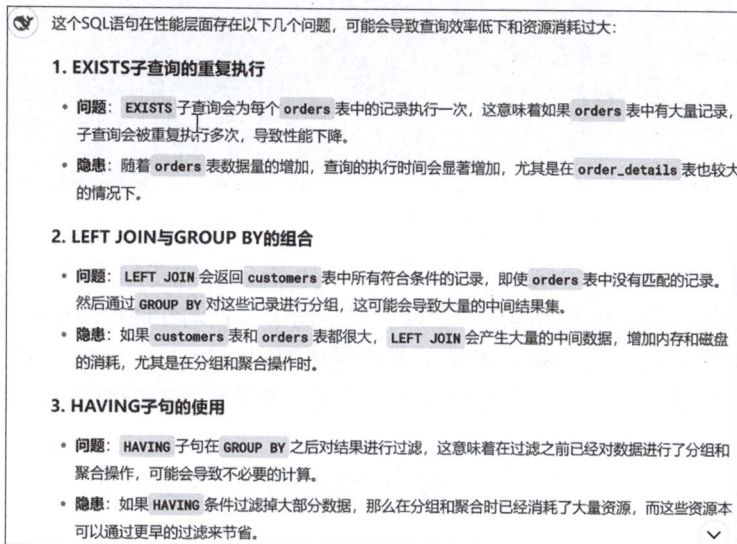

图 2-29　部分 SQL 的优化建议

2. 风险排除与性能提升

在对话框内键入：请你根据上述问题分析，给出针对性的优化建议，确保 SQL 的正确性和效率性。

模型给出 6 条优化建议：

（1）使用 JOIN 替代 EXISTS，减少子查询的执行次数。

（2）添加合适的索引，加速数据过滤和连接操作。

（3）提前过滤数据，减少中间结果集的大小。

（4）避免重复计算，优化聚合操作。

（5）使用 EXPLAIN 分析执行计划，确保优化策略生效。

（6）根据业务需求，限制结果集大小，减少资源消耗。

优化后的 SQL 代码：

```
WITH filtered_orders AS (
    --提前过滤出符合条件的订单
    SELECT t2. customer_id, t2. order_id
    FROM orders t2
```

```
        JOIN order_details t3 ON t3. order_id = t2. order_id
        WHERE t3. product_price > 100
),
customer_order_count AS (
        --统计每个客户的订单数
        SELECT t1. id, t1. name, COUNT(DISTINCT fo. order_id) AS order_count
        FROM customers t1
        LEFT JOIN filtered_orders fo ON t1. id = fo. customer_id
        WHERE t1. status = 'active'
        GROUP BY t1. id, t1. name
)
--过滤出订单数大于 5 的客户
SELECT id, name, order_count
FROM customer_order_count
WHERE order_count > 5;
```

【小结】

1. 性能"瓶颈"分析：DeepSeek 详细分析 SQL 语句的性能隐患，包括子查询重复执行、低效连接操作、索引缺失等问题，帮助用户全面了解查询性能低下的原因。

2. 针对性优化建议：DeepSeek 提供了 6 条优化建议，如使用 JOIN 替代 EXISTS、添加索引、提前过滤数据等，并生成优化后的 SQL 代码，显著提升查询效率和资源利用率。

2.6 智能编码助手

学习要点

1. 安装登录通义灵码插件。
2. 使用行级代码补全功能。
3. 一键修复错误代码操作。
4. 自然语言生成代码方法。
5. 应用内置功能优化代码。

任务 使用通义灵码助力编程

【任务描述】

通义灵码是一款基于通义大模型的 AI 研发辅助工具，旨在提升开发效率。它支持代码智能生成、研发智能问答、多文件代码修改等功能，并兼容多种开发环境，如 JetBrains IDEs、Visual Studio Code 等。安装过程简单，只需在 IDE 插件市场中搜索"TongYi Lingma"并安装，重启后登录即可使用。通义灵码提供行级代码提示与补全、错误代码一键修复、自然语言生成代码等功能，帮助开发者快速编写和优化代码。此外，它还内置了代码解释、单元测试生成、注释生成和代码优化等实用功能，进一步提升开发体验。

【具体步骤】

通义灵码是基于通义大模型的 AI 研发辅助工具，提供代码智能生成、研发智能问答、多文件代码修改、自主执行等能力。通义灵码支持 JetBrains IDEs、Visual Studio Code、Visual Studio 及远程开发场景（Remote SSH、Docker、WSL、Web IDE），安装后登录账号即可使用。

1. 安装通义灵码插件

以 PyCharm 为例，通过插件市场安装，单击 IDE 右上角"设置"图标，再选中"Plugins"，进入插件市场，在搜索栏键入"TongYi Lingma"安装插件，待插件安装完成/更新完成后，重启 IDE。安装过程如图 2-30~图 2-32 所示。

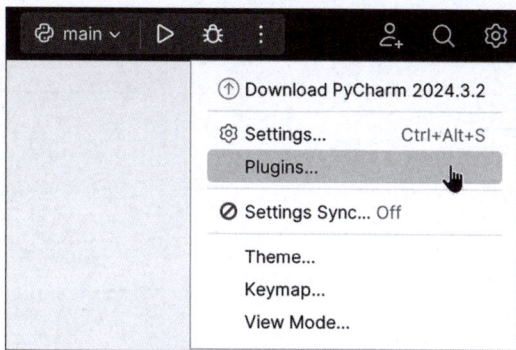

图 2-30　打开插件市场

图 2-31　添加通义灵码插件

图 2-32　重启 IDE

登录通义灵码即可使用，如图 2-33 所示。

2. 行级别的代码提示与补全

在代码编辑区，可通过 Tab 键自动补全，使用 Ctrl 键+向下箭头逐行采纳。图 2-34 所示的行级别的代码提示与补全了合并两个数组的代码。

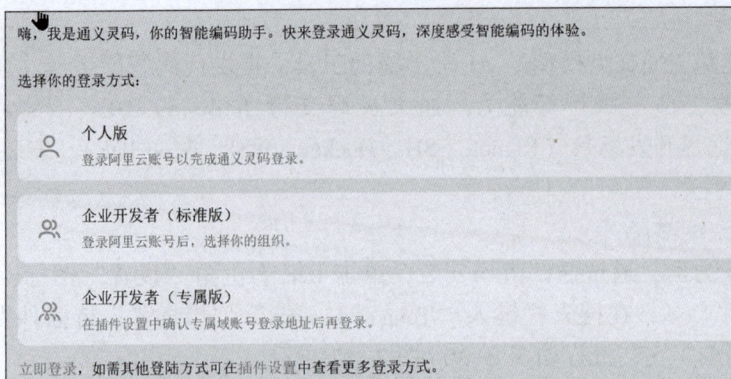

图 2-33　登录通义灵码

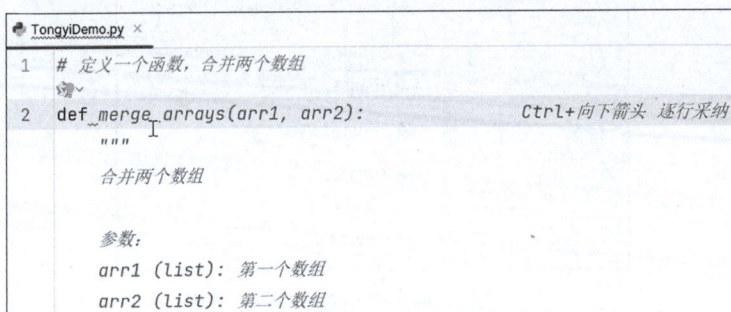

图 2-34　行级别的代码提示与补全

3. 错误代码一键修复

通义灵码提供了一键自动修复错误代码功能，使用 Alt+Enter 组合键就会对错误代码进行分析，并在插件的对话框中给出对应的解决方案，如图 2-35 和图 2-36 所示。

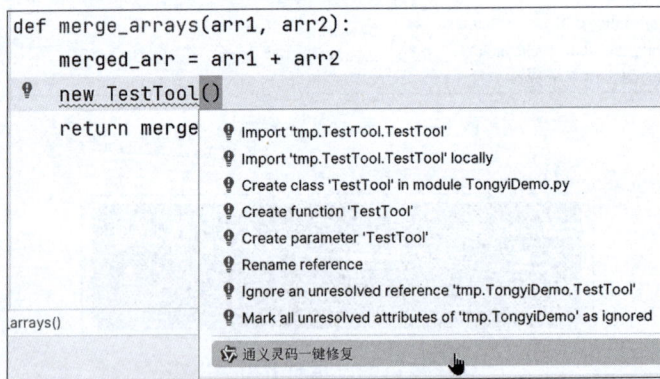

图 2-35　错误代码一键修复

4. 自然语言生成代码

除了在编辑器内进行行级的代码补全外，还可在插件对话框中直接通过自然语言进行代码生成，如图 2-37 所示。

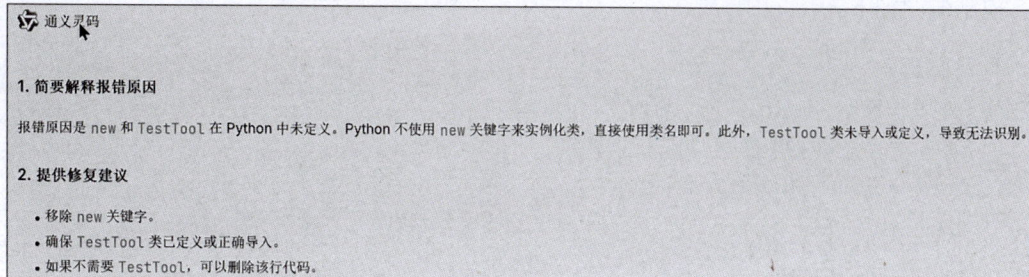

图 2-36　错误代码一键修复方案

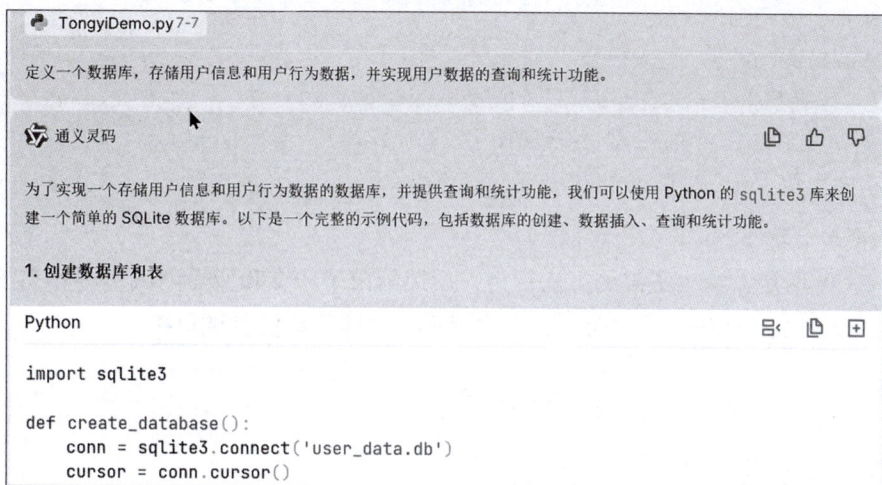

图 2-37　自然语言生成代码

5. 内置功能

通义灵码目前内置了四种功能：解释代码、生成单元测试、生成注释、优化代码。下面以任务 2.2 中的 Python 脚本代码为例，分别展示这四种内置功能。内置功能的实现只需单击代码上面的通义灵码图标即可。

- 解释代码

图 2-38 所示是一段用于检测身份证号是否合法的代码，右侧的编码助手给出了具体的检测流程。

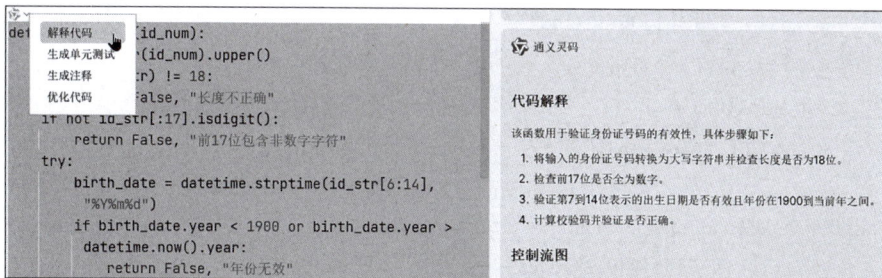

图 2-38　内置功能-解释代码

控制流图如下：

```
flowchart TD
    A[开始] --> B{长度是否为 18}
    B -->|否| C[返回 False, 长度不正确]
    B -->|是| D{前 17 位是否全为数字}
    D -->|否| E[返回 False, 前 17 位包含非数字字符]
    D -->|是| F{出生日期是否有效}
    F -->|否| G[返回 False, 日期无效]
    F -->|是| H{年份是否在 1900 到当前年之间}
    H -->|否| I[返回 False, 年份无效]
    H -->|是| J[计算校验码]
    J --> K{校验码是否正确}
    K -->|否| L[返回 False, 校验码错误]
    K -->|是| M[返回 True]
```

- 生成单元测试

如图 2-39 所示，给出了被测方法行为，后续给出了分支和所需测试用例和完整的测试代码，可以更加快捷地进行代码验证，大大降低了整体代码的测试负担。

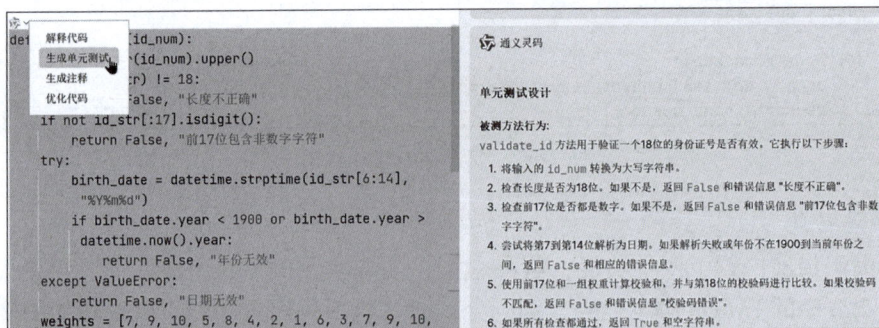

图 2-39　内置功能–生成单元测试

核心测试方法：

```
def test_validate_id_ValidId_ReturnsTrue(self):
        id_num = "11010519491231002X"
        result, message = validate_id(id_num)
        self.assertTrue(result)
        self.assertEqual(message, "")


    def test_validate_id_InvalidLength_ReturnsFalse(self):
        id_num = "11010519491231002"
        result, message = validate_id(id_num)
        self.assertFalse(result)
```

```
        self. assertEqual(message, "长度不正确")


    def test_validate_id_NonNumericFirst17Digits_ReturnsFalse(self):
        id_num = "11010519491231002X1"
        result, message = validate_id(id_num)
        self. assertFalse(result)
        self. assertEqual(message, "前 17 位包含非数字字符")


    def test_validate_id_InvalidDate_ReturnsFalse(self):
        id_num = "11010519491331002X"
        result, message = validate_id(id_num)
        self. assertFalse(result)
        self. assertEqual(message, "日期无效")


    def test_validate_id_YearOutOfRange_ReturnsFalse(self):
        id_num = "11010518991231002X"
        result, message = validate_id(id_num)
        self. assertFalse(result)
        self. assertEqual(message, "年份无效")


    def test_validate_id_InvalidCheckCode_ReturnsFalse(self):
        id_num = "11010519491231002Y"
        result, message = validate_id(id_num)
        self. assertFalse(result)
        self. assertEqual(message, "校验码错误")
```

● 生成注释

提供逐行注释，如图 2-40 所示。

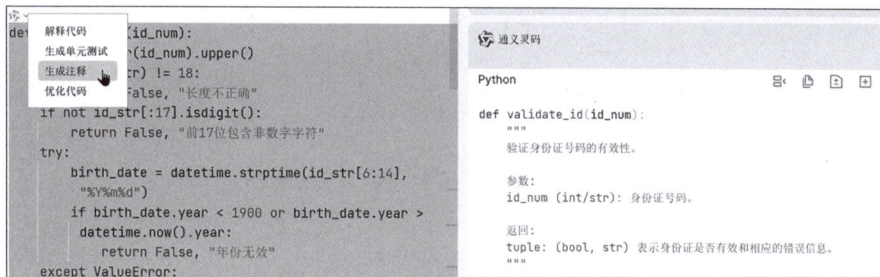

图 2-40　内置功能-代码优化

● 优化代码

通过代码优化功能可以有效降低代码重构概率，提升程序的健壮性，如图 2-41 所示。

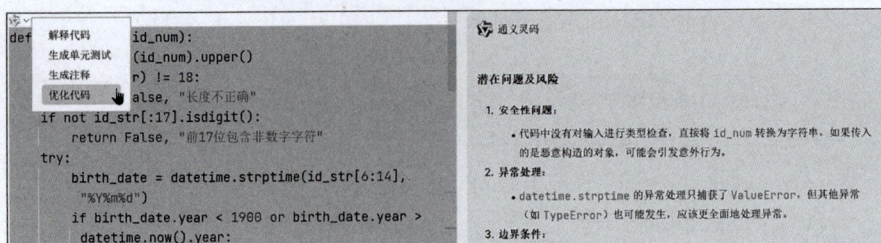

图 2-41　内置功能–代码优化

【小结】

1. 安装与登录：通义灵码支持多种 IDE，安装简单，登录后即可使用。

2. 智能辅助功能：提供行级代码补全、错误修复、自然语言生成代码等功能，提升开发效率。

3. 内置实用工具：内置代码解释、单元测试生成、注释生成和代码优化等功能，帮助开发者更好地理解和优化代码。

第 3 章

AIGC 数字媒体创作

人工智能工具通过深度学习技术生成图片与音视频，极大地拓展了内容创作的边界。在图片生成方面，主要依靠生成对抗网络（GAN）和扩散模型。GAN 通过生成器和判别器的对抗训练，生成逼真的图像；扩散模型则通过逐步去除噪声来生成图像。例如，豆包、通义万相等工具，用户只需输入文本描述，即可生成高质量、风格多样的图片，广泛应用于创意设计、广告制作等领域。

音视频生成则更为复杂。通过学习音频数据的特征和模式，能够生成自然流畅的语音或音乐。视频生成则包括文生视频、图生视频等多种方式。例如，一些工具可以根据文本描述生成图像，再将图像组合成视频，或者直接从图像生成动态视频。抖音母公司推出的 AI 工具甚至可以利用一张照片生成逼真的视频。这些技术不仅提高了创作效率，还为影视、游戏、广告等行业带来了全新的创作思路和体验。

3.1 场景生成

学习要点

1. 根据需求选择合适的 AIGC 工具完成创作。
2. 能够精准做好提示词，并根据输出结果完善与优化提示词。
3. 跨平台应用各类 AIGC 工具与设计工具，完成相关内容制作。

任务 使用豆包生成不同类型场景图片

【任务描述】

场景概念设计生图模型有诸多表现，包括多主体、反现实、主客体关系等内容，支持文字生成图片、图片生成图片和混合图片生成图片，适用于专业画家和绘画爱好者。同时能够对各类元素，包括中国人物、物品、朝代、地理、美食、节日等精准理解，更好地满足用户对于国风等特色内容的创作需求。利用深度学习算法帮助用户创作个性化风格的绘画作品。

本任务将带领大家尝试使用各种类型的 AIGC 工具完成不同类型场景的图片的设计与生成。

【具体步骤】

（1）在浏览器地址栏中，键入 https://www.doubao.com/，进入豆包主页，如图 3-1 所示；下载豆包电脑版，在电脑中安装豆包软件，根据提示注册与登录。

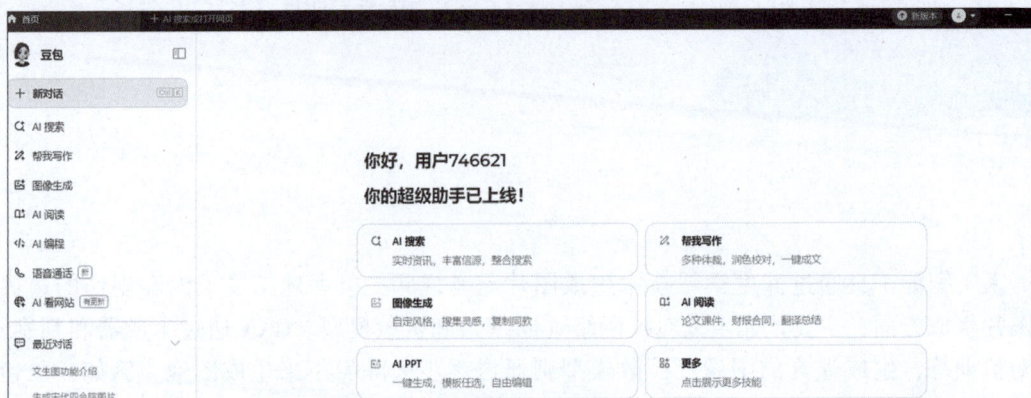

图 3-1　豆包软件

（2）在软件界面单击"图像生成"按钮，进入图像生成界面。在该界面中，豆包可以根据用户提出的关键词生成不同风格与场景的图片。本任务将尝试使用关键词生成具有古典风格的建筑场景，为制作效果图、游戏场景图等提供相关的场景参考，如图 3-2 所示。

图 3-2　豆包提示词界面

（3）在提示词框中输入"宋代风格""庭院""四合院""写实风格"，软件根据关键词生成图片，结果如图 3-3 所示。从生成的图片中选择符合自己要求的图片即可。如果生成的图片风格与需求不一致，可不断细化与更新关键词，使图片最终符合自己要求。

图 3-3　豆包设计图

（4）以当前生成的庭院为例。继续在左侧提示框内输入关键词"帮我生成图片：把庭院改为 清明上河图的绘画风格"，经过豆包分析得到新的效果图，如图 3-4 和图 3-5 所示。

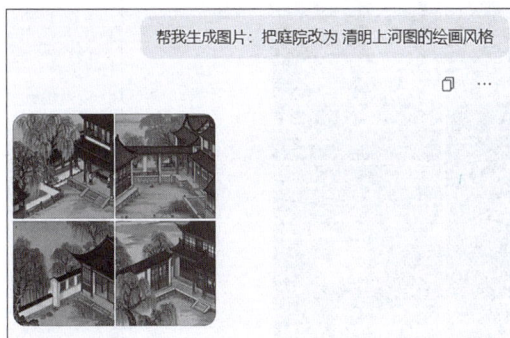

图 3-4　庭院设计

图 3-5　庭院细节

（5）用户无须复杂操作和专业设计技能，通过简单文字指令就能在豆包中快速生成富有创意的图像，可用于制作个性化海报、表情包、创意插图等，避免了传统手动绘制的烦琐，同时，也为现代的设计行业提供了重要的设计参考。当然，提示词的输入也有技巧，可参考"风格效果+核心主体+细节特征+营造氛围+风格效果+其他"的万能公式输入提示词，如"人像摄影+东方女性+全身+梦幻场景+汉服传统服饰+柔和光线""3d 渲染画+狸花猫+穿着马甲+在草地上+跳绳"等。使用以上两组关键词生成的图片与场景较为精确，如图 3-6 和图 3-7 所示。

图 3-6　人物图片

图 3-7　动物形象图片

【小结】

豆包除了能生成各类场景的图片外，还支持 AI 抠图、笔迹擦除、区域重绘、扩图等操作。可以对图片进行抠像，擦除不需要的部分；不满意的地方可以涂抹重绘；能按照固定比例生成图片或自行调整区域位置大小。

豆包生成的图片可广泛应用于社交媒体内容制作、节日庆祝、生日祝福、企业宣传等领域。比如，在节日时制作带有节日祝福文字的图片，企业宣传时生成带有宣传语的海报等。

3.2 卡通形象生成

学习要点

1. 认识人工智能创作平台通义万相。
2. 能够精准做好提示词，并根据输出结果完善与优化提示词。

任务 使用通义万相设计卡通形象

【任务描述】

卡通形象通过夸张、变形等手法塑造的具有鲜明特征和性格的图像角色，通常用于漫画、动画等视觉艺术形式中。卡通形象不仅具有娱乐性，还能传达特定的文化、价值观和情感。

通义万相是阿里云通义系列 AI 绘画创作大模型，该模型可辅助人类进行图片创作，于 2023 年 7 月 7 日正式上线。

本任务将带领大家使用通义万相完成卡通形象的设计。

【具体步骤】

（1）在浏览器地址栏中，键入 https://tongyi.aliyun.com/wanxiang/，进入主页，如图 3-8 所示。使用该工具之前，需进行注册并登录。

图 3-8 通义万相页面

（2）使用通义万相进行卡通形象的创作属于文字作画，需要根据需求精准提示关键词，并不断根据提供的图像进行修正与修改。本案例拟生成一个卡通熊猫机长形象。单击"文字作画"选项，进入页面，如图 3-9 所示。

图 3-9　通义万相文字作画界面

（3）在提示框中输入提示词，本案例要生成的内容是熊猫机长形象，根据形象特征将关键词设置为：熊猫机长、穿机长服、拉手提箱、准备登机。本案例是单独设计卡通形象，无须选择模板，如有相应参考图，则可选择。本案例不设置参考图，比例设置为 1∶1，单击"生成画作"按钮，等待系统根据提示词生成图片。生成结果如图 3-10 所示。

图 3-10　熊猫机长形象

（4）通义万相的文字作画除了可以根据文本生成图像外，还可以生成不同风格的图像、相似图像及图像风格迁移。这些功能使用户可以通过文字描述生成图像，或者生成与原图风格相似的图像，并且可以将图像处理为指定的风格，如图 3–11 和图 3–12 所示。

图 3-11　通义万象创意模板

图 3-12　通义万象应用广场

【小结】

通义万相基于阿里研发的组合式生成模型 Composer，该框架的基本原理是先将图像拆解成不同设计元素（配色、草图、布局、风格、语义、材质等），再使用 AI 模型将这些元素重新组合。这些元素在使用过程中可以自由编辑。这种模式可以给用户生成图片提供极大的自由度和想象空间，而极强的细分下，也让用户能够生成符合自己想法的图片。

3.3 海报设计

学习要点

1. 认识各类在线海报设计工具。
2. 熟悉海报的设计要点，根据需求选择合适的工具完成海报设计。

任务 使用可画设计学习主题海报

【任务描述】

海报设计的类型主要包括商业宣传海报、活动海报、节日海报、公益海报等。其中，商业海报用于产品推广和品牌宣传；活动海报用于宣传活动信息；节日海报用于庆祝节日氛围；公益海报用于倡导公益行动。传统的海报通过 Photoshop 等工具进行设计、输出或印刷，应用于不通领域。随着在线设计的兴起与 AI 工具的应用，海报设计不仅可以通过 AI 工具生成，还可以在线设计并保留图层信息。常用的在线海报设计工具与网站有以下几种。

Canva 可画，提供海量模板，覆盖节日热点、活动宣传、产品介绍等多种场景，操作简单，适合新手使用。

千图设计室 AI 海报，基于 AI 技术，用户输入描述即可生成多种风格的海报，适用于节日庆祝、电商推广等。

美图设计室，提供 AI 一键生成海报功能，支持多种海报模板，适用于电商、新媒体等领域。

Fotor 懒设计，操作简单，提供丰富的海报模板和素材，无须下载安装，适合新手使用。

DesignCap，在线设计工具，提供大量模板和设计元素，适合快速制作简约美观的海报。

Adobe Spark，适用于快速制作社交媒体海报，提供丰富的主题和配色方案。

PicMonkey，提供丰富的字体、纹理和滤镜效果，适合需要更多创意控制的用户使用。

BeFunky，以趣味性和创意性著称，提供大量艺术效果和创意边框。

Snappa，专注于快速设计，界面简洁，适合需要频繁制作海报的用户使用。

这些工具和网站能够满足不同用户在不同场景下的海报设计需求。

本任务将带领大家使用 Canva 可画完成以学习方法为主题的自媒体海报设计。

【具体步骤】

（1）在浏览器地址栏中，键入 https://www.canva.cn/，进入主页。Canva 可画与其他软件平台一样，需根据页面提示完成账号注册与登录。首次登录时，选择"用途"，从而帮助创作者更有针对性地选择软件用途，如图 3-13 所示。

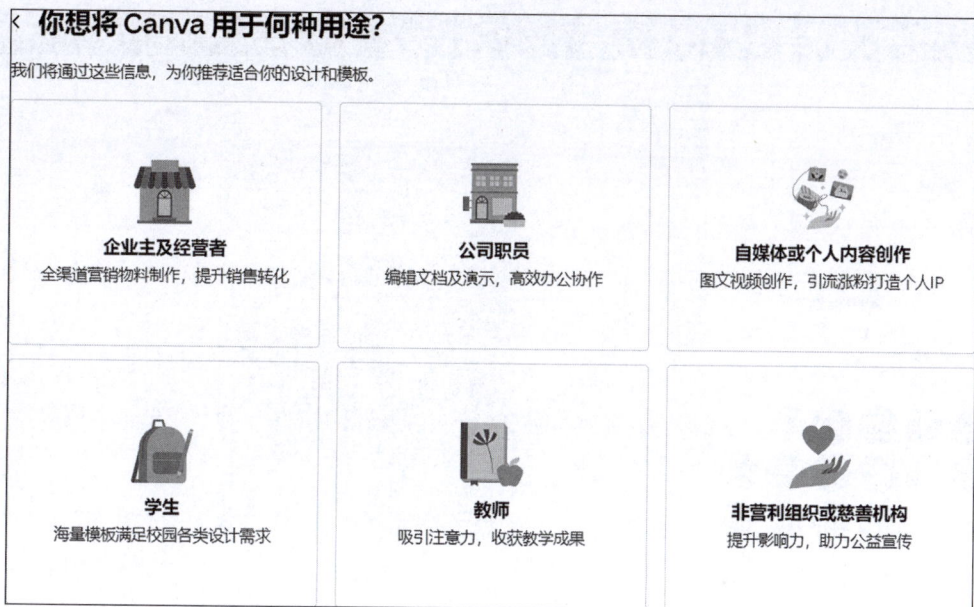

图 3-13　可画界面

（2）本案例在设计环节主要考虑将其用于自媒体宣传，可画提供了大量可供选择的社交媒体模板，可参考性较强。单击网页左上角的"创建设计"按钮，在弹出的窗口中选择"社交媒体"→"小红书"→"小红书帖子"，如图 3-14 所示。

图 3-14　创建设计

（3）面向不同的场景，小红书有不同的规格，在可画的创作过程中，也可以根据个人的需求选择相似或相近的模板进行设计。在设计界面，首先单击页面上方的背景颜色按钮设置页面底色，本案例设置底色为桃红色，如图 3-15 所示。

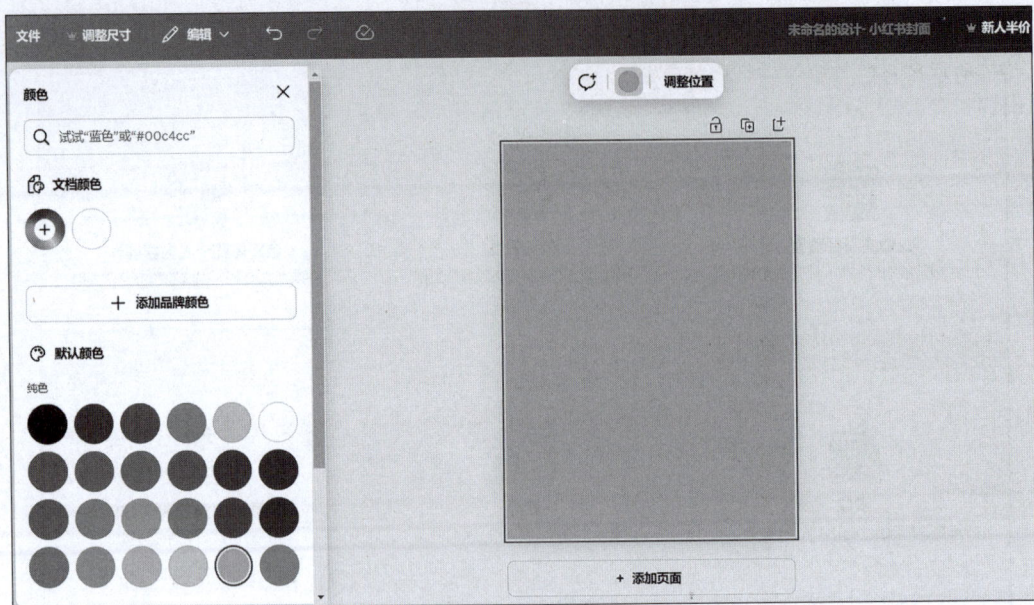

图 3-15　设置底色

（4）在可画页面的左侧列出了常用的工具，在设计过程中，可根据需要进行选择。单击"素材"选项，在画面中根据需要与布局插入不同形状，同时为文字做好底纹。在布局时，可充分利用可画自带的"移动""旋转""打组"等功能进行页面布局设计，如图 3-16 所示。

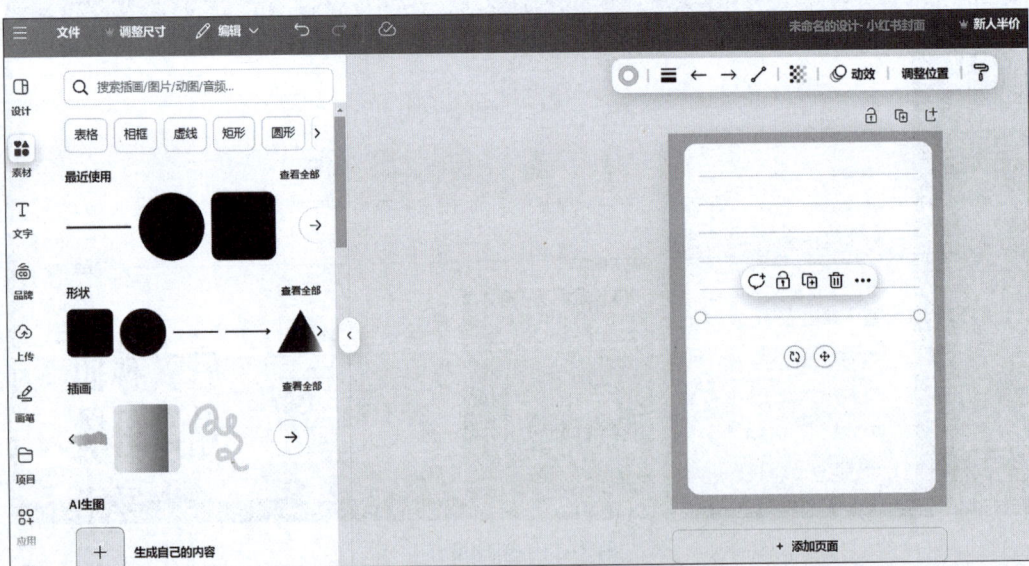

图 3-16　设置各类素材

（5）可画页面的"文字"工具提供了常用的文字功能，除了基本的设计功能外，还提供了 AI 写作功能。本案例介绍怎么保持学习状态，并提供了三种方法，在设计上，主要分为主标题、二级标题、内容与装饰元素部分。根据需要依次选择文本框，调整文字大小并在页面中输入文字"选择学习时段：建议尽量选择精力充沛的上午，不建议晚上学习""分隔学习时间：将学习时间分成小段，分布在上下午及晚上，每段学习时间再分成 50 分钟＋10 分钟休息""更换学习内容：长时间学习一种知识，容易带来疲劳感，可以更换不同的学科进行学习"，调整文字的大小与状态，如图 3-17 所示。

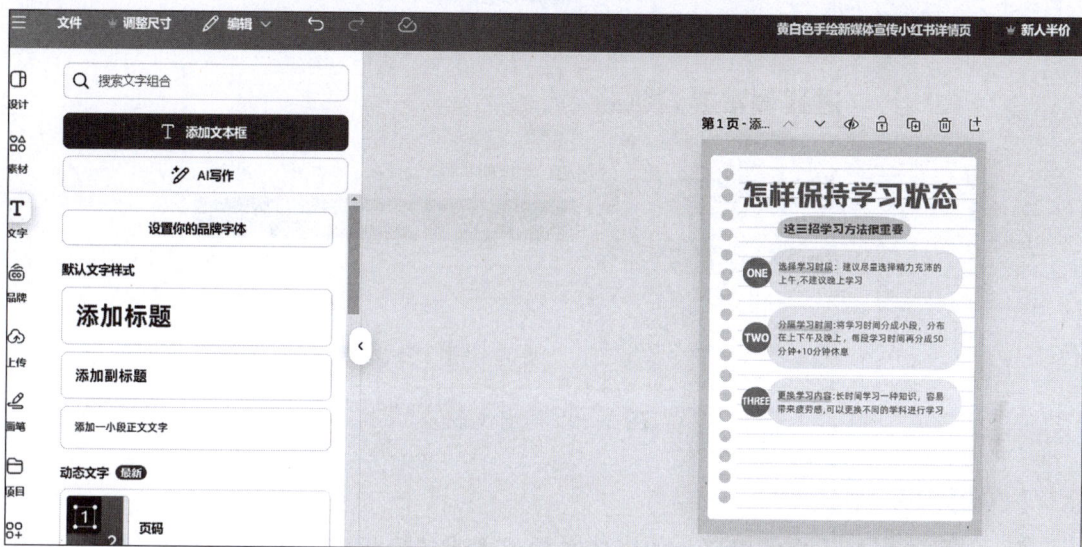

图 3-17　设计文字内容效果

（6）文字布局完成后，可在"素材"页面为画面添加装饰性素材。本案例为介绍学习方法的自媒体海报，可设置卡通教师形象。在素材窗口中搜索"教师"，选择合适的形象拖至页面中即可。其他装饰性元素可根据需要自行选择，如图 3-18 所示。

图 3-18　设计完成效果

（7）设计完成后，单击页面右上角"导出"按钮，可对设计的海报进行分享、团队协同设计，也可对最终结果进行下载等操作，如图 3-19 所示。

图 3-19　导出作品

【小结】

Canva 可画支持用户使用自己的媒体文件或现成的模板进行设计，提供拖放和编辑功能，适用于商务办公文档、邀请函等多种设计需求。其团队版产品还提供 AI 创作、品牌风格管理、审批流程管理等功能，帮助企业提高智能化品牌管理和在线设计协同能力。

3.4　插画设计

学习要点

1. 明确插画用途（如书籍插图、广告宣传、游戏角色设计等），以便确定风格和细节。

2. 设计主题与内容，确定插画风格，如卡通风格、水彩风格、Q 版风格等，通过豆包生成插画。

任务一　使用豆包生成卡通风格插画

【任务描述】

以"共筑绿色家园，同绘美好明天"为主题，生成一幅公益宣传插画，插画风格为卡通风格，色彩明亮，主要人物为两个小朋友在植树，同时具有草地、白云、纸飞机元素，比例为 4∶3。

【具体步骤】

（1）在浏览器地址栏中，键入 https://www.doubao.com/，进入豆包主页，结果如图 3-20 所示。下载豆包电脑版，在电脑中安装豆包软件，根据提示注册与登录。

图 3-20　豆包软件

（2）单击"图像生成"选项，弹出如图 3-21 所示对话框。

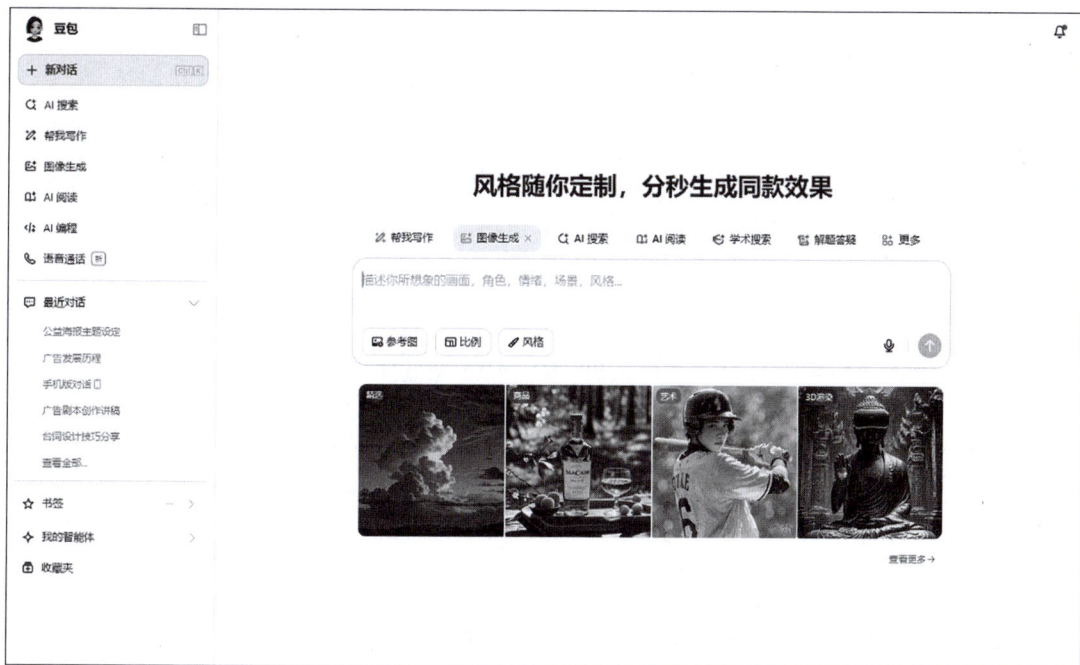

图 3-21　豆包"图像生成"对话框

（3）在对话框中，输入文本"以'共筑绿色家园，同绘美好明天'为主题，生成一幅插画，插画风格为卡通风格，色彩明亮，两个小朋友在植树，有草地、白云、纸飞机元素，比例 4∶3"，按回车键，结果如图 3-22 所示。

图 3-22　豆包生成的插画截图

任务二　使用豆包生成水彩风格插画

【任务描述】

以"共筑绿色家园，同绘美好明天"为主题，生成一幅公益宣传插画，插画风格为水彩风格，色彩清新，主要人物为两个小朋友在植树，同时具有草地、白云、纸飞机元素，比例为 4∶3。

【具体步骤】

（1）在浏览器地址栏中，键入 https://www.doubao.com/，进入豆包主页，如图 3-23 所示。下载豆包电脑版，在电脑中安装豆包软件，根据提示注册与登录。

图 3-23　豆包软件

（2）单击"图像生成"选项，弹出如图 3-24 所示对话框。

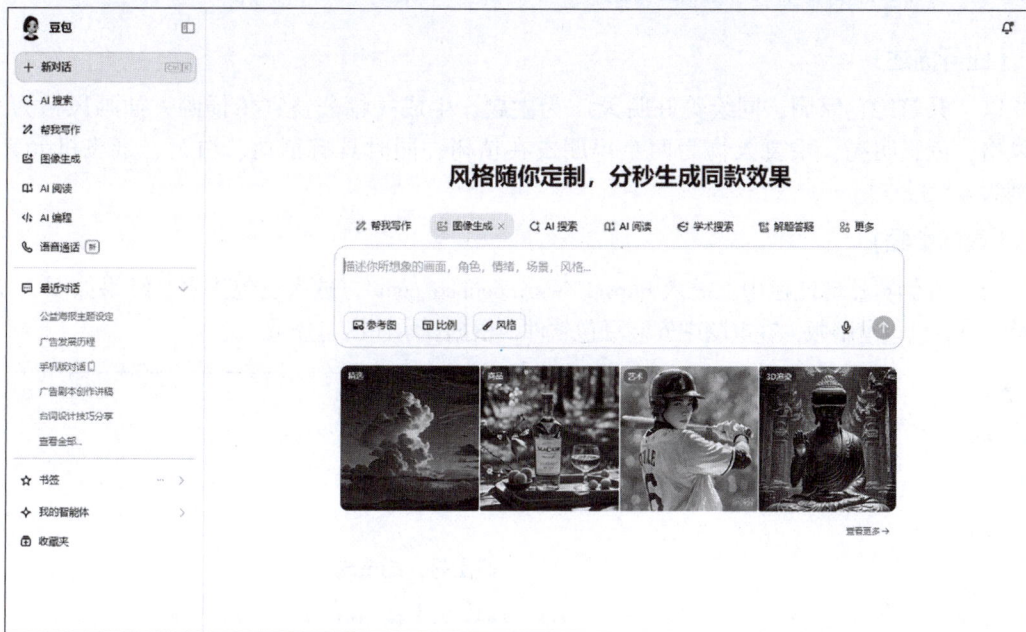

图 3-24 豆包"图像生成"对话框

（3）在对话框中，输入文本："以'共筑绿色家园，同绘美好明天'为主题，生成一幅插画，插画风格为水彩风格，色彩清新，主要人物为两个小朋友在植树，同时具有草地、白云、纸飞机元素，比例 4∶3。"按回车键，结果如图 3-25 所示。

图 3-25 豆包生成的插画截图

任务三　使用豆包生成 Q 版风格插画

【任务描述】

以"共筑绿色家园，同绘美好明天"为主题，生成一幅公益宣传插画，插画风格为 Q 版风格，色彩明亮，主要人物为两个小朋友在植树，同时具有草地、白云、纸飞机元素，比例为 4 ：3。

【具体步骤】

（1）在浏览器地址栏中，键入 https：//www.doubao.com/，进入豆包主页，结果如图 3-26 所示。下载豆包电脑版，在电脑中安装豆包软件，根据提示注册与登录。

图 3-26　豆包软件

（2）单击"图像生成"选项，弹出如图 3-27 所示对话框。

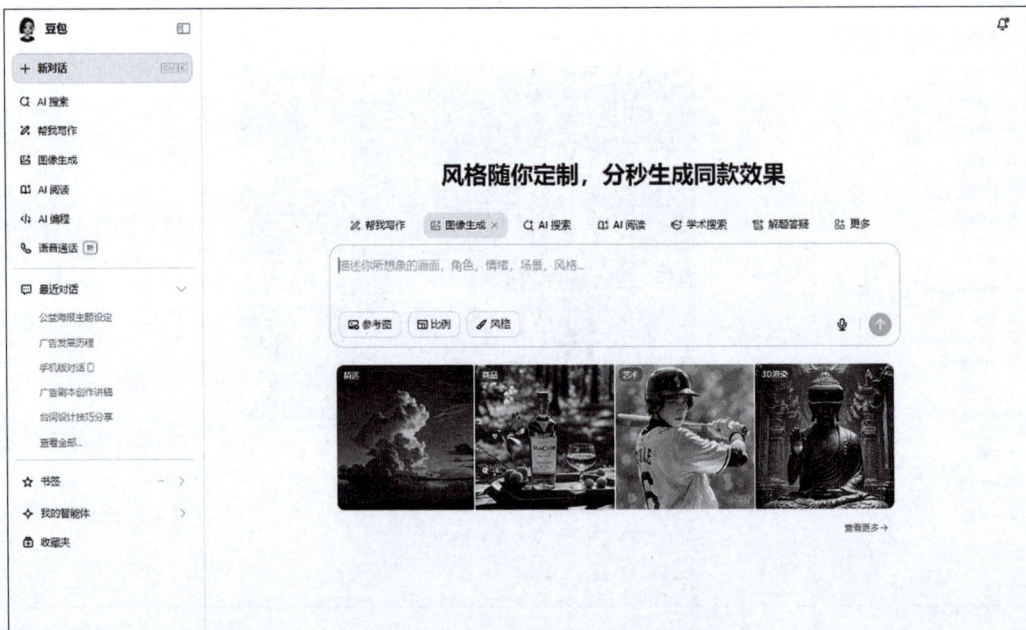

图 3-27　豆包"图像生成"对话框

（3）在对话框中，输入文本："以'共筑绿色家园，同绘美好明天'为主题，生成一幅插画，插画风格为 Q 版风格，色彩清新，主要人物为两个小朋友在植树，同时具有草地、白云、纸飞机元素，比例 4∶3。"按回车键，结果如图 3-28 所示。

图 3-28　豆包生成的插画截图

【小结】

使用豆包 AI，输入关键词和简单描述，可以在短时间内生成大量的插画作品，为插画师提供了全新的创作思路，打破了传统的思维定式，激发更多创意灵感。

3.5　剧本自动生成

学习要点

1. 根据用户设定的主题、情节和角色等信息，使用豆包生成剧本草稿。

2. 根据剧本草稿，对剧本进行必要的修改和优化，包括增强角色表现、增加剧情吸引力、深化剧情细节等。

任务一　使用豆包生成剧本草稿

【任务描述】

首先需要明确剧本的主题和类型（如电影、电视剧、短剧、短视频等），对剧本中的主要角色进行初步构思，包括角色的性格特点、身份背景、目标追求等，梳理出剧本的大致情节走向和关键事件节点，利用豆包根据上述信息生成初步的剧本草稿。豆包可以帮助快速生成对话、场景描述等，节省时间并提供一个基础框架。

【具体步骤】

（1）在浏览器地址栏中，键入 https://www.doubao.com/，进入豆包主页，结果如图 3-29 所示。下载豆包电脑版，在电脑中安装豆包软件，根据提示注册与登录。

图 3-29　豆包软件

（2）在对话框中，输入文本："我想要生成一个以古代仙侠为背景的短视频剧本，主角是一个拥有神秘血脉的少年，为了寻找失踪的师父，他踏上了充满危险的旅程，途中会遇到各种神奇的生物和强大的敌人，请帮我生成这个剧本。"按回车键，结果如图 3-30 所示。

镜号	景别	画面	台词	时长
1	全景	云雾缭绕的仙侠门派，古色古香的建筑在雾中若隐若现。主角逸尘在庭院练剑。	逸尘：师父您在哪里。	6s
2	近景	逸尘收拾行囊时，一枚玉佩滑落，微微发亮。他拾起握紧，眼神坚定地转身离开。	无	5s
3	中景	一只眼眸暗红的猛虎窜出，扑向逸尘，口中喷黑雾。	逸尘：休想拦我!	7s
4	近景	逸尘挥剑与猛虎激战，剑劈黑雾发出刺耳声。猛虎化作黑烟消散，留下一撮灰毛。	无	10s
5	中景	逸尘来到神秘山谷，谷中弥漫紫色薄雾，有奇花异草。	无	8s
6	近景	一只雪白的灵狐现身，灵狐眼神灵动，似乎在引导逸尘。	逸尘：你知道我师父的下落？	7s
7	中景	逸尘随灵狐到山洞前，洞口有光幕。	无	8s
8	近景	逸尘进洞，黑暗中亮起猩红眼睛，魔道妖人冒出。	逸尘：这是……我的力量？	10s
9	中景	逸尘与魔教徒战斗，渐渐落入下风。	无	6s
10	特写	逸尘血脉觉醒，周身泛金光，剑浮起。金光驱散黑影。	逸尘:这是……血脉之力？	7s
11	中景	逸尘在山洞深处发现壁画，画中似有师父身影。石台上半块玉佩，与他的能拼合。	逸尘:师父!我就快找到你了!	6s

图 3-30　豆包生成的剧本截图

任务二　使用豆包完善剧本

【任务描述】

利用豆包生成剧本草稿后，需要人工进行审查，评估其逻辑连贯性、角色一致性以及是否符合主题要求。根据审查结果，对剧本进行必要的修改和优化，包括增强角色表现、增加剧情吸引力、深化剧情细节等。

【具体步骤】

（1）在对话框中，输入文本："扩写剧本中主角与灵狐相遇的情节，增加细节和奇幻元素。"按回车键，结果如图 3-31 所示。

镜号	景别	画面	台词	时长
5	中景	逸尘继续前行，来到一条神秘的山谷。山谷两侧峭壁高耸，怪石嶙峋，谷中弥漫着一层淡淡的紫色薄雾，如梦似幻。地上长满了奇花异草，花朵闪烁着微光，散发出阵阵奇异的香气。逸尘小心翼翼地穿梭其中，时不时警惕地观察四周。	无	8s
6	近景	忽然，一道耀眼的银色光芒从山谷深处射来，照得周围亮如白昼。光芒渐渐汇聚，化作一只通体雪白的灵狐。灵狐的毛发如绸缎般顺滑，每一根都闪烁着晶莹的光，九条尾巴轻轻摆动，尾尖上还闪烁着星星点点的蓝色火焰。它的眼睛犹如两颗璀璨的红宝石，灵动而有神，正饶有兴致地打量着逸尘。	灵狐：跟我来，我知晓你要找的人线索。	12s

图 3-31　豆包细化的剧本截图（1）

（2）在对话框中，输入文本："可以让灵狐的出现方式更神秘些吗？"按回车键，结果如图 3-32 所示。

镜号	景别	画面	台词	时长
5	中景	逸尘继续前行，来到一条神秘的山谷。山谷两侧峭壁高耸，怪石嶙峋，谷中弥漫着一层淡淡的紫色薄雾，如梦似幻。地上长满了奇花异草，花朵闪烁着微光，散发出阵阵奇异的香气。逸尘小心翼翼地穿梭其中，时不时警惕地观察四周。	无	8s
6	近景	忽然，一道耀眼的银色光芒从山谷深处射来，照得周围亮如白昼。光芒渐渐汇聚，化作一只通体雪白的灵狐。灵狐的毛发如绸缎般顺滑，每一根都闪烁着晶莹的光，九条尾巴轻轻摆动，尾尖上还闪烁着星星点点的蓝色火焰。它的眼睛犹如两颗璀璨的红宝石，灵动而有神，正饶有兴致地打量着逸尘。	灵狐：跟我来，我知晓你要找的人线索。	12s

图 3-32　豆包细化的剧本截图（2）

（3）在对话框中，输入文本："把灵狐出场的画面描述再修改得更有想象力一些。"按回车键，结果如图 3-33 所示。

镜号	景别	画面	台词	时长
5	中景	逸尘继续前行，踏入一条神秘的山谷。山谷两侧峭壁高耸，怪石嶙峋，谷中弥漫着一层淡淡的紫色薄雾，如梦似幻。地上长满了奇花异草，花朵闪烁着微光，散发出奇异的香气。逸尘小心翼翼地穿梭其中，警惕地观察四周。	无	8s
6	近景	逸尘在山谷中走着，突然，周围的空气仿佛凝固了一般，万籁俱寂，就连那些闪烁的奇花异草光芒也开始微微颤抖。紧接着，一阵若有若无的空灵梵音在山谷中回响，声音悠远而神秘，让人捉摸不透。逸尘警惕地握紧手中的剑，四处张望。只见山谷深处，一团闪烁着五彩光晕的迷雾缓缓飘来，雾气旋转翻涌，逐渐凝聚。当迷雾完全消散，一只通体雪白的灵狐出现在眼前。灵狐的毛发如绸缎般顺滑，每一根都闪烁着晶莹的光，九条尾巴轻轻摆动，尾尖上还闪烁着星星点点的蓝色火焰。它的眼睛犹如两颗璀璨的红宝石，灵动而有神，正饶有兴致地打量着逸尘。	灵狐：跟我来，我知晓你要找的人线索。	15s

图 3-33　豆包细化的剧本截图（3）

(4) 在对话框中，输入文本："为灵狐设计一些独特的技能或能力。"按回车键，结果如图 3-34 所示。

镜号	景别	画面	台词	时长
5	中景	逸尘继续前行，踏入一条神秘的山谷。山谷两侧峭壁高耸，怪石嶙峋，谷中弥漫着一层淡淡的紫色薄雾，如梦似幻。地上长满了奇花异草，花朵闪烁着微光，散发出奇异的香气。逸尘小心翼翼地穿梭其中，时不时警惕地观察四周。	无	8s
6	近景	逸尘在山谷中走着，刹那间，周围的光线如同被一只无形的大手肆意搅乱。原本斑驳的光影迅速扭曲、交融，化作一道道绚丽的光带，在山谷间疯狂地舞动。紧接着，地面开始微微震动，奇异的符文自地底浮现，散发着幽蓝色的光芒，逐渐汇聚成一座古老而神秘的法阵。法阵光芒大盛，强烈的光芒刺得逸尘几乎睁不开眼。与此同时，一阵若有若无的空灵梵音在山谷中回响。逸尘警惕地握紧手中的剑，四处张望。只见法阵中央，一团闪烁着五彩光晕的迷雾缓缓飘来，逐渐凝聚。当迷雾完全消散，一只通体雪白的灵狐出现在眼前。灵狐的毛发如绸缎般顺滑，每一根都闪烁着晶莹的光，九条尾巴轻轻摆动，尾尖上还闪烁着星星点点的蓝色火焰。它的眼睛犹如两颗璀璨的红宝石，灵动而有神，正饶有兴致地打量着逸尘。	灵狐：跟我来，我知晓你要找的人线索。	15s
7	特写	突然，不远处一只受伤的小鹿发出哀鸣。灵狐见状，双眼闪过一抹柔和的绿光，它抬起前爪，在空中轻轻一挥，一道绿色的能量波飞向小鹿。能量波触碰到小鹿的瞬间，伤口以肉眼可见的速度愈合，小鹿站起身来，欢快地跑开。	无	10s
8	近景	逸尘露出惊讶的神情，灵狐转头看向逸尘，眼中带着一丝得意。紧接着，灵狐身体微微下蹲，周身光芒闪烁，瞬间化作一道银色的光，围绕着逸尘快速旋转，速度之快让逸尘只能看到一道残影。在旋转过程中，光狐所到之处，空气中留下一串串闪烁的符文，这些符文汇聚在一起，形成了一幅模糊的地图，指向山谷更深处。	无	12s

图 3-34 豆包细化的剧本截图（4）

【小结】

1. 使用豆包 AI，提出了古代仙侠背景、主角设定和基本情节走向的需求，在此基础上生成剧本草稿。

2. 对剧本情节提出了丰富细节、增加奇幻元素、设计独特技能等细化要求，不断优化内容，从环境渲染、出场方式、技能展示等方面入手，让剧本的这一情节更加生动立体。

3.6 动态影像智能生成

学习要点

1. 根据文字，使用可灵生成视频。
2. 根据图片，使用可灵生成视频。

任务一　根据文字，使用可灵生成视频

【任务描述】

利用可灵平台，输入创意描述，通过文字生成视频，文字需控制在 500 字以内，遵循提示词公式能让生成效果更精细，如"镜头语言+光影+主体描述+主体运动+场景描述+氛围"。同时，选择生成视频的时长、比例，还可根据需要选择运镜控制，如水平运镜、推进/拉远等，即可生成视频。

【具体步骤】

（1）在浏览器地址栏中，键入 https://kling.kuaishou.com/，进入可灵主页，结果如图 3-35 所示；使用手机号或者快手账号进行注册登录。

图 3-35　可灵软件

（2）单击页面中间的"AI 视频"选项，进入视频生成界面，单击"文生视频"选项卡，结果如图 3-36 所示。

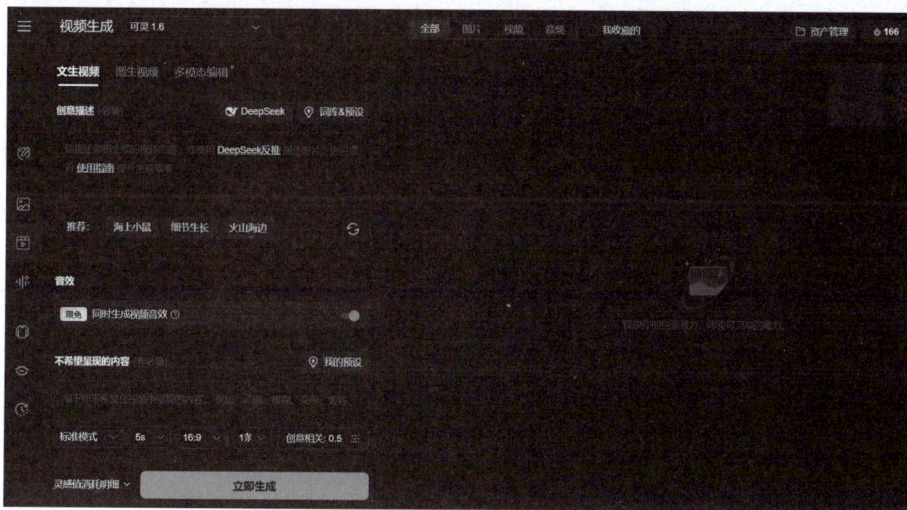

图 3-36　可灵软件

（3）在创意描述栏输入："全景拍摄+夕阳余晖+一位穿着红色连衣裙的女孩+在草原上欢快奔跑+广阔的绿色草原+充满活力的氛围，参数设置为 5 s 时长，9∶16 的视频比例。"视频结果如图 3-37 所示。

图 3-37　视频结果

【任务描述】

打开可灵平台，进入其操作界面，选择"图生视频"选项卡，在指定区域上传精心挑选的参考图片，这些图片可以是自然风光、人物肖像、产品特写等任何与你视频主题相关的素材。输入创意描述，创意描述需详细且生动，要充分发挥想象力，描述出你期望视频呈现的场景、氛围、情节发展等，即可将静态的图片转化为动态连贯的视频。整个过程高效且便捷，生成的视频不仅融合了参考图片的元素，还完美呈现了创意描述中的场景。

【具体步骤】

（1）在浏览器地址栏中，键入 https://kling.kuaishou.com/，进入可灵主页，结果如图 3-38 所示；使用手机号或者快手账号进行注册登录。

图 3-38　可灵软件

（2）单击页面中间的"AI 视频"按钮，进入视频生成界面。单击"图生视频"选项卡，如图 3-39 所示。

（3）上传参考的金鱼图片，图片创意描栏输入："女孩的手心漂浮着一条金鱼，镜头逐渐拉近，参数设置为时长 5 s，视频比例为 16∶9。"单击"立即生成"按钮，视频结果如图 3-40 所示。

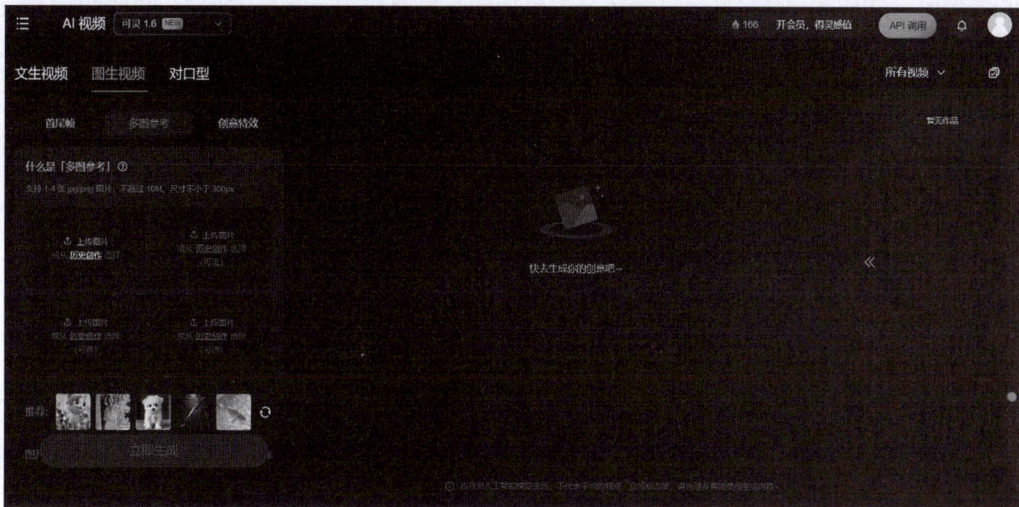

图 3-39　可灵软件

图 3-40　视频结果

【小结】

1. 使用可灵平台，用文字生成视频，输入创意描述，设置视频参数，即可短时间内生成视频，极大地缩短了视频制作时间，满足用户快速产出视频内容的需求。

2. 使用可灵平台，用图片生成视频，上传参考图片，输入图片创意描述，设置视频参数，即可短时间内生成视频，极大地缩短了视频制作时间，满足用户快速产出视频内容的需求。

3.7　背景音乐自动生成

学习要点

1. 使用文心一言根据提示词生成歌曲名称以及歌词。
2. 使用天工 AI 根据风格生成歌曲。

任务一　使用文心一言生成歌曲名称以及歌词

【任务描述】

以"短视频制作"课程为例，根据授课章节内容，制作《徐州财校校歌》，利用百度文心一言生成歌曲名称及歌词。

【具体步骤】

（1）在 Edge 浏览器地址栏中，输入 https://yiyan.baidu.com，按回车键进入文心一言网页端界面，如图 3-41 所示。目前文心大模型 3.5 免费使用，文心大模型 4.0 和文心大模型 4.0Turbo 需要开通会员才可以使用。

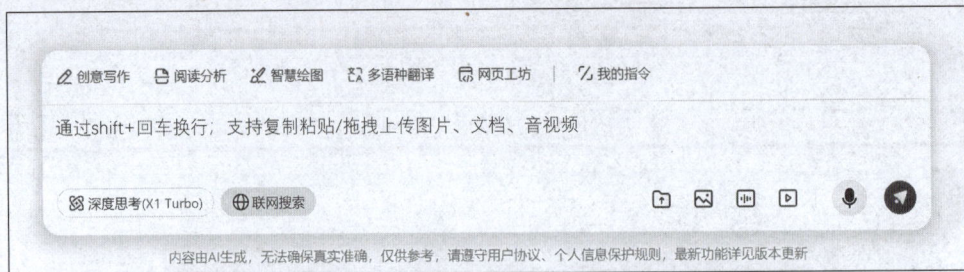

图 3-41　文心一言界面

（2）在对话框中，输入文本"列举 10 个歌曲名称，主要内容为校歌，体现学校这一特殊单位性质，体现学校学生青春昂扬、励志奋发的气息"。

按回车键，生成 10 个歌曲名称供创作者选择，结果如图 3-42 所示。

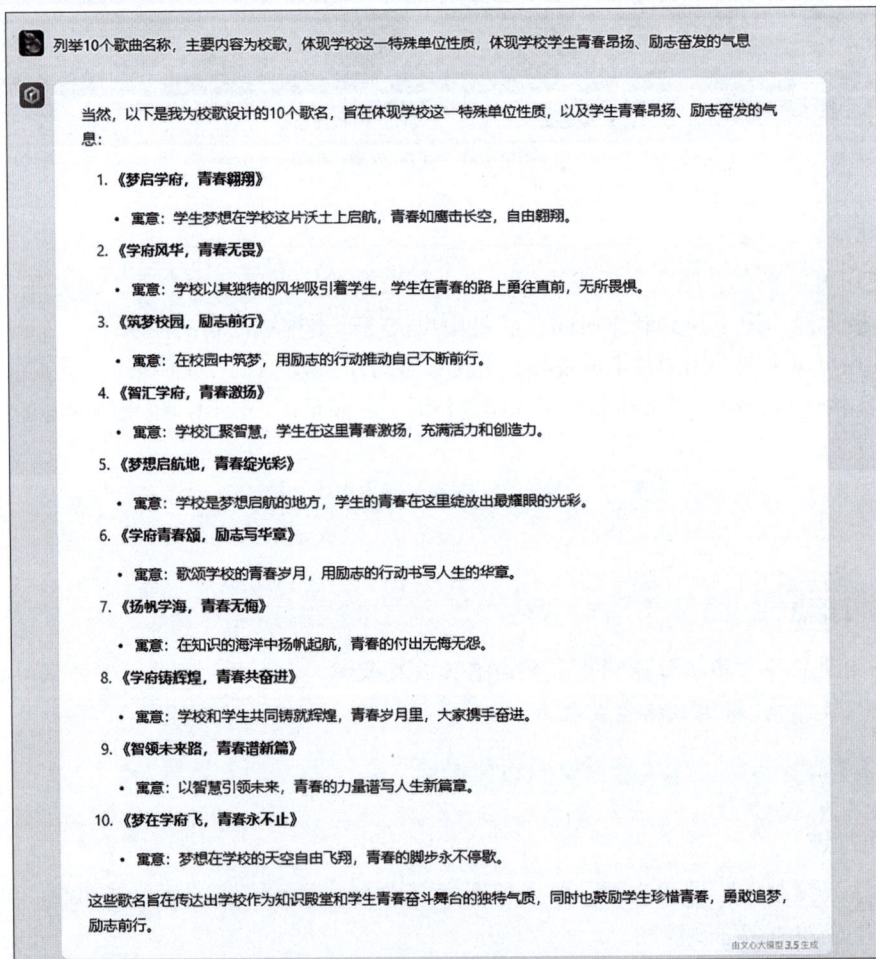

图 3-42　生成 10 个校歌歌曲名称

根据所生成的结果，选择合适的歌曲名称，以便继续进行下一步的创作。这里选择第三个歌曲名称《筑梦校园，励志前行》。

（3）在对话框中，键入文本"撰写一首歌曲的歌词，分两段，歌曲名称为《筑梦校园，励志前行》，体现徐州财校治学风貌，体现学校紧邻云龙山以及云龙湖的地理特点，体现学生青春昂扬、勤奋好学的学生风貌，体现当代中国少年的书生意气。励志青春，积极向上"。按回车键，生成的歌词结果如图 3-43 所示。

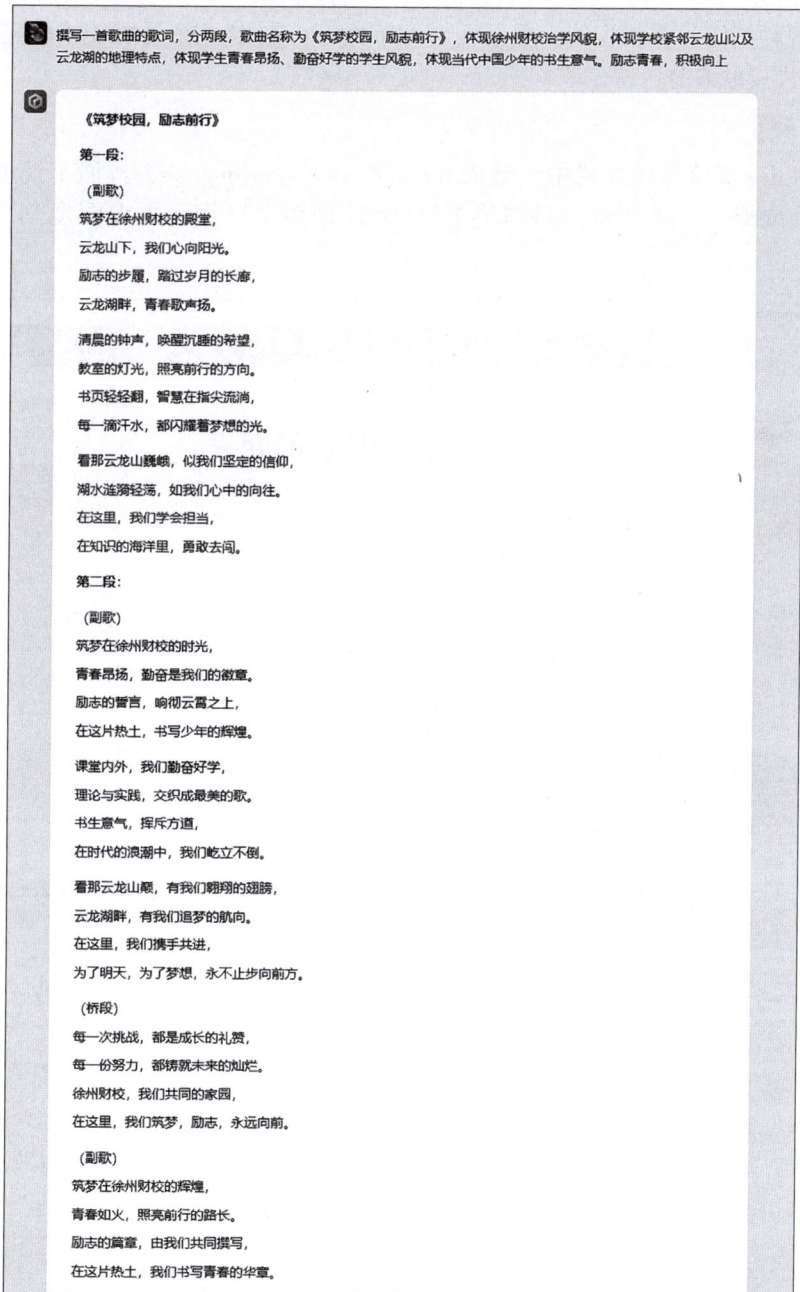

图 3-43　生成校歌歌词

【小结】

1. 使用文心一言，描述需要表达的主题思想，生成校歌歌名。

2. 使用文心一言，描述歌曲大致内容和结构，生成歌曲的歌词。

任务二 使用天工 AI 根据风格生成歌曲

【任务描述】

以"短视频制作"课程为例，根据授课章节内容，制作《徐州财校校歌宣传片》，使用天工 AI 生成校歌歌曲。

【具体步骤】

（1）在 Edge 浏览器地址栏中，键入 https://www.tiangong.cn，按回车键进入天工 AI 网页端界面，如图 3-44 所示。目前天工 AI 大模型免费试用，更多深度创作需要充值会员。

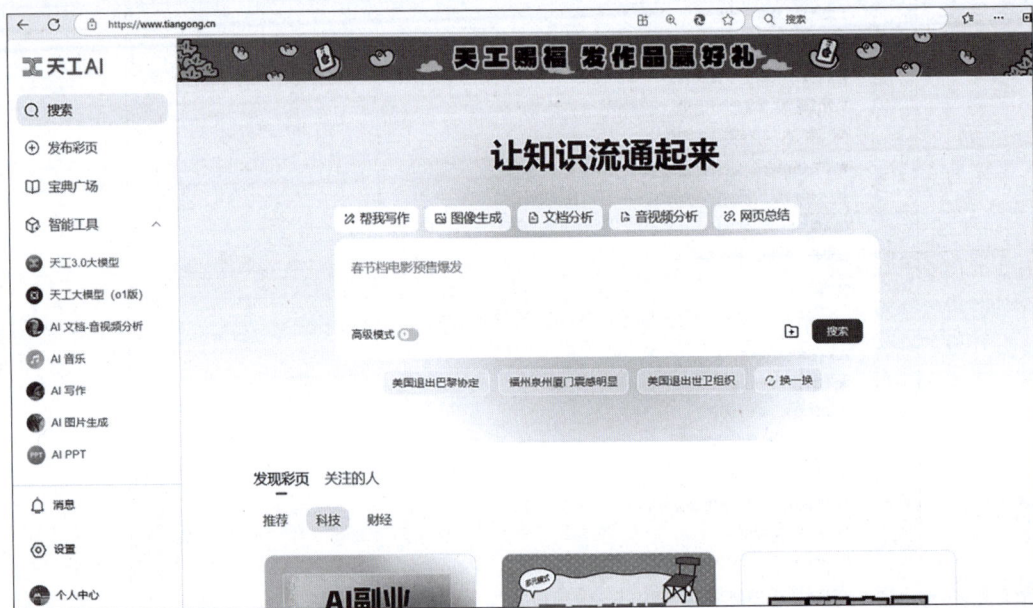

图 3-44 天工 AI 网页端界面

（2）窗口左侧为智能工具栏，天工 AI 集成了语言、文档分析、音乐制作、写作、图片等 AI 功能。单击"AI 音乐"，跳转至如图 3-45 所示窗口。

（3）将上一个任务中生成的歌曲名称及歌词分别复制到"歌名""歌词"文本框，如图 3-46 所示。

（4）单击"请选择参考音频"按钮，弹出"选择参考音频"窗口，可以根据窗口中的内容及创作要求来选取曲风以及音乐情绪。这里选取"摇滚"曲风、"励志"情绪。选取后，窗口下方会给出常见歌曲参考，本案例选择《离别开出花》参考样例，单击"使用"按钮，如图 3-47 所示。

图 3-45　AI 音乐网页端窗口

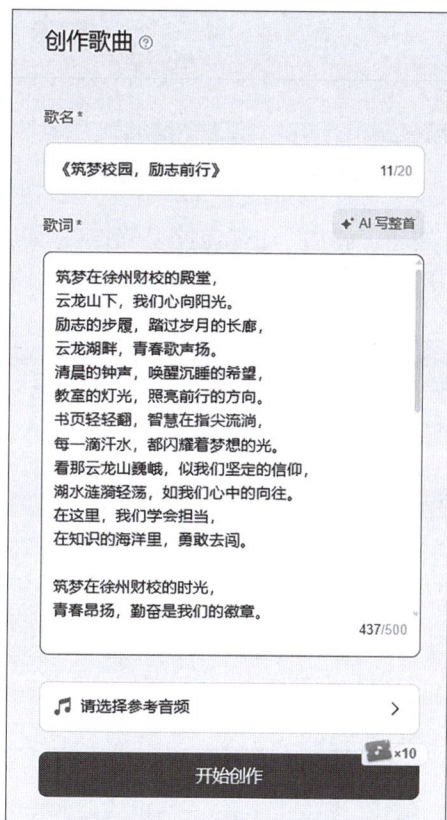

图 3-46　复制歌曲文本

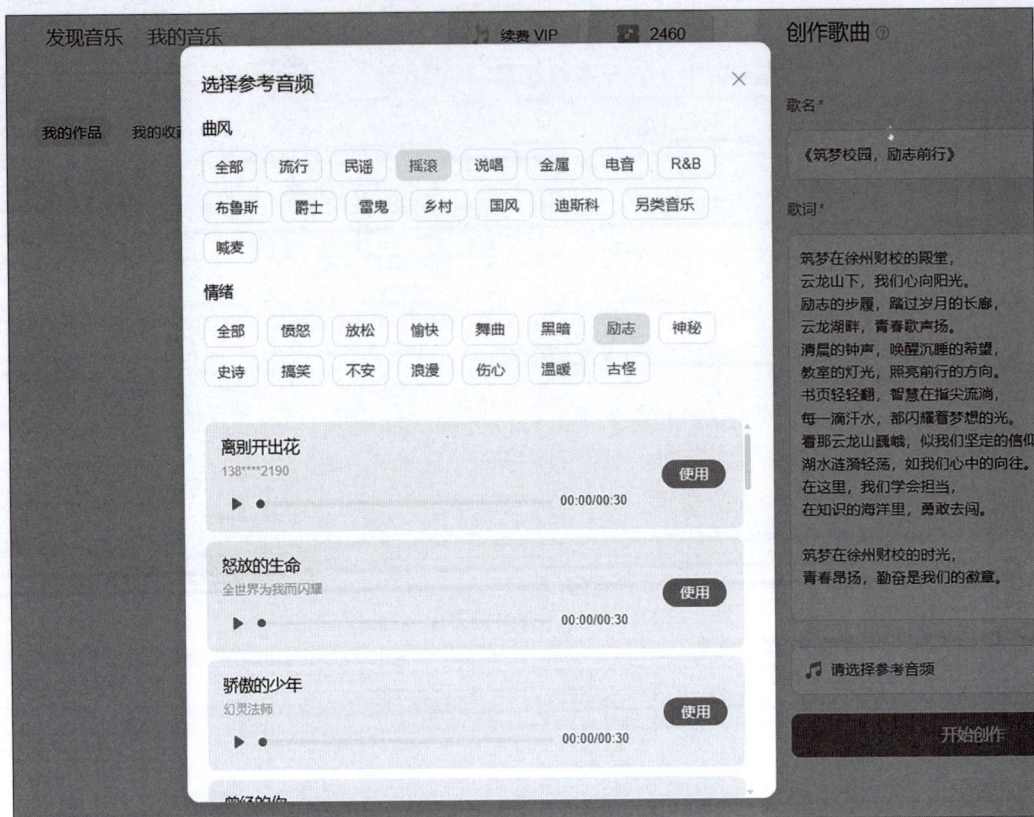

图 3-47　歌曲情绪曲风选择

（5）单击"开始创作"按钮，弹出"正在创作"窗口，如图 3-48 所示，AI 按照既定的风格创作歌曲。注意，试用版本可以创作 1~2 首歌曲，如果需要多次深度创作，需要注册会员并充值才能继续进行。

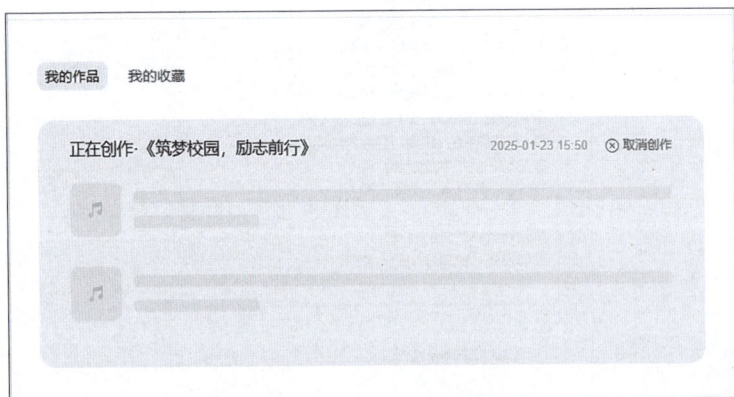

图 3-48　开始创作

（6）创作结果如图 3-49 所示。一般默认每批次生成两个风格相近的版本，可以根据需要自行选择。至此，宣传片需要的背景歌曲音乐就制作好了。

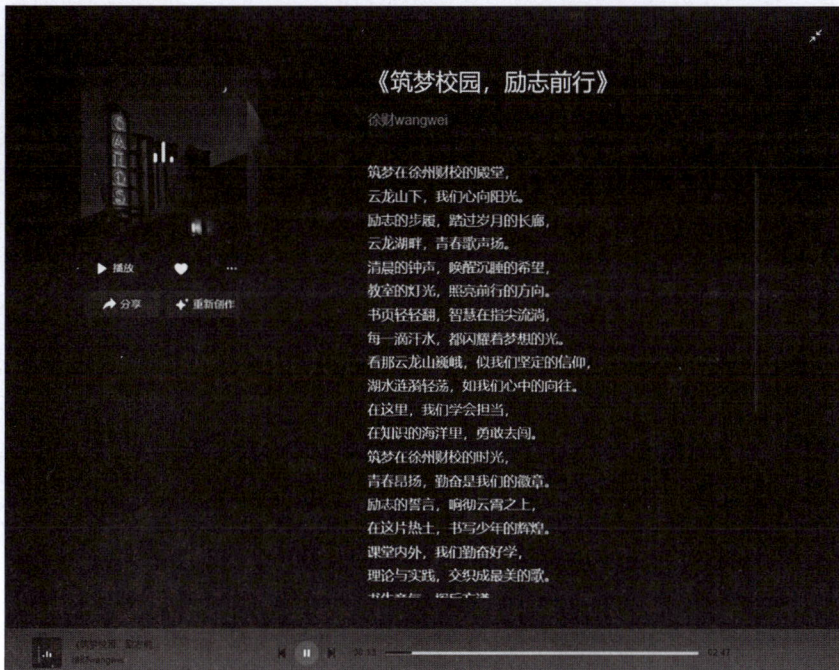

图 3-49　生成歌曲

【小结】

1. 打开天工 AI，熟悉"AI 音乐"窗口布局及功能。
2. 使用天工 AI，根据项目需要选取合适的曲风，创作背景音乐并下载。

3.8　字幕自动生成

学习要点

1. 将配音完成的视频导入录咖软件。
2. 使用录咖生成视频字幕并调整错别字。
3. 利用制作完成的字幕视频，根据需要翻译为多语言版本。

任务一　使用录咖生成视频字幕

【任务描述】

以"短视频制作"课程为例，根据授课章节内容，识别并自动生成《徐州财校宣传片》配音版的视频字幕。

【具体步骤】

（1）在 Edge 浏览器地址栏中，键入 https://reccloud.cn/，按回车键进入录咖网页端界面，结果如图 3-50 所示。

图 3-50　录咖网页窗口

（2）录咖 AI 视频处理软件同时支持官网在线、电脑客户端和移动端 APP 安装使用。本案例使用的是电脑客户端应用。安装完成后，打开应用，如图 3-51 所示。

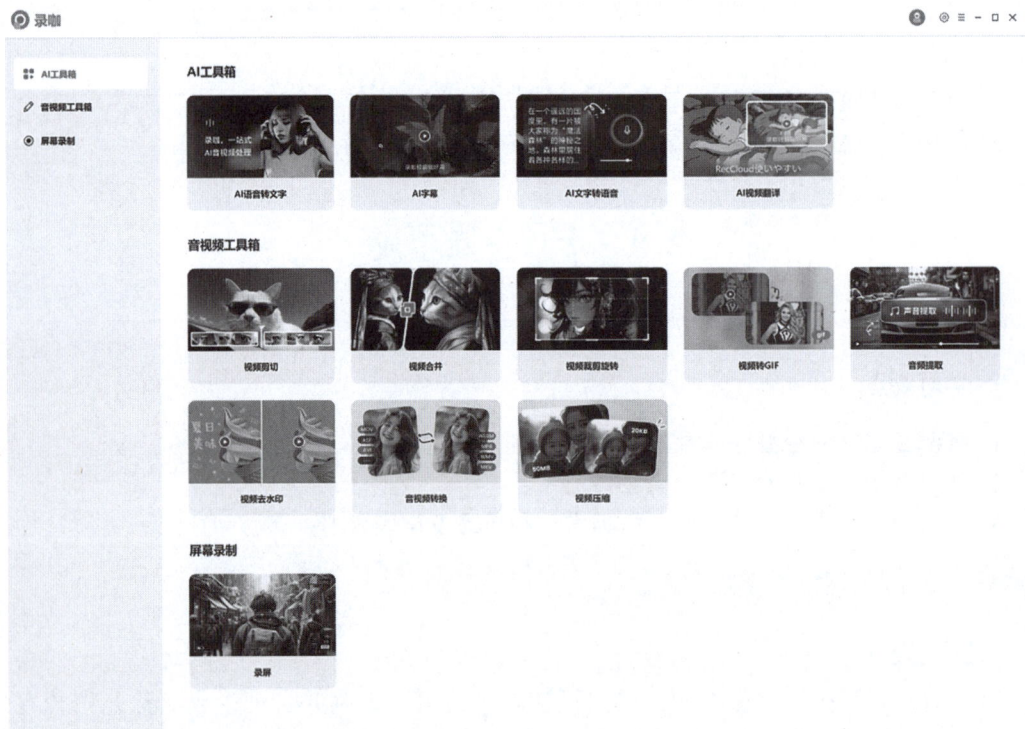

图 3-51　录咖软件界面

软件界面分为三个栏目：AI 工具箱、音视频工具箱、屏幕录制，这三个栏目内的软件功能可以按需选择。本案例选取"AI 字幕"功能，单击进入界面，如图 3-52 所示。

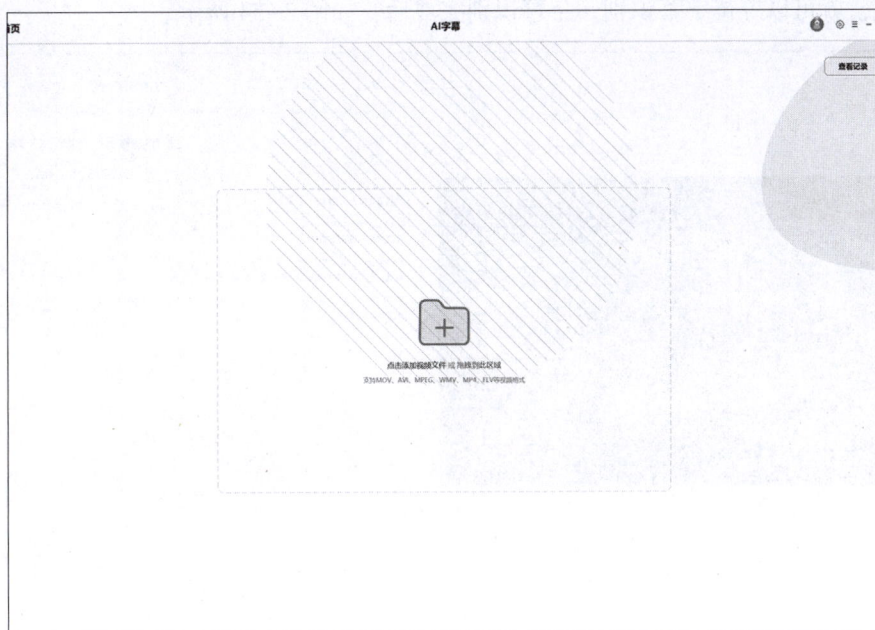

图 3-52　AI 字幕界面

（3）单击"+"图标，或将要处理的视频放入指定区域，即可上传需要处理的视频。根据视频文件大小，上传的时间不等，等待文件上传完成即可。上传完成的视频如图 3-53 所示。

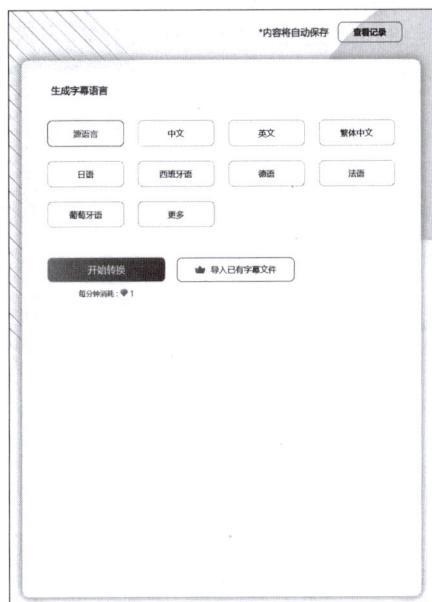

图 3-53　视频文件上传

（4）根据左侧窗口提示，在"生成字幕语言"栏内，可以选择需要生成的文字语言，一般选择中文即可。录咖支持 20 多种语言的字幕识别。选择语言文字以后，单击"开始转换"按钮,就可以等待字幕识别。字幕识别完成后,如图 3-54 所示。

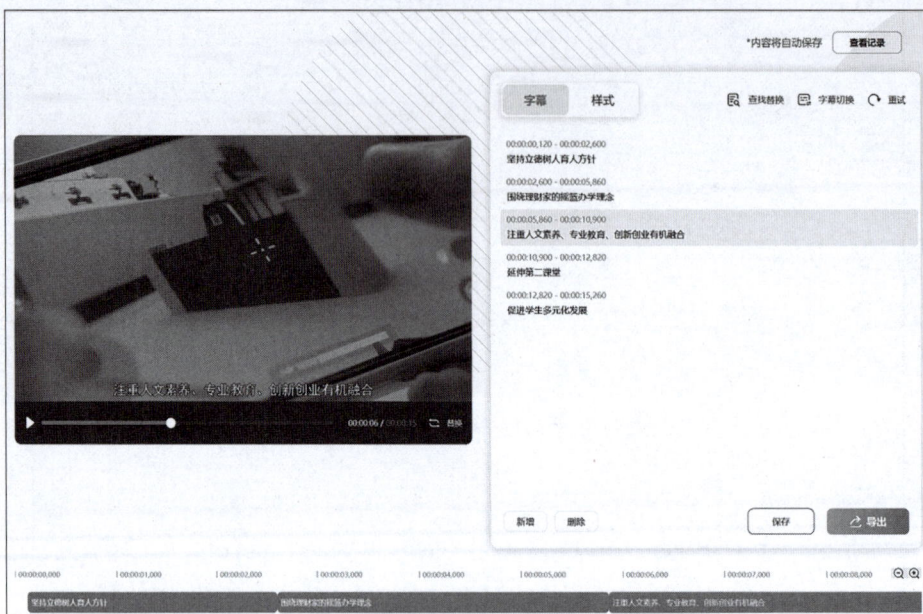

图 3-54 字幕识别

(5)本案例选取《徐州财校宣传片》配音版本片段,识别完成后,可以看到识别完成的文字。AI 识别的字幕是根据配音断句来完成分行的,如果其中有些文字识别有错误,可以直接选取该行文字进行手动修改。根据测试,在音频清晰的情况下,录咖的语音识别准确率超过 98%。此外,视频会根据识别的字幕,直接在右侧窗口中预览展示。在"样式"窗口中,提供了字幕文字样式编辑功能,可以自主调节想要的字幕样式,如图 3-55 所示。

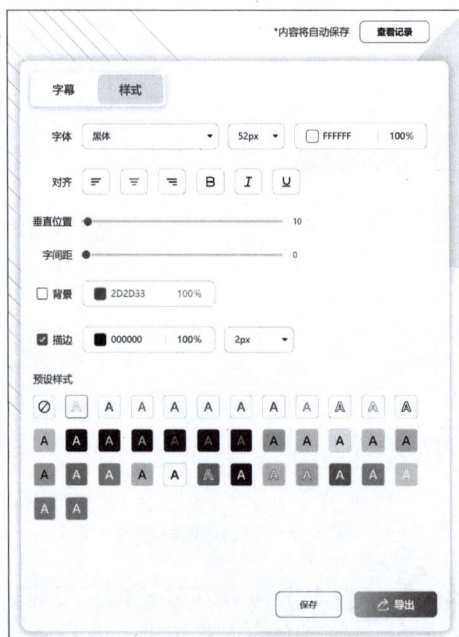

图 3-55 字幕样式编辑

（6）完成制作后，单击"导出"按钮，就可以把带有字幕的视频导出，视频导出速度与视频长度有关。导出时，选择文件存放位置，等待导出完成后，就得到 AI 生成的带字幕的视频了，如图 3-56 所示。

图 3-56　视频导出

【小结】

1. 使用录咖软件，上传需要制作字幕的视频文件，并调整识别的分行文字。

2. 根据项目需要，调节字幕文字样式和位置，完成视频项目的字幕制作。

任务二　使用录咖翻译视频字幕

【任务描述】

以"短视频制作"课程为例，根据授课章节内容，识别并自动生成《徐州财校宣传片》配音版的视频多语言字幕。

【具体步骤】

（1）通过上一任务的相同步骤，进入录咖软件界面，其中分为三个栏目：AI 工具箱、音视频工具箱、屏幕录制，可以按需选择这三个栏目内的软件功能来处理音视频。本案例选取"AI 视频翻译"功能，界面如图 3-57 所示。

（2）单击"+"图标，将制作好的带有中文字幕的视频导入，如图 3-58 所示。

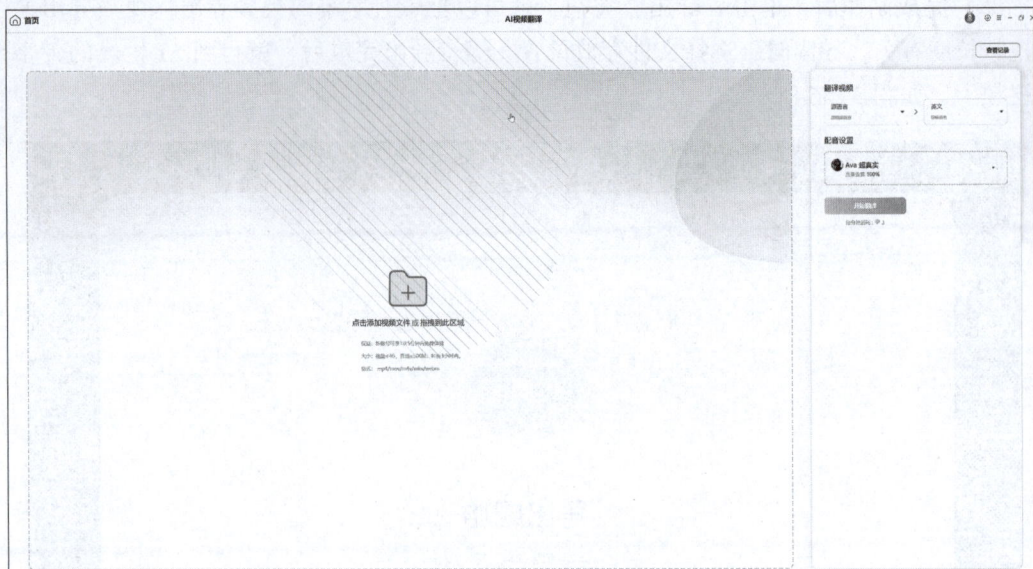

图 3-57　视频翻译界面

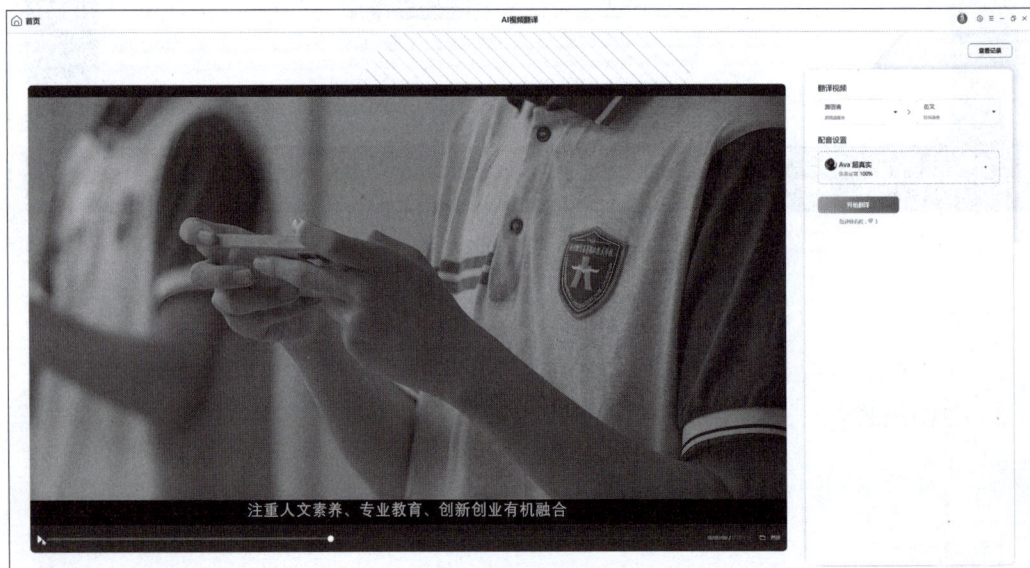

图 3-58　视频导入

（3）在窗口右侧可以进行翻译参数设置。可以设置不同的语言相互转换，对翻译后的语言，AI 也给出了相应的配音，并且可以选择多语言音频形式，如男声、女声等不同的风格。设置好以后，单击"开始翻译"按钮，等待完成即可，完成后如图 3-59 所示。

（4）完成后，在窗口左侧可以看到对应的配音字幕文件翻译语言的预览效果，并且可以试听翻译后的配音效果，确认没有问题后，单击窗口右侧的"生成完整视频"按钮，设置输出路径，等待导出完成，如图 3-60 所示。根据测评效果，进行多语言翻译，速度会比正常识别字幕慢一些，耐心等待即可。

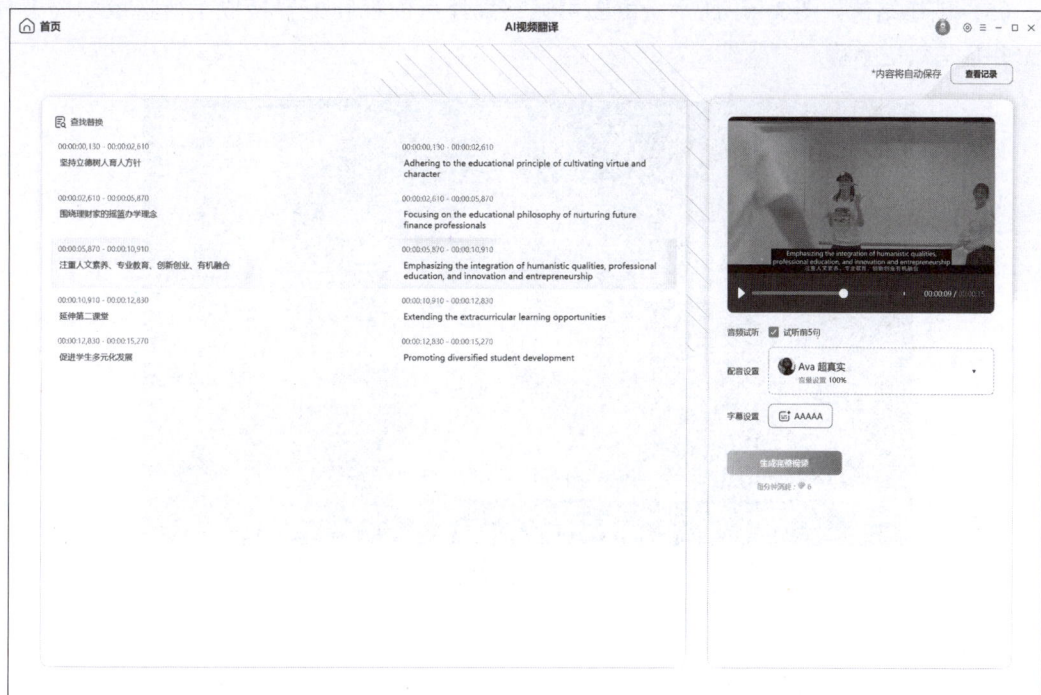

图 3-59　视频翻译

图 3-60　视频翻译导出

（5）创作结果如图 3-61 所示。由图可见，翻译后的视频配音换成了所选取的配音样式，并且是双语字幕。

图 3-61　翻译视频成品

【小结】

1. 使用录咖 AI 视频翻译功能，上传需要处理的视频，生成多语言配音。
2. 根据创作需要及生成的配音，生成多语言字幕，导出处理完成的视频。

3.9　智能剪辑成片技术

学习要点

1. 使用剪映自动生成短视频创意文案。
2. 使用剪映自动生成文字分镜及对应视频画面。
3. 使用剪映为创意短视频配音配乐。
4. 使用剪映输出 AI 创意短片。

任务　使用剪映的"AI 文案成片"功能制作创意视频

【任务描述】

以"短视频制作"课程为例，根据授课章节内容，制作命题短片《春天的雨》，使用剪映来完成视频的全流程制作。

【具体步骤】

（1）在 Edge 浏览器地址栏中，键入 https://www.jianying.com/，按回车键进入剪映网页端界面。下载剪映专业版 PC 客户端并安装，安装步骤比较简单。安装好以后，打开剪映软件，结果如图 3-62 所示。

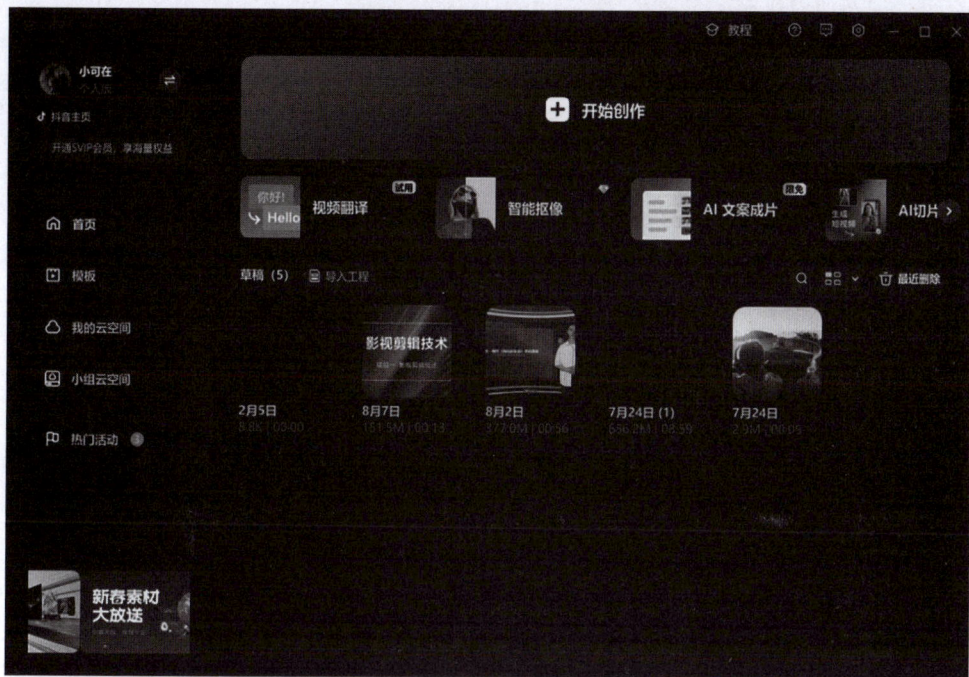

图 3-62　剪映软件界面

（2）单击"AI 文案成片"功能，跳转至网页端操作窗口，结果如图 3-63 所示。

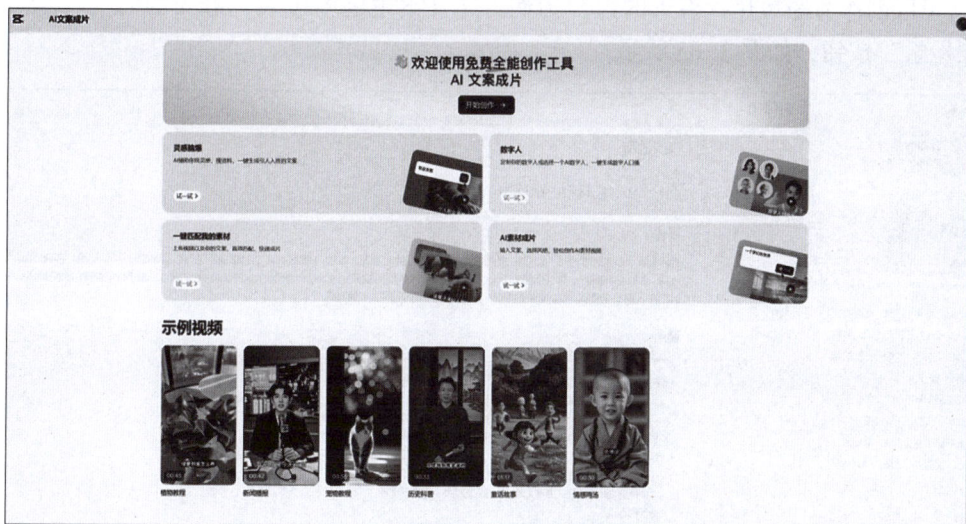

图 3-63　AI 文案成片窗口

（3）该软件除了"AI 文案成片"功能外，还有四个不同功能：创作文案的"灵感风暴"、制作口播视频的"数字人"、快速匹配文案的"一键匹配我的素材"、快速根据文案生成剪辑素材的"AI 素材成片"。这四个栏目内的软件功能可以按需选择，它们的作用都集成于 AI 文案成片之内，所以直接单击"开始创作"按钮即可，进入如图 3-64 所示界面。

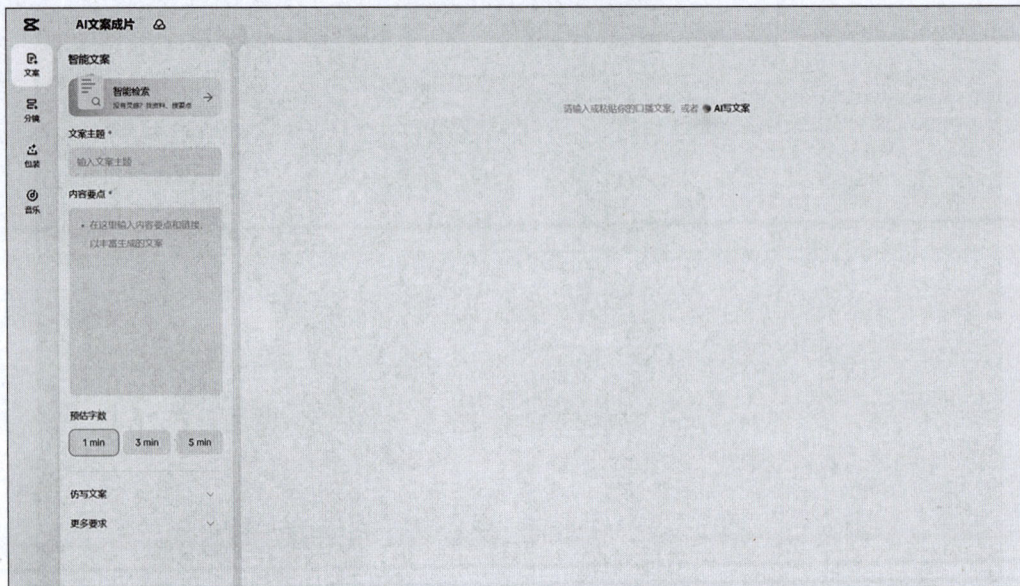

图 3-64　AI 文案成片操作台

（4）在 AI 文案成片操作台中，左侧有四个板块："文案""分镜""包装""音乐"。这四个板块即为制作视频的一般步骤，依次根据需要来设置这四个板块，即可完整制作一个创意短片。单击"文案"板块，显示"智能文案"参数栏，可以输入视频的主题及主要内容。这里以创作命题短片《春天的雨》为例，在文案主题中输入"春天的雨"，然后单击"智能检索"按钮，如图 3-65 所示。

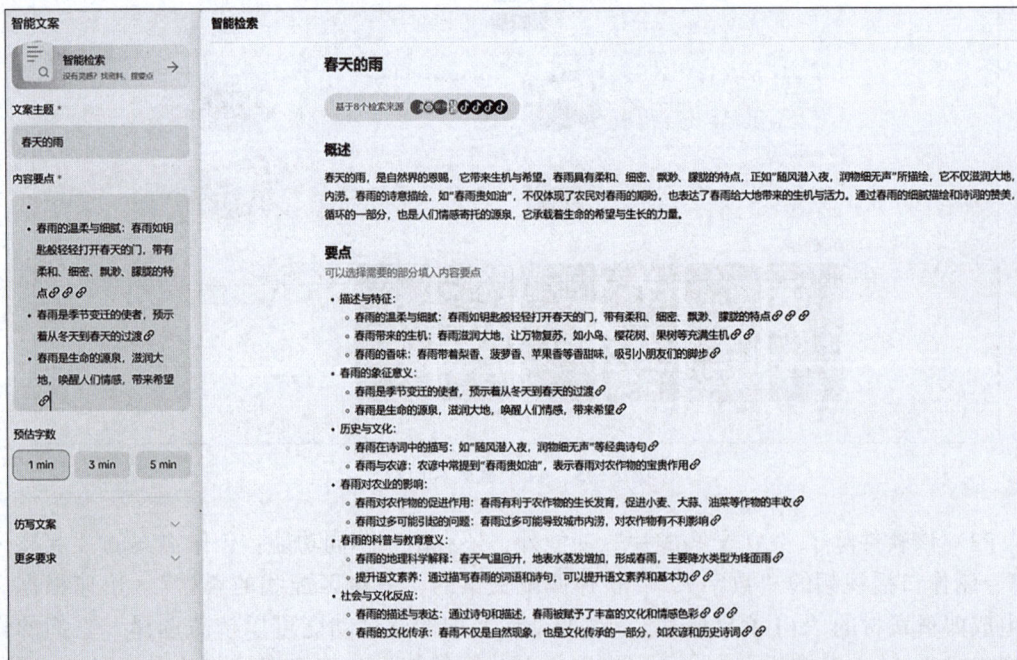

图 3-65　主题文案检索

（5）根据输入的题目，AI 自动检索各大平台信息，并整理出相应的信息内容，这些信息内容并不是直接应用的，可以把这些内容当作进一步处理的"提示词"来应用。单击选取符合预期的提示词，会自动加入左侧的"内容要点"栏中。本案例选取了较为适合的三条作为提示词。选好后，再选择需要制作的视频的长度，默认给出了 1 min、3 min、5 min 选项，用来进一步处理文案字数和分镜。这里的时间只是大致区间，经过测试，时长并不会准确地定位在整数。设置完成后，单击"生成文案"按钮，等待 AI 自动处理配音文案，完成后如图 3-66 所示。

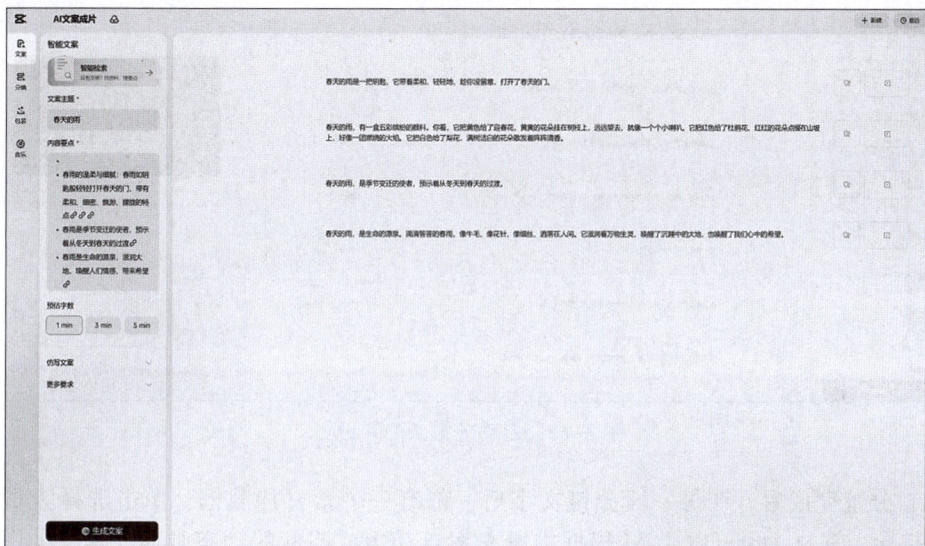

图 3-66　配音文案处理

（6）配音文案处理完成后，可以进行分镜操作。选择"分镜"板块，界面中会出现配音选项，分为"口播"和"素材"两种，"口播"里面细分为数字人和纯配音，如图 3-67 所示。

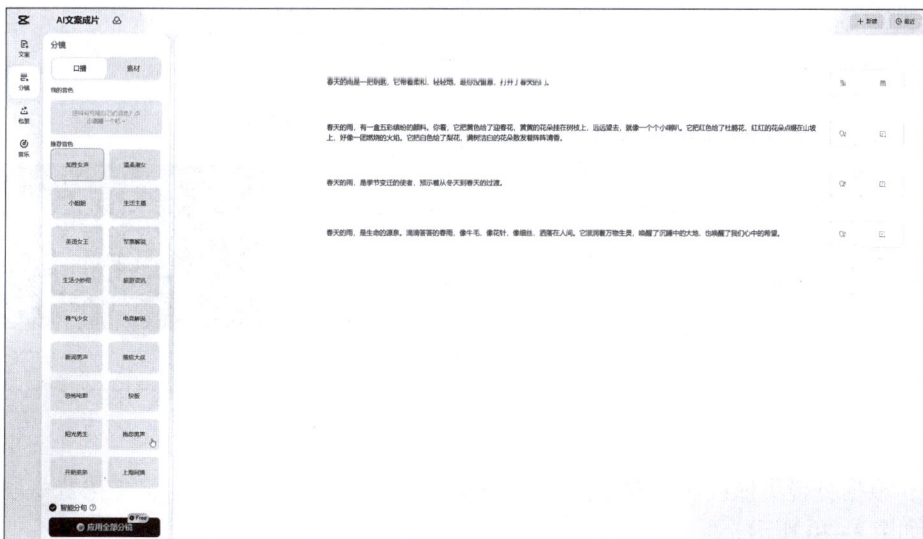

图 3-67　分镜窗口

（7）本案例选择"纯配音"。可选的配音多达几十种，选择需要的音色即可。本案例选取"知性女声"配音后，单击"应用到全部分镜"按钮，AI 就会根据配音特点自动断句、自动划分文字分镜、自动完成配音，完成后如图 3-68 所示。

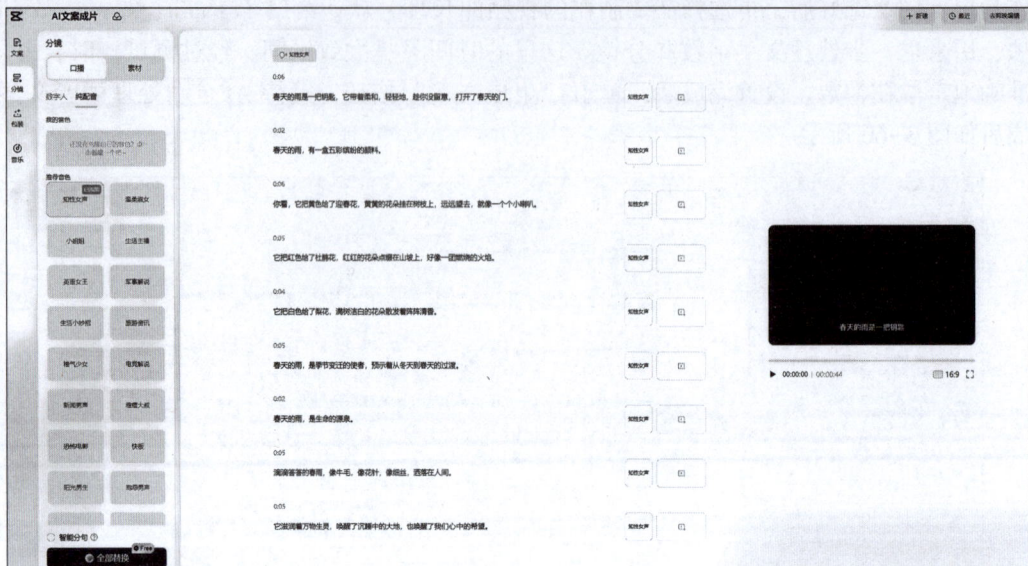

图 3-68　自动分镜头配音设置

（8）分镜完成后，在每一段分镜文字后，都有一个素材加载框，单击选择素材加载，可以支持导入素材，也可以让 AI 根据本段文案自动生成匹配的动态画面元素，如图 3-69 所示。

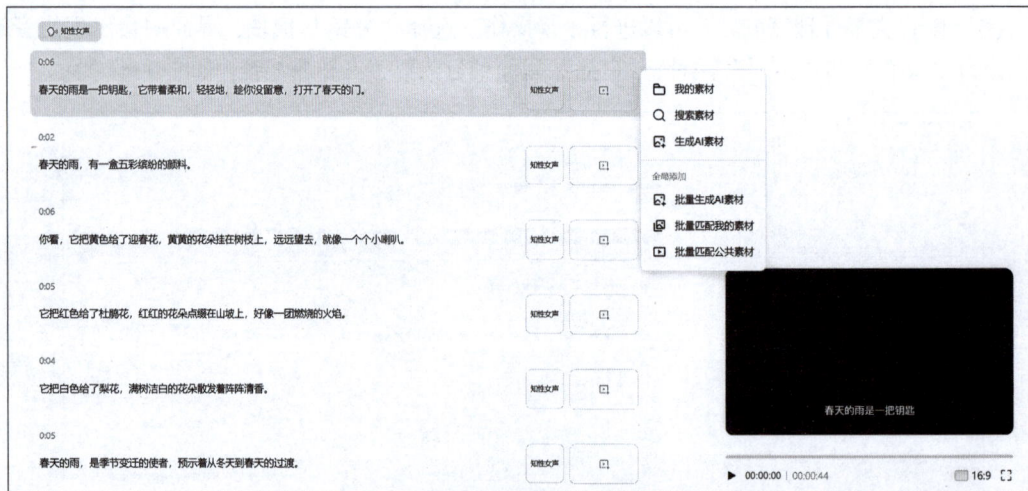

图 3-69　生成 AI 素材

（9）根据分镜头依次加载素材，使用 AI 自动生成，这个过程可能需要花费一段时间，完成后如图 3-70 所示。

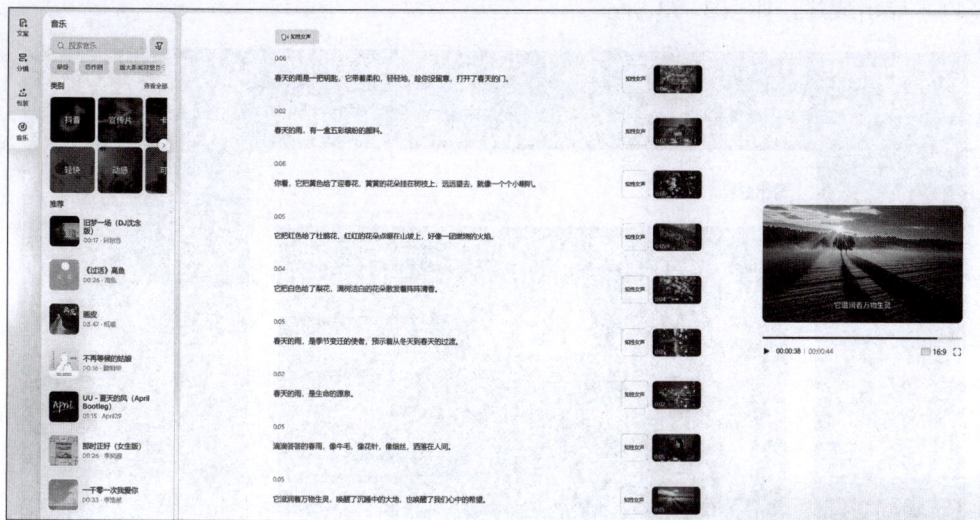

图 3-70　自动 AI 动态素材

（10）全部完成后，检查每个镜头，确认没有问题后，单击"导出"按钮，弹出导出参数设置窗口，可以根据需要自行设置导出短片的规格，如图 3-71 所示。

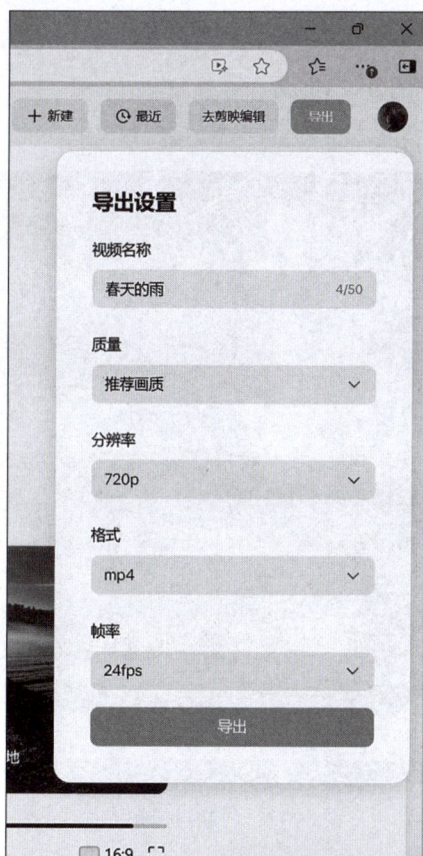

图 3-71　短片输出参数

（11）导出成片，如图 3-72 所示。

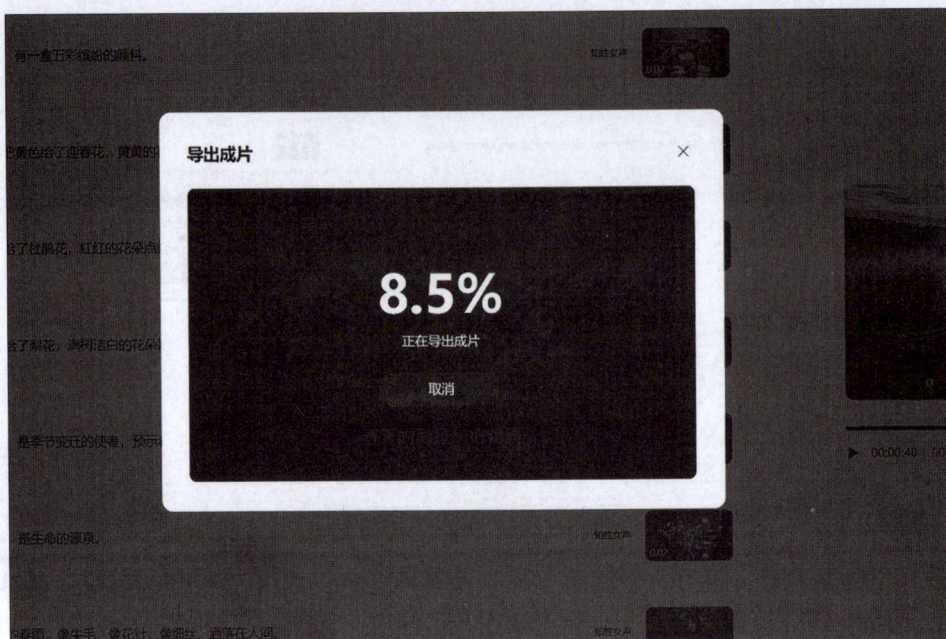

图 3-72　视频输出

（12）短片制作完成，如图 3-73 所示。

图 3-73　创意短视频成片

【小结】

1. 使用剪映自动生成短视频创意文案。
2. 使用剪映自动生成文字分镜及对应视频画面。
3. 使用剪映为创意短视频配音配乐。
4. 使用剪映输出 AI 创意短片。

3.10　虚拟主播

学习要点

1. 使用剪映生成主播短视频背景。
2. 使用剪映生成 AI 数字人并为其配音。

任务　使用剪映制作 AI 数字人主播短视频

【任务描述】

以"短视频制作"课程为例，根据授课章节内容，制作《徐州财校主播宣传》短视频，使用剪映 AI 数字人功能来完成视频主播形象制作。

【具体步骤】

（1）在 Edge 浏览器地址栏中，键入 https://www.jianying.com/，按回车键进入剪映网页端界面。下载剪映专业版 PC 客户端并安装，安装步骤比较简单。安装好后，打开剪映软件，如图 3-74 所示。

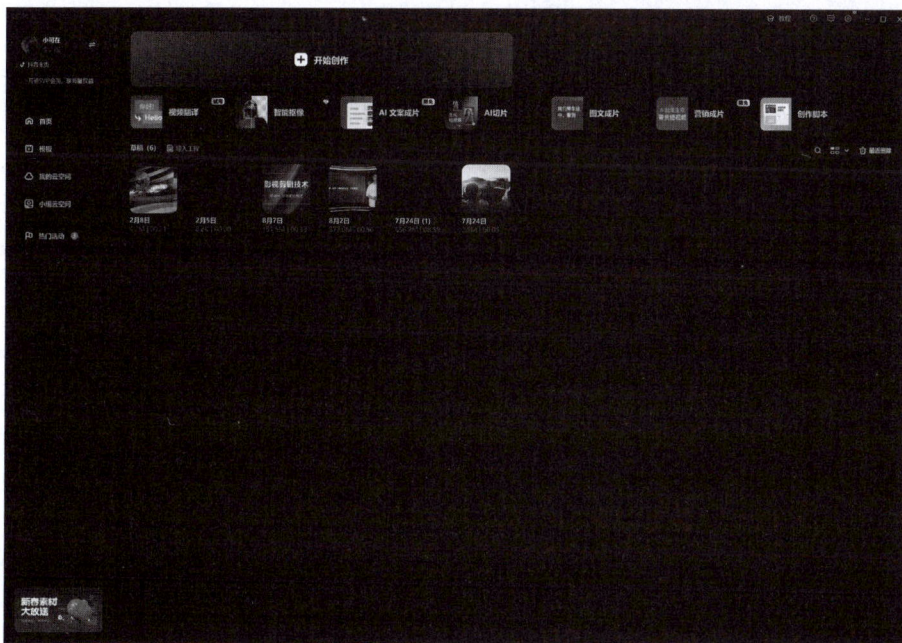

图 3-74　剪映软件界面

（2）进入软件页面后，可以看到软件集成的 AI 工具较多，涵盖智能视频翻译、智能抠像、AI 文案成片、AI 切片、图文成片等。单击"开始创作"按钮，进入如图 3-75 所示操作台。

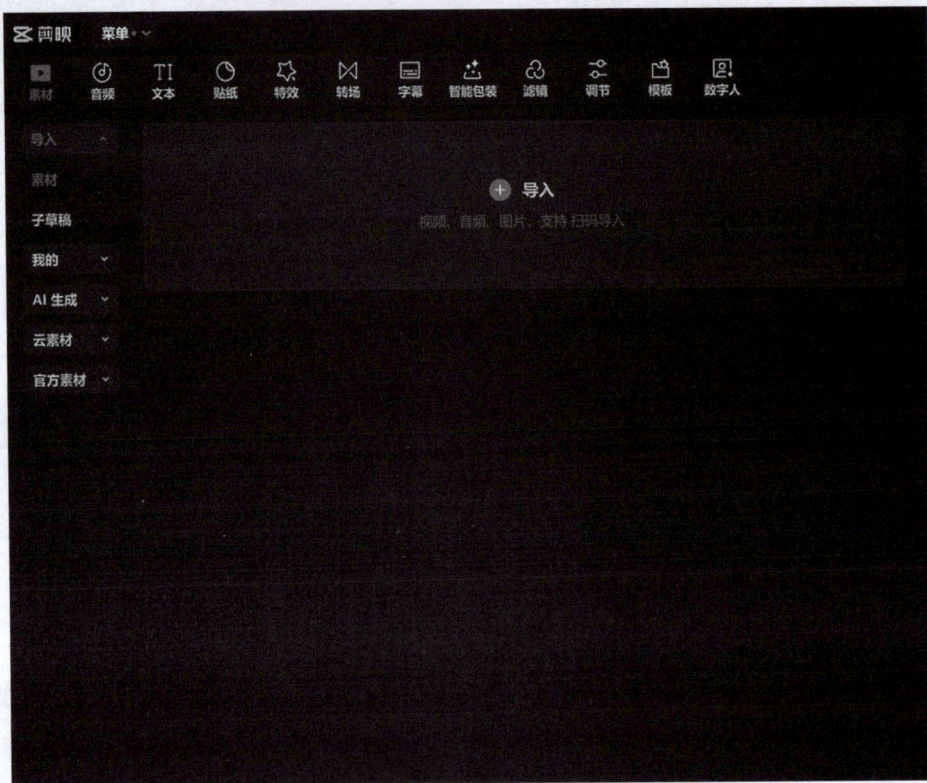

图 3-75　剪映操作台

（3）找到"官方素材"卷展栏，进入后可以搜索所需的动态、静态背景。本案例是制作主播宣传内容，直接在搜索栏输入"虚拟演播厅"，即可显示动态背景素材。选择合适的素材，单击素材右下角的"+"号，就可以把当前素材列入下方时间线中，如图 3-76 所示。

（4）继续找到"数字人"卷展栏，单击后，操作台会显示众多数字人形象。注意，这些数字人形象可以直接使用，也可以根据提示创建专属形象的数字人。选取后，单击数字人图片上的下载图标，所选数字人会自动在合成窗口中预览，如图 3-77 所示。

（5）单击"下一步"按钮，进入文案输入及配音选择界面，在此可以设置数字人需要口播的文案。截取徐州财校官网简介的第一段，输入操作台上方的文案框内。在音色卷展栏下，软件提供了很多配音方案，可以根据数字人形象及需求选择合适的配音，也可以导入自己的配音文件，如图 3-78 所示。

（6）输入文案，选取数字人以及配音后，单击"生成"按钮，并且勾选"同时生成字幕文件"，随后等待软件计算完成即可，如图 3-79 所示。

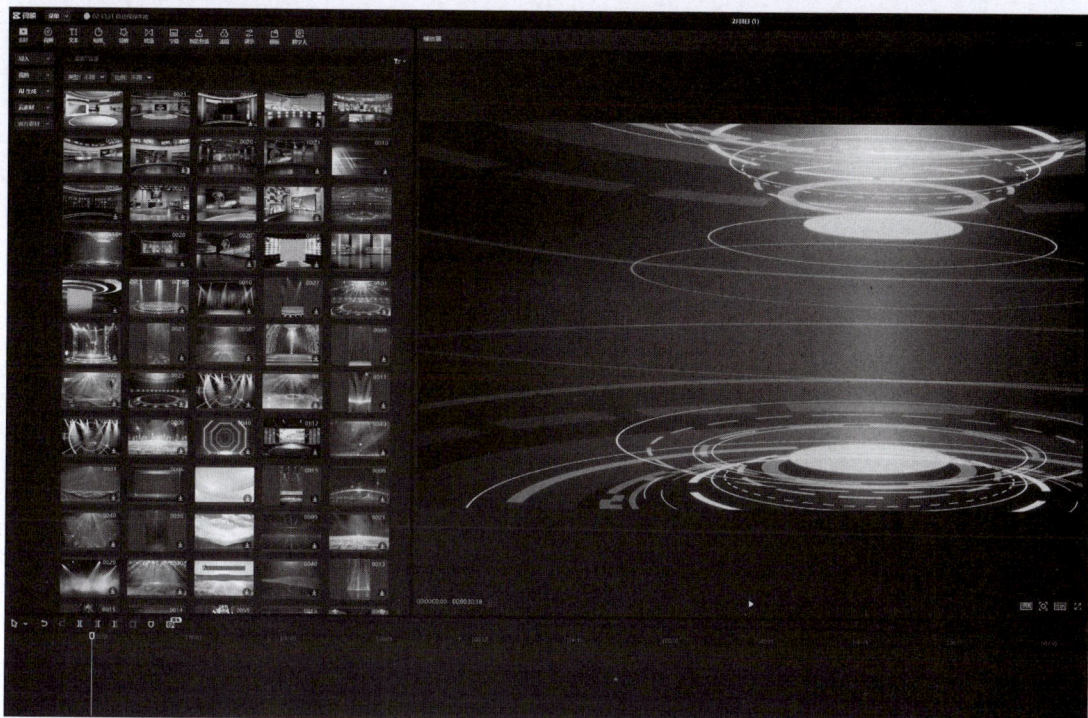

图 3-76　虚拟演播背景

图 3-77　数字人

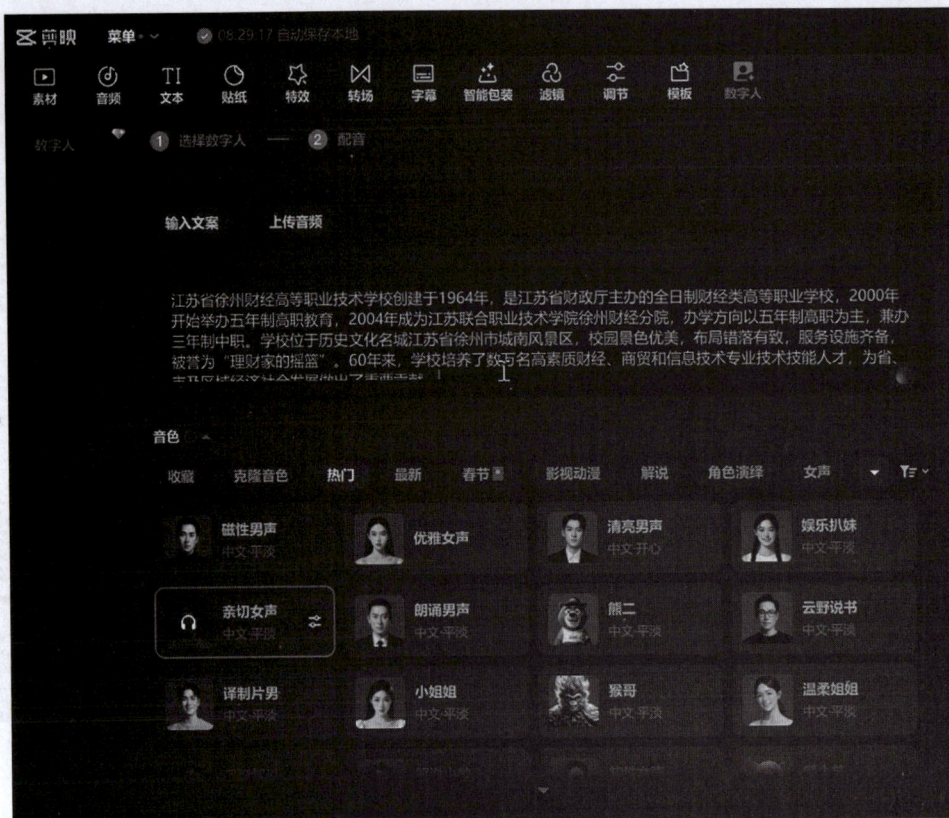

图 3-78　配音文案

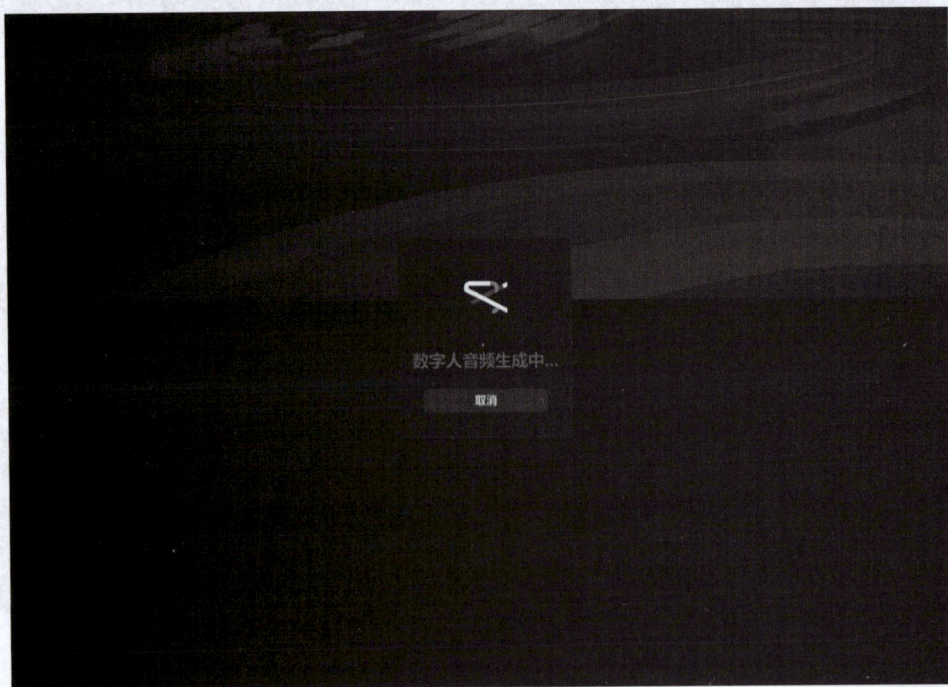

图 3-79　后台生成

（7）输出完成后，就可以在预览窗口看到数字人配音及动态口播状态了，时间线上会自动根据口播分段切分好每一段视频素材，对应的字幕文件也会生成，如图 3-80 所示。

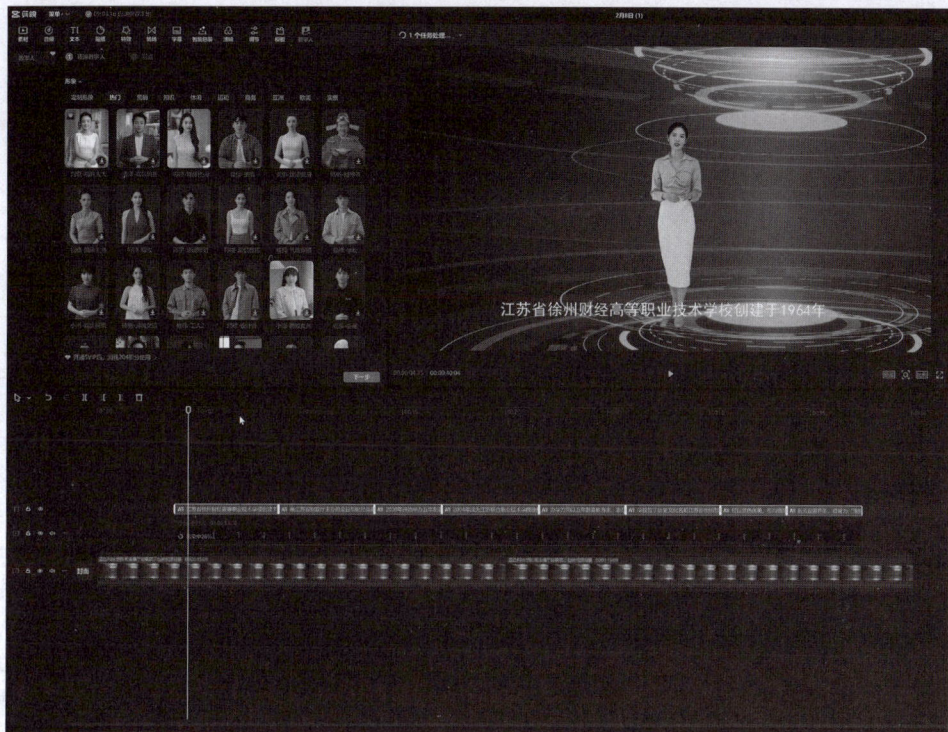

图 3-80　数字人预览效果

（8）输出的数字人及字幕是单独的文件层级，这意味着可以自由调整数字人位置、大小来适应视频需求，同时可以通过软件最右侧的修改面板来处理字幕的样式、字体等，如图 3-81 所示。

图 3-81　素材调整

（9）单击"导出"按钮，进入视频输出参数面板，设置视频输出参数后，输出视频，如图 3-82 所示。

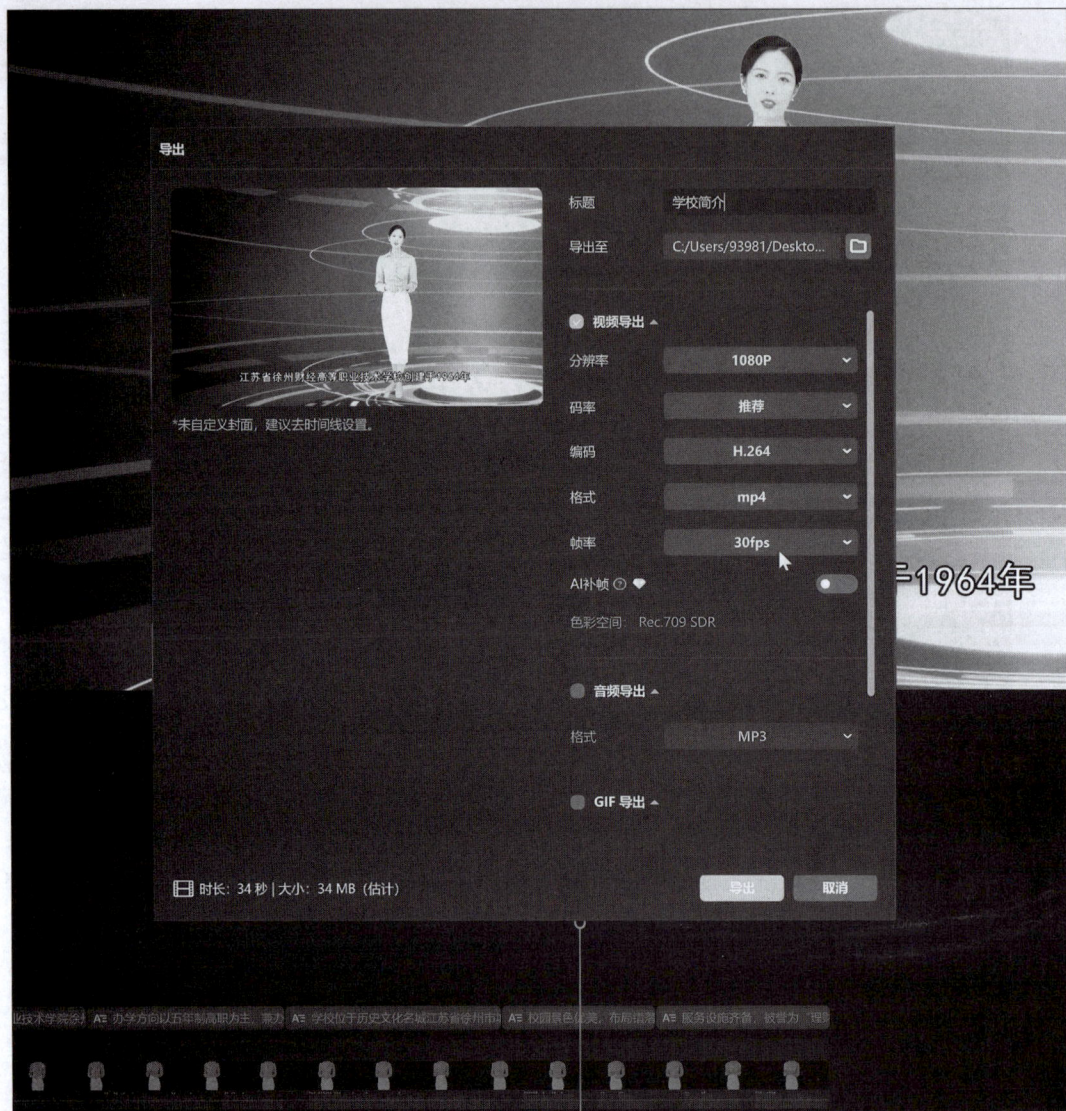

图 3-82　视频输出

（10）制作好的虚拟主播作品如图 3-83 所示。

【小结】

1. 使用剪映生成主播短视频背景。

2. 使用剪映生成 AI 数字人及配音。

图 3-83　视频成片

第4章

AIGC 电商设计

在数字营销时代，精准的商品标题和吸引人的主图是提升电商表现的关键。本章主要探讨如何运用 AIGC 工具结合 SEO 五维分析法（搜索热度、转化率、竞争度、相关性、长尾效应）创建高效的商品标题与主图，增强搜索排名和点击率。通过稿定设计的 AI 智能抠图、排版等功能，快速制作专业商品图片，去除杂乱背景，突出商品主体。同时，将展示如何利用这些工具为"双十一"等大型促销活动设计高转化率的海报。最后，探索腾讯智影和豆包 AI 等平台的应用，学习如何通过虚拟主播技术提高直播带货效率。无论你是新手还是有经验的卖家，这里都有助你提升电商竞争力的实用技巧。

4.1 基于 SEO 的商品标题智能生成与优化

学习要点

1. 使用豆包 AI 生成商品标题和关键词。
2. 使用豆包 AI 生成淘宝商品主图内容。
3. 使用豆包 AI 生成"双十一"促销活动标题。

任务一 使用豆包 AI 生成商品标题和关键词

【任务描述】

利用 AIGC 工具，根据商品的核心卖点、目标受众需求及淘宝平台的 SEO 优化规则，生成符合要求的商品标题和关键词，提升商品在搜索排名、点击率和转化率上的表现。任务内容包括：首先输入商品的基础信息（如品牌名称、商品类型、核心功能、适用人群等）并结合平台特点，生成一组覆盖高频关键词和长尾关键词的优化方案；随后，根据关键词优先级，自动生成多组 30 字以内的高质量商品标题，确保信息密度高且无关键词堆砌。

【具体步骤】

（1）在 Edge 浏览器地址栏中，键入 https://www.doubao.com，按回车键进入豆包网页端界面，结果如图 4-1 所示。目前只需要注册会员并登录就可以使用。

（2）本次案例的商品基本情况和要求如下：

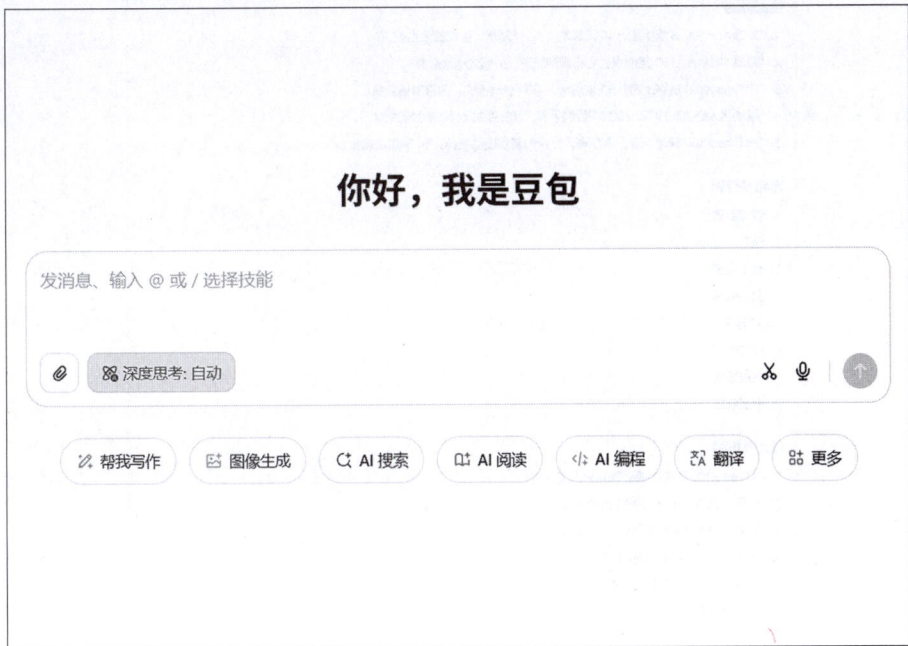

图 4-1　豆包对话窗口

　　FitTime 是一个专注于运动与健康设备的品牌，致力于为用户提供高品质的智能穿戴产品，以帮助用户更好地管理健康和提升运动表现。新品 FitTime X100 是一款融合高科技与实用性的智能手表，主要功能是进行运动和健康管理。核心功能如下：

　　①心率监测：实时监测用户的心率波动，为运动状态提供科学参考，同时支持健康数据记录。

　　②30 天超长续航：搭载低功耗技术，一次充电即可实现长达 30 天的使用时间，适合长时间户外活动。

　　③50 米防水：支持深度防水设计，可在游泳、雨天或其他涉水环境中佩戴使用。

　　④多种运动模式：内置跑步、骑行、游泳、徒步等多种运动模式，为不同运动场景提供定制化数据监测。

　　⑤健康管理功能：包括睡眠监测、卡路里消耗分析、压力评估等多维度健康数据追踪，助力用户全面管理身体状况。

　　适用人群包括运动爱好者、健康管理需求人群、户外活动参与者、现代职场人。

　　请根据商品基本情况并结合淘宝 SEO 优化规则，生成几组商品标题和高频关键词、长尾关键词。要能吸引消费者单击标题内容，同时提升商品在淘宝平台上的搜索排名、点击率和转化率。

　　（3）将商品的基本信息和要求输入对话窗口，按回车键，结果如图 4-2 所示。

　　（4）豆包 AI 按照要求生成了多组商品标题、高频关键词、长尾关键词，可从中选择合适的内容作为最终的标题使用。除了直接生成外，还可以根据具体的目标人群进行针对性的修改标题内容。比如，可以继续在对话框中输入："请根据户外活动参与者这一目标客户，重新设计商品的标题、高频关键词、长尾关键词。"按回车键，结果如图 4-3 所示。

商品标题

1. "FitTime X100 智能手表，30 天续航 + 50 米防水，运动健康全能王"

2. "新品 FitTime X100 智能表，心率睡眠监测，多模式运动必备"

3. "FitTime X100 震撼上市！50 米防水 + 多种运动模式，健康管理神器"

4. "运动达人必备！FitTime X100 智能手表，超长续航 & 精准心率监测"

5. "FitTime X100 智能手表，为职场人打造的健康运动伙伴，50 米防水超省心"

高频关键词

1. 智能手表

2. FitTime X100

3. 心率监测

4. 超长续航

5. 50 米防水

6. 运动模式

7. 健康管理

8. 睡眠监测

长尾关键词

1. FitTime X100 智能手表心率实时监测

2. 30 天续航的 FitTime X100 智能手表

3. 支持 50 米防水的 FitTime X100 运动手表

4. FitTime X100 智能手表多种运动模式

5. FitTime X100 智能手表健康管理功能

6. 适合运动爱好者的 FitTime X100 智能表

⌄

| ✍ 帮我写作 | 🖼 图像生成 | 🔍 AI 搜索 | 📖 AI 阅读 | 🎓 学术搜索 | 📋 解题答疑 | 🎵 音乐生成 | 🔢 更多 |

发消息、输入 @ 或 / 选择技能   📎 📷 ✂ 🎤 ⬆

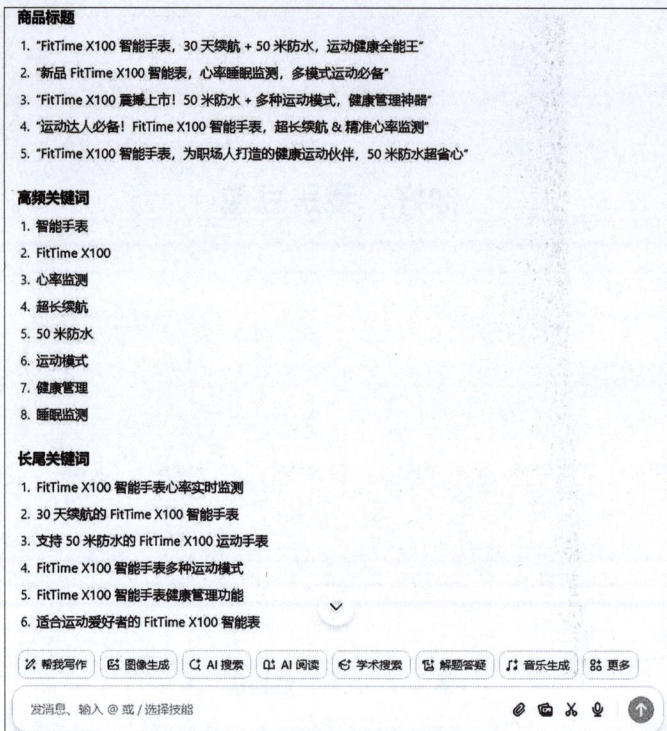

图 4-2　生成标题和关键词结果

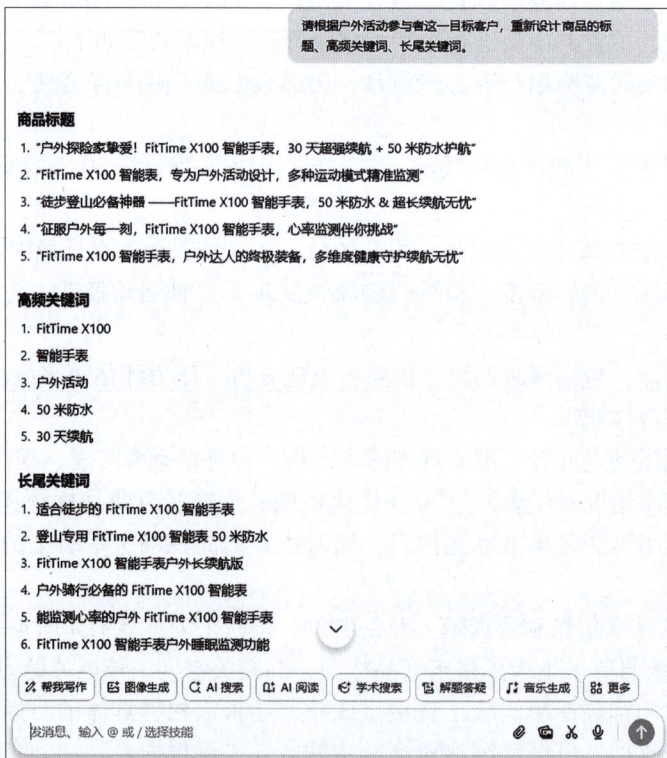

请根据户外活动参与者这一目标客户，重新设计商品的标题、高频关键词、长尾关键词。

商品标题

1. "户外探险家挚爱！FitTime X100 智能手表，30 天超强续航 + 50 米防水护航"

2. "FitTime X100 智能表，专为户外活动设计，多种运动模式精准监测"

3. "徒步登山必备神器 ——FitTime X100 智能手表，50 米防水 & 超长续航无忧"

4. "征服户外每一刻，FitTime X100 智能手表，心率监测伴你挑战"

5. "FitTime X100 智能手表，户外达人的终极装备，多维度健康守护续航无忧"

高频关键词

1. FitTime X100

2. 智能手表

3. 户外活动

4. 50 米防水

5. 30 天续航

长尾关键词

1. 适合徒步的 FitTime X100 智能手表

2. 登山专用 FitTime X100 智能表 50 米防水

3. FitTime X100 智能手表户外长续航版

4. 户外骑行必备的 FitTime X100 智能表

5. 能监测心率的户外 FitTime X100 智能手表

6. FitTime X100 智能手表户外睡眠监测功能

⌄

| ✍ 帮我写作 | 🖼 图像生成 | 🔍 AI 搜索 | 📖 AI 阅读 | 🎓 学术搜索 | 📋 解题答疑 | 🎵 音乐生成 | 🔢 更多 |

发消息、输入 @ 或 / 选择技能   📎 📷 ✂ 🎤 ⬆

图 4-3　生成专属标题结果

任务二　使用豆包 AI 生成淘宝商品主图内容

利用 AIGC 工具，根据商品特点和淘宝平台规则，生成具有吸引力的商品主图内容，包括标题、边框主标、边框副标、价格以及核心卖点展示，从而提高商品点击率和转化率。

【具体步骤】

（1）在 Edge 浏览器地址栏中，键入 https://www.doubao.com，按回车键进入豆包网页端界面，如图 4-4 所示。目前豆包大模型免费使用。

图 4-4　豆包网页端窗口

（2）根据任务一中的商品内容，生成适合淘宝橱窗展示的商品主图文字内容。在对话框中输入："请帮我生成适合淘宝橱窗展示的商品主图文字内容，包括标题、边框主标、边框副标、价格和核心卖点描述。"按回车键，结果如图 4-5 所示。

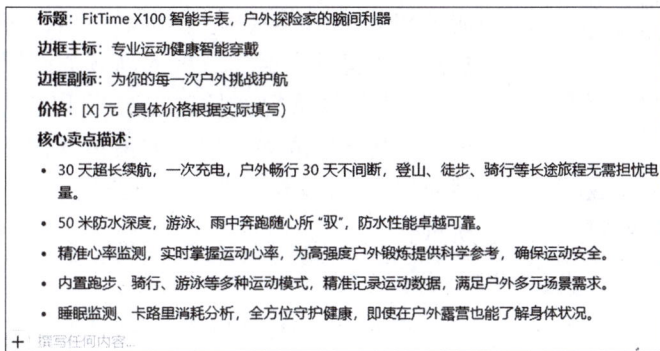

图 4-5　生成商品主图内容结果截图

（3）生成的结果基本符合要求，但仍需进行调整。主要原因在于主图标题不宜过长，一般应控制在 10 个字以内，以避免在图上排版显得凌乱。同时，边框主标、边框副标以及卖点的文字内容也需简短精练，确保整体视觉效果清晰美观。在对话框中输入："请帮我再修改一下标题、边框主标、边框副标和核心卖点，每一项字数控制在 10 个以内。"按回车键，结果如图 4-6 所示。

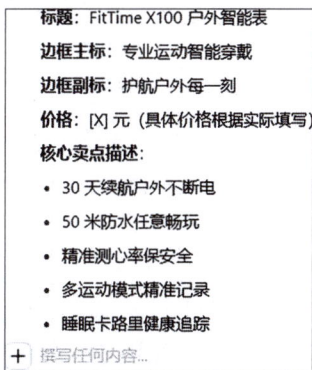

图 4-6　修改后标题内容结果截图

任务三　使用豆包 AI 生成"双十一"促销活动标题

利用 AIGC 工具，根据商品特点、"双十一"促销活动的营销需求以及淘宝 SEO 优化规则，生成具有吸引力的活动标题，帮助商品在"双十一"期间提升曝光率、点击率和销售转化率。

【具体步骤】

（1）在 Edge 浏览器地址栏中，键入 https://www.doubao.com，按回车键进入豆包网页端界面，结果如图 4-7 所示。目前豆包大模型免费使用。

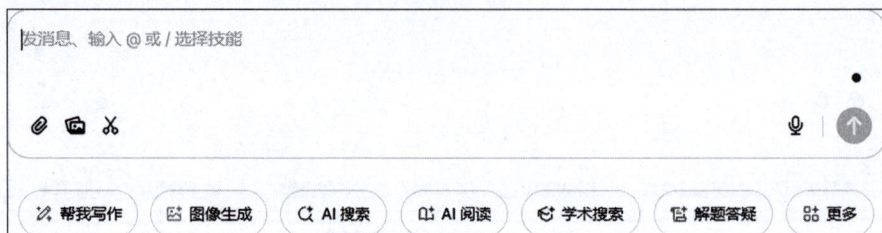

图 4-7　豆包网页端窗口

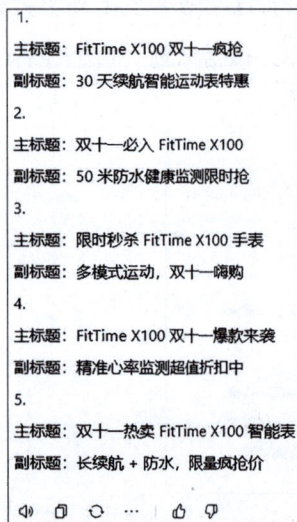

图 4-8　生成"双十一"标题结果截图

（2）根据任务一中的商品内容，生成"双十一"促销活动标题。在对话框中输入："请根据商品的核心卖点、目标用户和'双十一'氛围，生成简洁吸引、符合淘宝 SEO 规则的标题。标题需突出促销信息（如'限时折扣''满减优惠'），嵌入高频关键词（如'双十一特惠''限量秒杀'），控制在 15 字以内，要有主标题和副标题。同时生成多组候选方案供筛选优化，确保适用于活动展示和提高点击率。"按回车键，结果如图 4-8 所示。

【小结】

使用豆包 AI，根据商品信息生成符合淘宝 SEO 规则的商品标题、主图内容和促销活动标题，突出核心卖点，嵌入高频关键词，内容简洁精炼，优化排版效果，助力提升点击率、曝光度和转化率。

4.2　AI 批量商品抠图

【学习要点】

1. 使用稿定设计完成商品图片的抠图。
2. 使用稿定设计完成商品图片的快捷输出。

任务　使用稿定设计完成商品图片的抠图

【任务描述】

在电商运营中，高质量的商品图片对吸引消费者和提升转化率至关重要。为了确保商品在淘宝、京东、拼多多等电商平台的展示效果，通常需要去除杂乱背景，使商品主体更加突出。传统的抠图方式通常依赖专业设计软件，如 Photoshop，但对非专业用户来说，操作门槛较高。而稿定设计提供了 AI 智能抠图功能，并且基于电商细分品类进行了深度学习优化，可以一键去除各种商品的背景；还可以批量抠图和编辑，大幅提升图片处理的效率。

稿定设计是一个在线设计平台，提供了海量的模板和智能设计工具，主要用于电商海报、社交媒体推广、短视频剪辑等视觉内容的快速制作。它适用于电商商家、市场营销人员、自媒体运营者等，能够帮助用户轻松制作符合各大平台（如淘宝、抖音、小红书等）规范的图片和视频内容。同时，稿定设计也是一款基于 AI 技术的在线设计平台，平台集成智能抠图、AI 文生图、智能排版等 AI 功能，帮助用户快速完成商品图设计、广告宣传、社交媒体内容创作等任务，无须复杂的设计经验。

本任务将介绍如何使用稿定设计完成商品图片的抠图，详细讲解从上传图片、AI 自动抠图、手动调整到导出成品的完整流程。通过本任务的学习，读者将能够掌握快速处理商品图的方法，为电商商品上架、广告推广和品牌营销提供高质量的视觉素材。

【具体步骤】

（1）在 Edge 浏览器地址栏中，键入 https://www.gaoding.com/，按回车键进入稿定设计网页端界面，如图 4-9 所示。

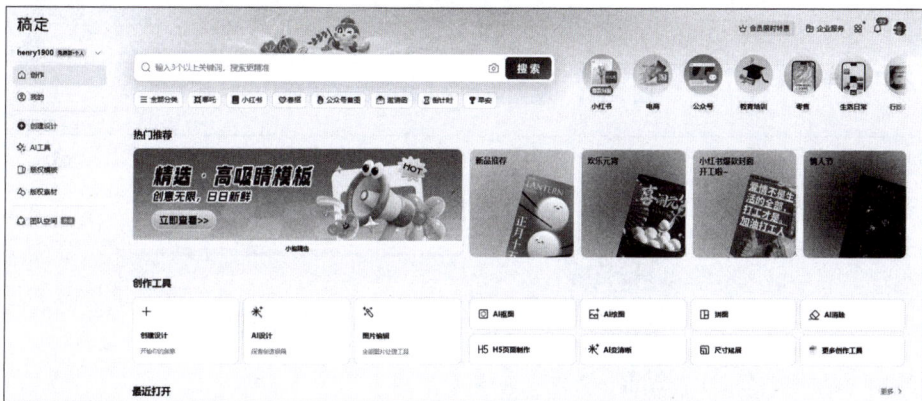

图 4-9　稿定设计网页端界面

（2）在创作工具模块中单击 "AI 绘图" 图标，进入 AI 绘图界面，如图 4-10 和图 4-11 所示。

（3）在 AI 抠图页面中单击 "批量抠商品" 图标，进入批量抠商品的操作页面，如图 4-12 和图 4-13 所示。

图 4-10　稿定设计 AI 绘图界面

图 4-11　稿定设计 AI 绘图选择页面

图 4-12　选择"批量抠商品"

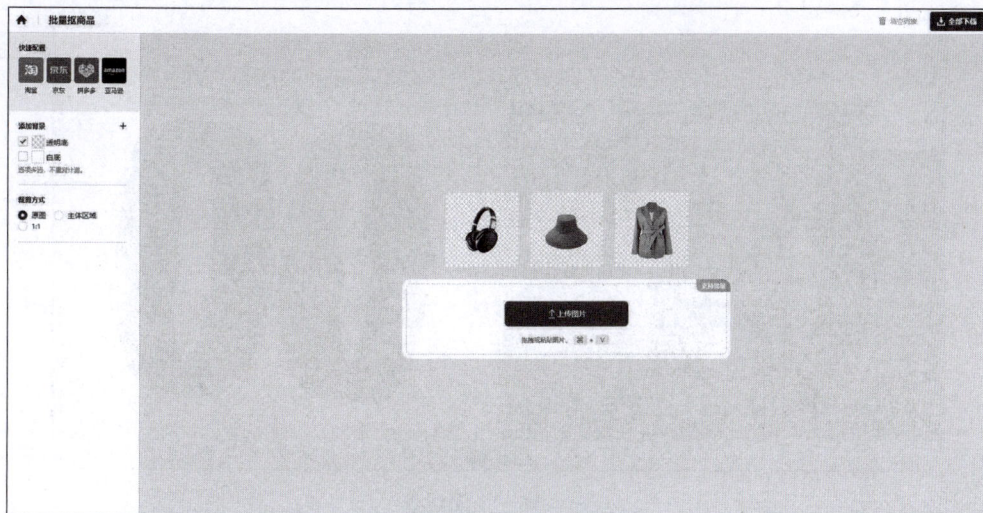

图 4-13　批量抠商品操作界面

（4）单击"上传图片"按钮，上传两张智能手环图片，经过一段时间的计算，完成商品抠图，结果如图 4-14 所示。

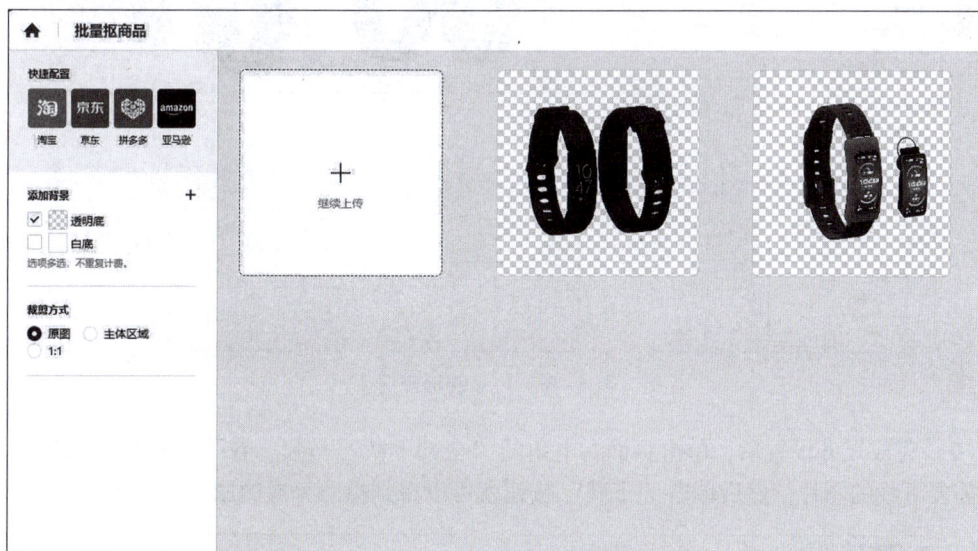

图 4-14　抠图上传结果

（5）如果对自动抠图的效果不是很满意，可以单击抠完图的照片进入详细的编辑页面，通过修补和擦除工具对图像进行精细的修改，如图 4-15 所示，完成修改后，单击"完成抠图"按钮，返回主页面。

（6）除了快速抠图之外，还可以对商品图的尺寸大小进行快捷配置。在主界面的左上角提供了四个快捷配置按钮，包括淘宝、京东、拼多多、亚马逊，单击相应的按钮之后，可以快速地把商品图裁切成对应平台的尺寸要求。例如，单击"淘宝"按钮之后，结果如图 4-16 所示，对应的商品图也发生了变化。

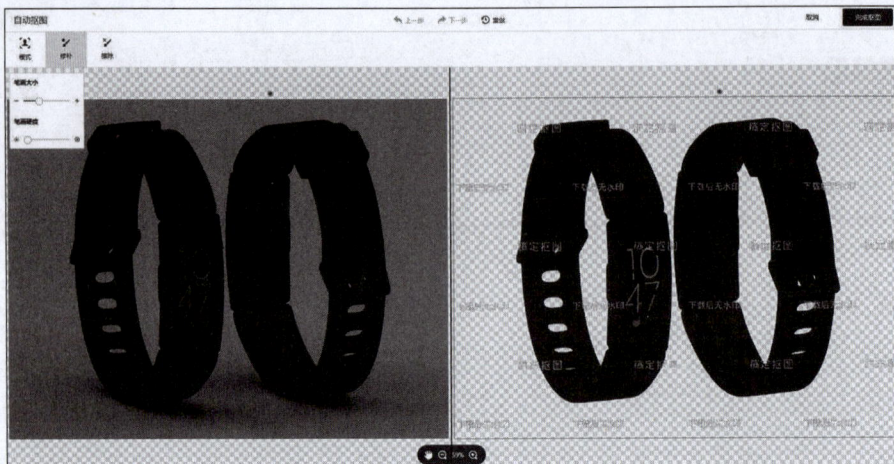

图 4-15　抠图结果

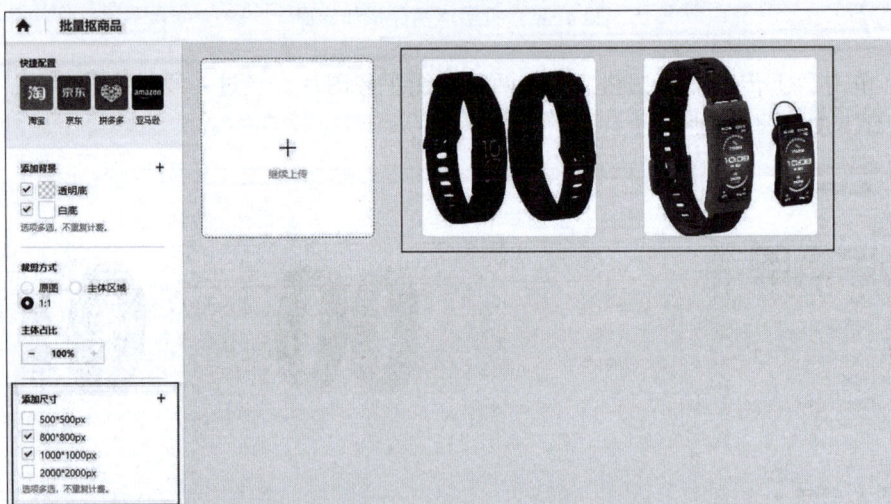

图 4-16　尺寸快捷配置

（7）完成尺寸设置后，单击页面右上角的"全部下载"按钮，在下载作品中选择图片格式和需要下载的图片，然后单击"下载"按钮就可以得到抠图完成的图片，如图 4-17 所示。

图 4-17　下载选项

【小结】

本节介绍了如何使用稿定设计的 AI 抠图工具，实现快速、精准的商品图背景去除。通过自动化 AI 抠图功能，提升商品图片质量，使其适用于电商平台的商品展示、广告设计等场景。

4.3　AI 生成淘宝商品主图

学习要点

1. 使用稿定设计生成淘宝商品主图。
2. 使用稿定设计编辑修改淘宝商品主图。

任务　使用稿定设计完成淘宝商品主图设计

【任务描述】

在淘宝等电商平台中，商品主图是吸引用户单击的关键因素。一个优质的主图不仅需要清晰展示商品，还要突出核心卖点、符合平台规范，并具备一定的视觉吸引力。稿定设计提供了 AI 智能抠图、智能排版、海量模板等功能，使商家能够快速制作符合淘宝要求的主图，无须专业设计技能。

本节将介绍如何使用稿定设计完成淘宝商品主图的设计，包括抠图处理、主图排版、卖点优化、导出成品等步骤，帮助商家高效提升商品的展示效果，优化点击率和转化率。

【具体步骤】

（1）在 Edge 浏览器地址栏中，键入 https://www.gaoding.com/，按回车键进入稿定设计网页端界面，结果如图 4-18 和图 4-19 所示。

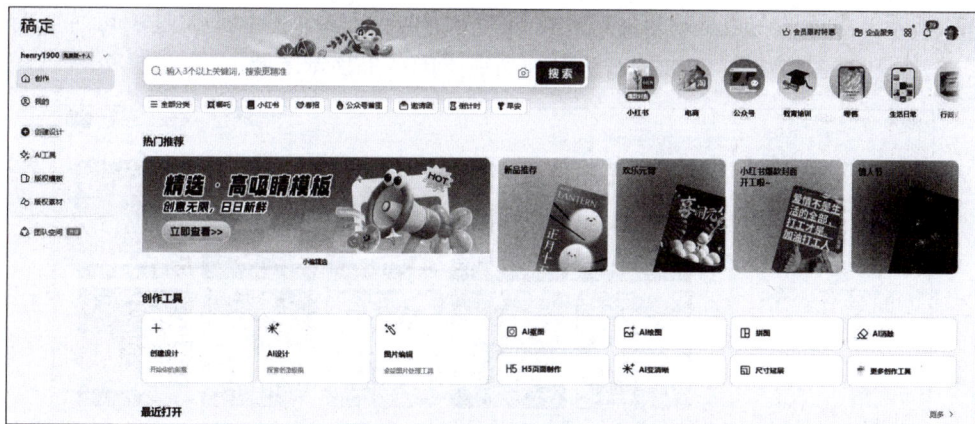

图 4-18　稿定设计网页端界面（1）

（2）在创作工具模块中单击 AI 设计图标，进入 AI 设计界面，单击"AI 设计"按钮后，页面如图 4-20 所示。主要分成小红书、电商、新媒体、私域四大模块。从这里可以看出稿定设计平台非常适合电商商家、市场营销人员、自媒体运营者使用。

图 4-19　稿定设计网页端界面（2）

图 4-20　AI 设计网页端

（3）在 AI 设计页面中单击电商模块中的商品主图图标，进入电商主图的操作页面，如图 4-21 所示。页面的左边是效果的描述区域，分为两种方式：一种是通过一句话生成商品主图，一种是自定义方式。页面的右边是商品主图的结果预览区域。

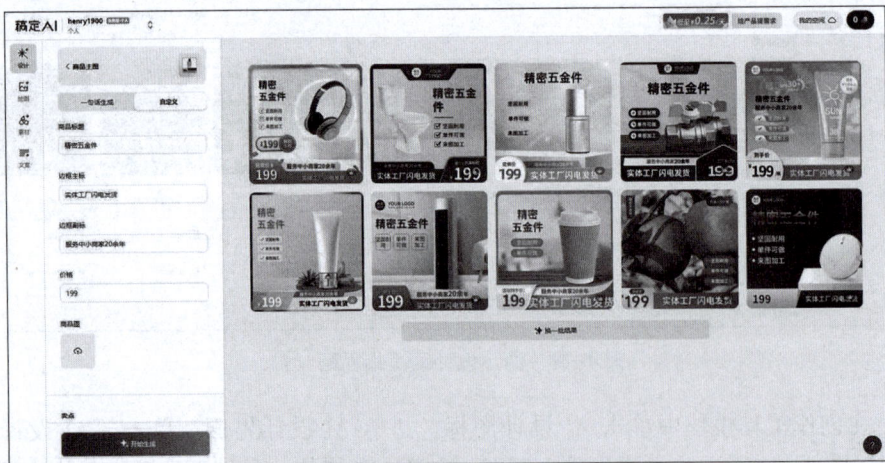

图 4-21　电商主图操作页面

（4）本任务将使用自定义的方式制作一张智能手环的淘宝商品主图。在自定义模式中，需要提供商品标题、边框主标、边框副标、价格、商品图、卖点这些信息。这些商品的文字信息在 4.1 节中已经通过豆包 AI 生成，如图 4-22 所示。可以直接填入对应的输入框中，结果如图 4-23 所示。

（5）文本内容输入完成后，还需要上传商品图。上传商品图后，会对商品图进行自动抠图，如果对抠图效果不满意，可以单击"编辑抠图"按钮重新抠图，如图 4-24 所示。

图 4-22　商品文字信息

图 4-23　商品信息输入结果

（6）准备工作做好之后，可以单击"开始生成"按钮，等待一段时间后，会生成商品主图的结果，结果如图 4-25 所示。可以发现，在第一批生成的结果中，有两张主图还是不错的，其他的都有一些瑕疵，可以单击"换一批结果"按钮，进行重新生成，结果如图 4-26 所示。在这次生成的主图中，有了比较满意的效果，可以单击"编辑"按钮对它进行进一步的编辑。

（7）单击缩略图之后，进入快速编辑页面，如图 4-27 所示。根据需求可以修改标题文字、Logo 等内容。修改效果如图 4-28 所示。

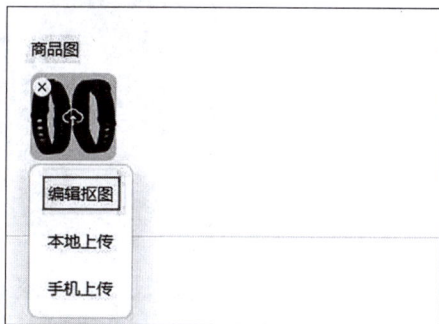

图 4-24　编辑抠图

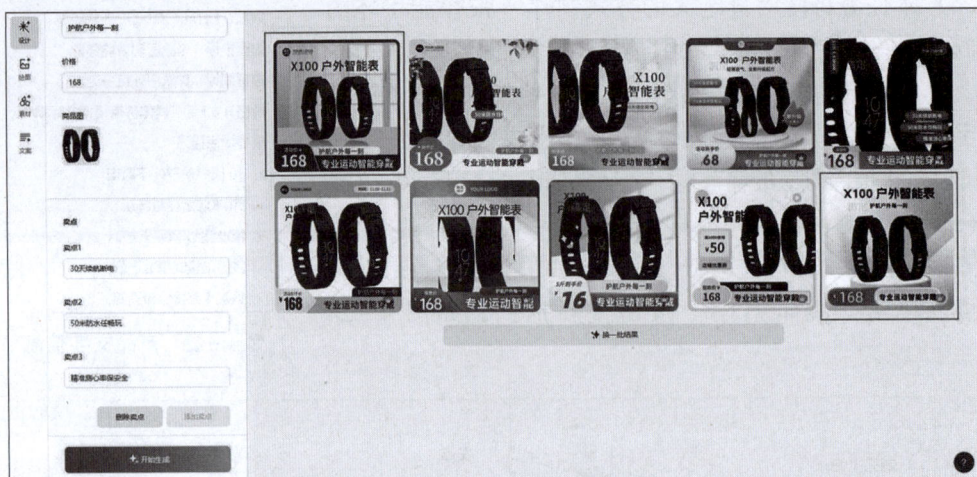

图 4-25　商品主图生成结果

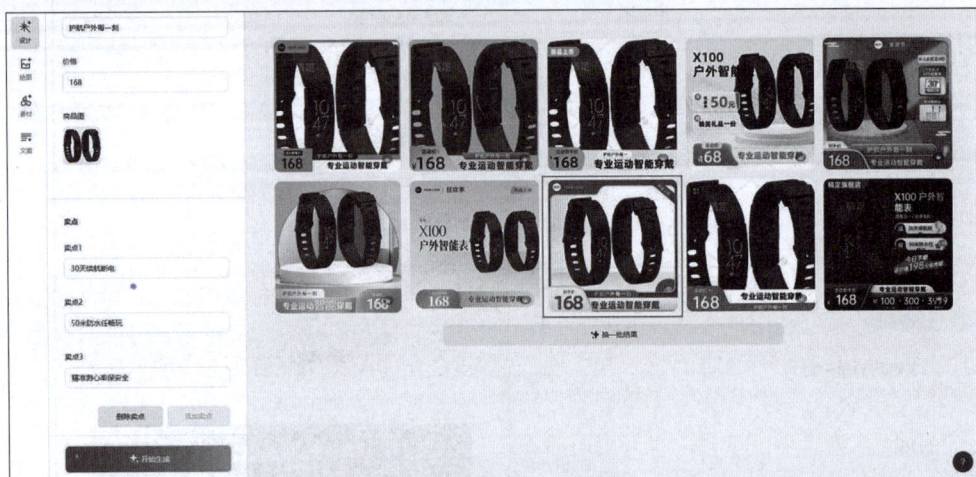

图 4-26　重新生成结果

图 4-27　商品主图编辑

图 4-28　编辑参数

（8）如果对快速修改的内容不满意，可以进行更加具体的编辑。单击"编辑"按钮，进入编辑模式，在这个模式下，可以对所有元素进行修改，包括背景图、文本内容、Logo、商品主图、装饰花纹等。单击左上角的稿定 Logo 图片，在属性栏中选择替换图片，如图 4-29 所示。替换成 FitTime 的品牌 Logo，替换完成后，效果如图 4-30 所示。这样就快速地完成了智能手环的淘宝商品主图的制作。

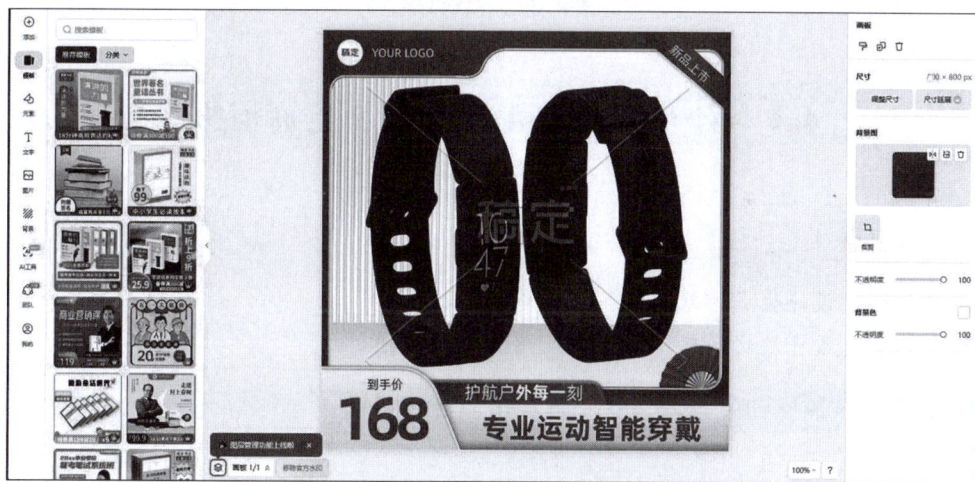

图 4-29　详细编辑界面

（9）最后单击页面右上角的"下载"按钮，下载无水印的商品主图。

【小结】

本节介绍了使用稿定设计完成淘宝商品主图设计的方法。从 AI 抠图到模板选择、文本优化、视觉调整，再到最终导出，整个流程简单高效。通过合理利用 AI 工具和智能模板，商家可以快速制作符合淘宝规则的高质量主图，有效提升商品的吸引力和点击率，增强店铺竞争力。

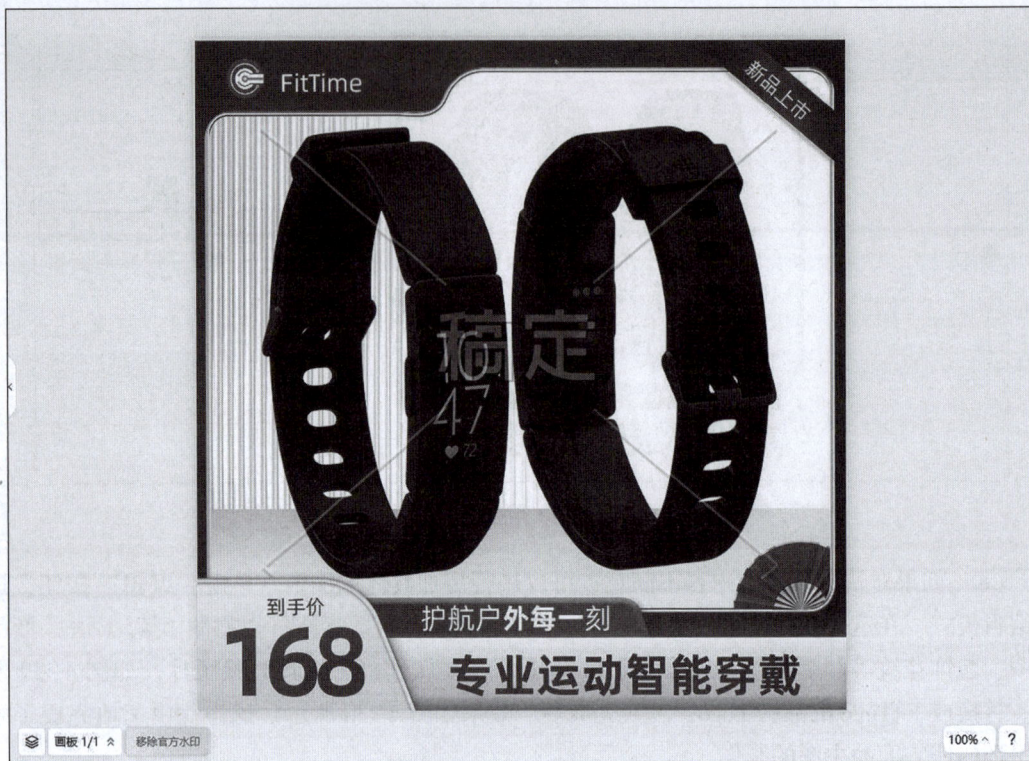

图 4-30　最终结果

4.4　AI 生成"双十一"促销电商海报

学习要点

1. 使用稿定设计生成"双十一"促销电商海报。
2. 使用稿定设计编辑修改"双十一"促销电商海报。

任务　使用稿定设计完成"双十一"促销电商海报设计

【任务描述】

"双十一"作为电商年度最重要的促销节点，一张高质量的促销海报能够有效吸引用户关注，提升活动曝光度和点击率。相比传统的设计软件，稿定设计提供了 AI 智能设计、海量模板、智能排版等功能，使商家无须专业设计技能，即可快速制作符合淘宝、京东、拼多多等电商平台规范的促销海报。

本节将详细介绍如何利用稿定设计完成"双十一"促销电商海报，包括选择模板、智能抠图、优化文案、调整视觉元素等步骤，帮助商家打造高转化率的营销素材。

【具体步骤】

（1）在 Edge 浏览器地址栏中，键入 https://www.gaoding.com/，按回车键进入稿定设计网页端界面，结果如图 4-31 所示。

图 4-31　稿定设计网页端界面

（2）在创作工具模块中单击"AI 设计"图标，进入 AI 设计界面，在 AI 设计页面中单击电商模块中的"横版电商海报"图标，进入"横版电商海报"的操作页面，如图 4-32 所示。页面的左边是效果的描述区域，右边是电商海报的结果预览区域。

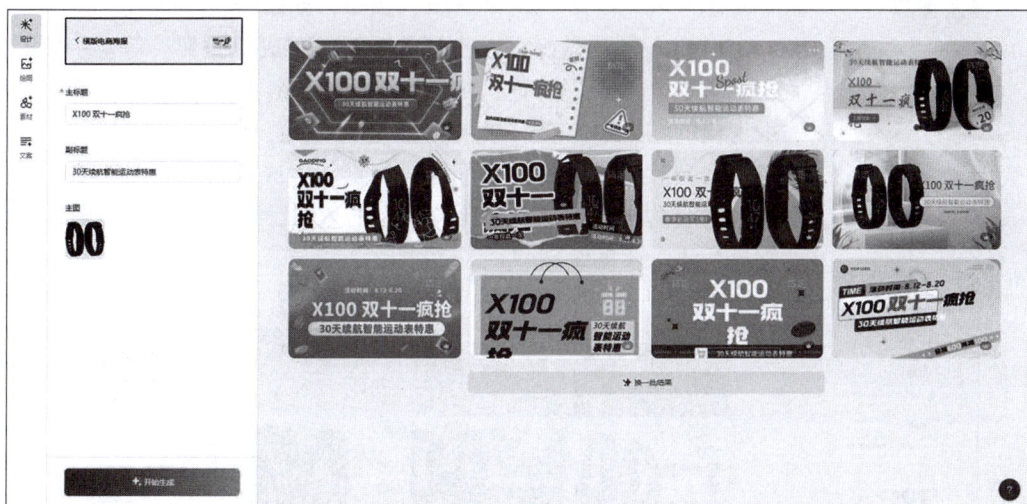

图 4-32　电商海报界面

（3）在页面的左边需要填入电商海报的文字描述信息，包括主标题和副标题，这些商品的文字信息在 4.1 节中已经通过豆包 AI 生成，如图 4-33 所示，可以直接填入对应的输入框中。结果如图 4-34 所示。

图 4-33　海报标题

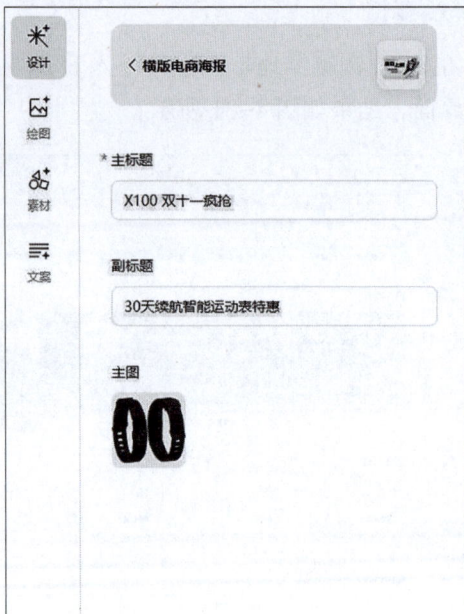

图 4-34　输入海报标题

图 4-35　编辑抠图

（4）文本内容输入完成后，还需要上传商品图。商品图会辅助电商海报的生成，同时，平台会对商品图进行自动抠图，如果对抠图效果不满意，可以单击"编辑抠图"按钮，如图 4-35 所示。

（5）准备工作做好之后，单击"开始生成"按钮，等待一段时间后，会生成"双十一"促销海报，如图 4-36 所示。可以发现，在第一批生成的结果中，有一张主图还是不错的，其他的都有一些瑕疵，可以单击"换一批结果"按钮，进行重新生成，结果如图 4-37 所示。在这次生成的主图中，有了比较满意的效果，可以单击"编辑"按钮对它进行进一步的编辑。

图 4-36　海报生成结果

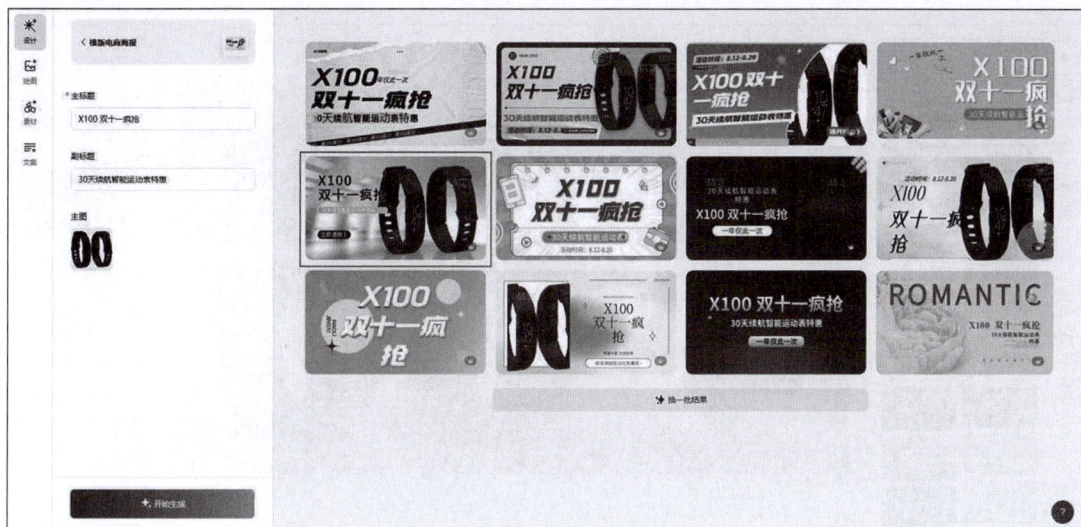

图 4-37　重新生成结果

（6）单击缩略图之后，进入快速编辑页面，根据需求可以修改标题文字、主图等内容，修改效果如图 4-38 所示。

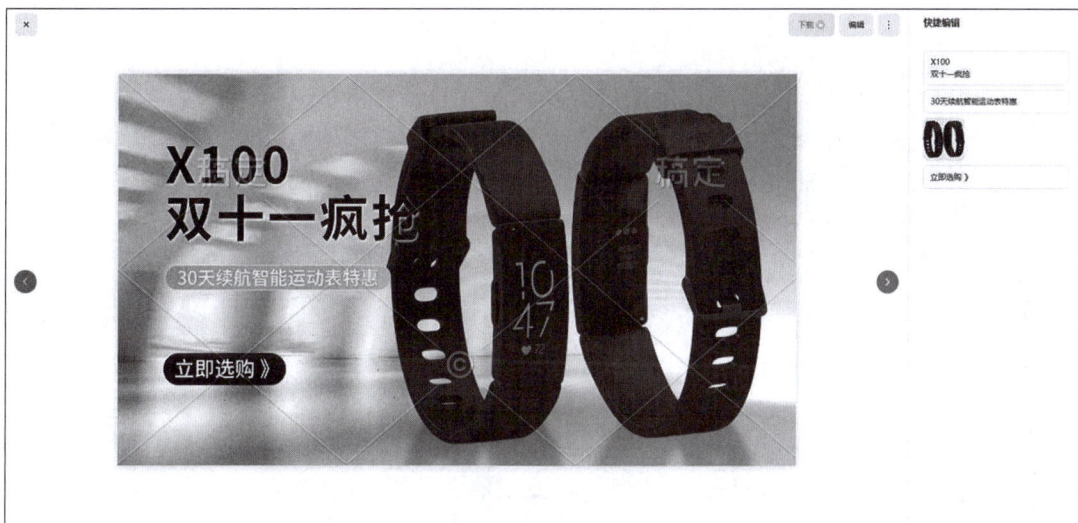

图 4-38　修改标题

（7）为了更加贴合"双十一"的促销主题，需要把标题和"立即选购"按钮的颜色都改成橙红色。单击"编辑"按钮，进入编辑模式，如图 4-39 所示。在编辑模式下，选择对应的文本和图形元素进行颜色的修改，修改完成后的效果如图 4-40 所示。这样就快速完成了智能手环的"双十一"促销电商海报的制作。

（8）最后单击页面右上角的"下载"按钮，下载无水印的电商海报。

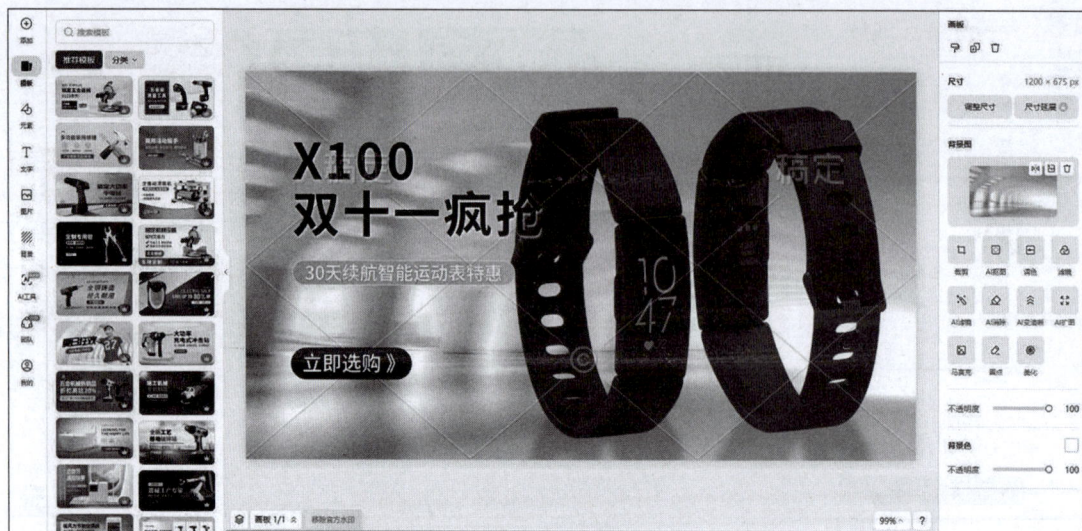

图 4-39　编辑模式

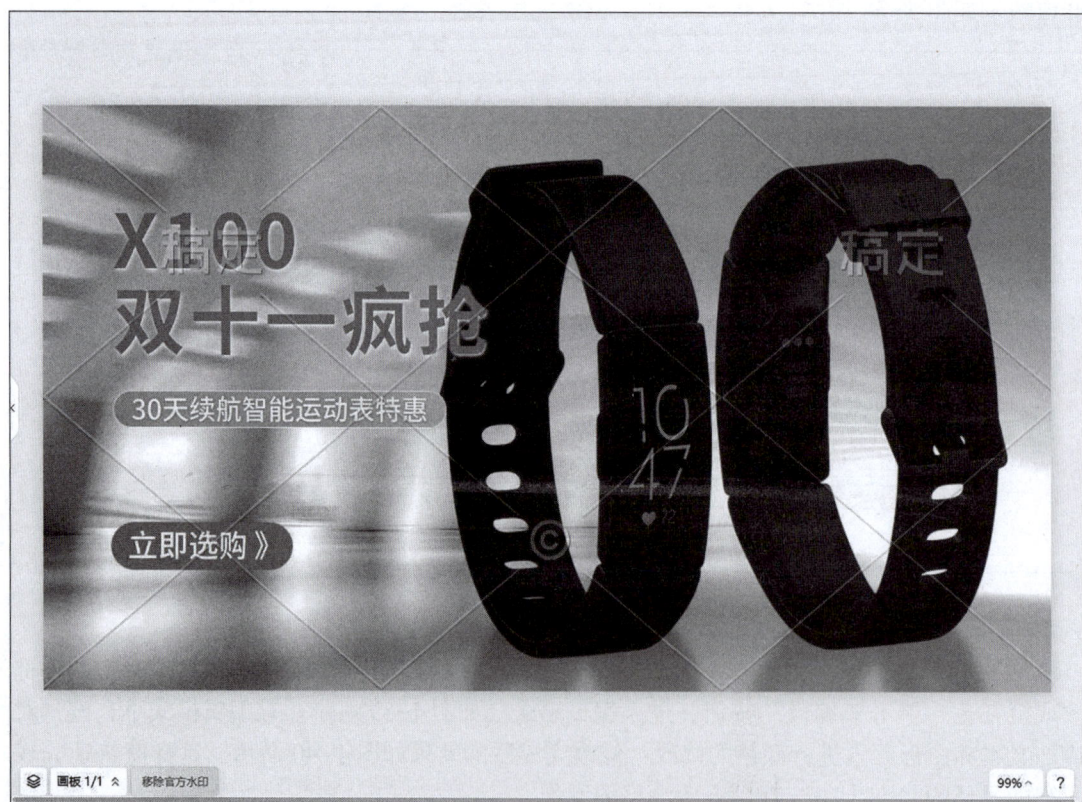

图 4-40　修改结果

4.5　AI 生成虚拟主播

学习要点

1. 使用豆包 AI 完成"天猫 618"促销文案写作。
2. 使用腾讯智影完成"天猫 618"促销视频制作。

任务一　使用豆包 AI 完成"天猫 618"促销文案写作

【任务描述】

随着 AI 技术的快速发展，虚拟主播正广泛应用于电商直播、品牌推广和短视频营销领域。相比真人主播，AI 虚拟主播具备全天候直播、标准化内容输出、低成本高效率等优势，能够帮助商家在大促（如"天猫 618"）中提升直播带货能力、增强用户互动体验，并降低运营成本。

本案例将介绍如何使用腾讯智影、豆包 AI 等 AI 工具创建虚拟主播，并应用于"天猫 618"的直播带货和促销视频制作。主要内容包括设定虚拟主播形象、自动编写直播脚本、搭建直播场景等，帮助商家高效完成智能化直播营销。

【具体步骤】

（1）在 Edge 浏览器地址栏中，键入 https：//www.doubao.com，按回车键进入豆包网页端界面，找到之前的对话记录，结果如图 4-41 所示。

图 4-41　豆包对话窗口

（2）在对话框中输入"天猫 618"促销文案的要求，主要包括文案的时长、需要重点介绍的产品，如图 4-42 所示。

（3）单击"发送"按钮后，豆包 AI 按照要求生成了"天猫 618"促销的文字稿，结果如图 4-43 所示。

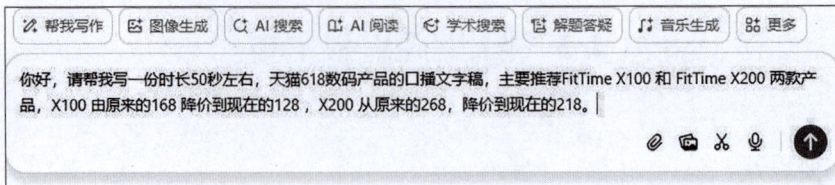

图 4-42　促销文案

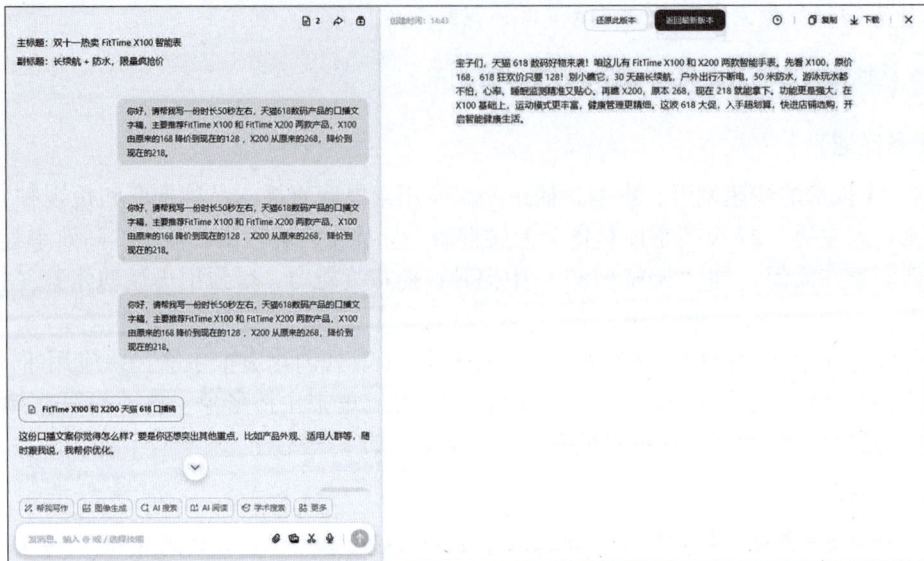

图 4-43　促销文案生成结果

（4）"天猫 618"促销的文字稿基本符合要求，但是有点简短。接着给豆包 AI 提出修改要求，在输入框中输入"全文扩写"，结果如图 4-44 所示。

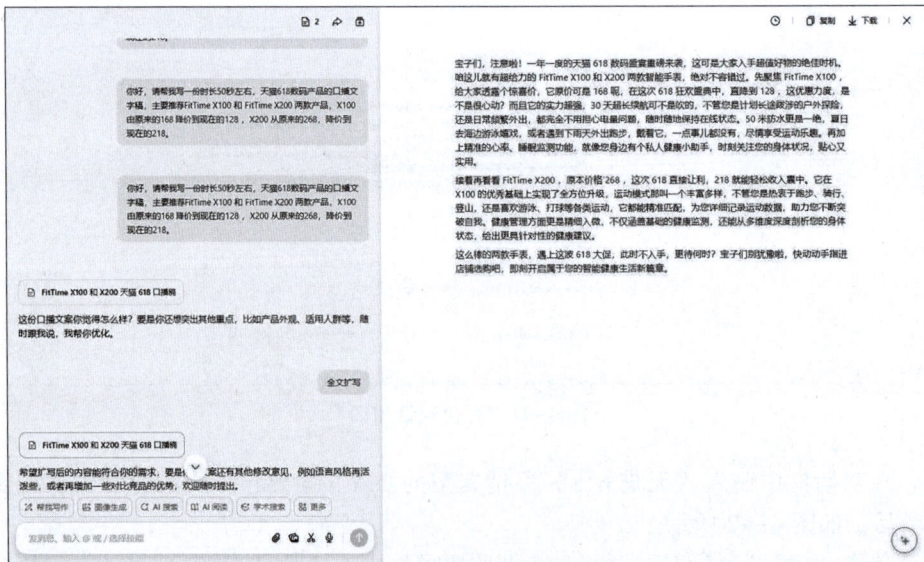

图 4-44　扩写文案

（5）扩写之后的文字稿内容丰富了很多，但是字数太多，需要再精简一下。继续给豆包 AI 提出修改要求，在输入框中输入"请再简短一些，时长控制在 1 分钟左右"，单击"发送"按钮后，结果如图 4-45 所示，这次的结果基本符合要求。

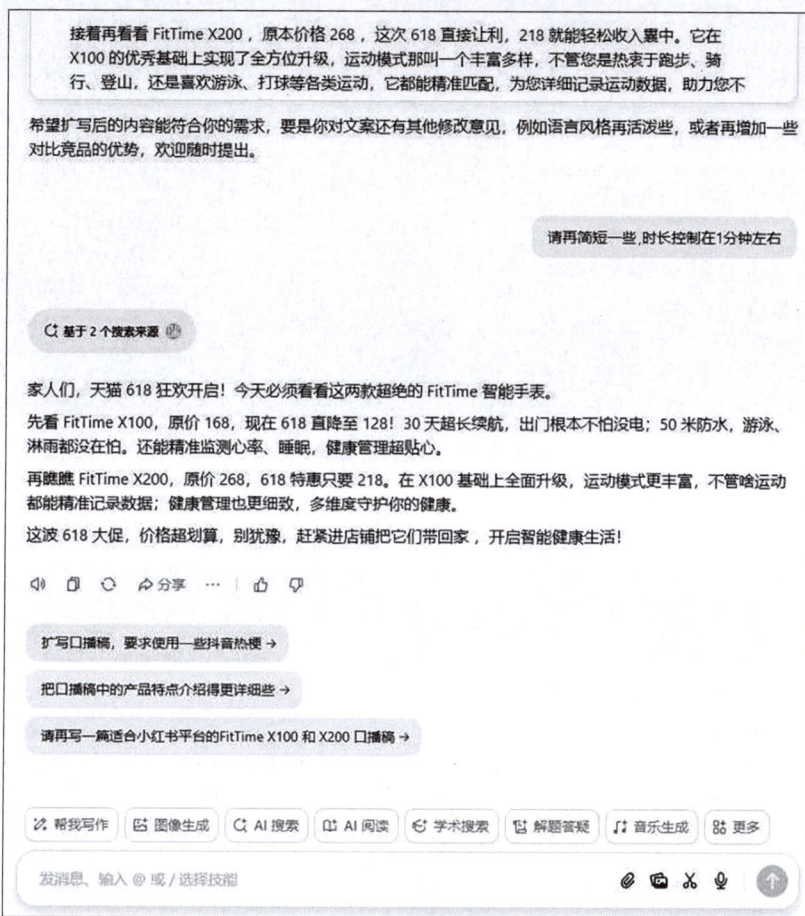

接着再看看 FitTime X200，原本价格 268，这次 618 直接让利，218 就能轻松收入囊中。它在 X100 的优秀基础上实现了全方位升级，运动模式那一个丰富多样，不管您是热衷于跑步、骑行、登山，还是喜欢游泳、打球等各类运动，它都能精准匹配，为您详细记录运动数据，助力您不

希望扩写后的内容能符合你的需求，要是你对文案还有其他修改意见，例如语言风格再活泼些，或者再增加一些对比竞品的优势，欢迎随时提出。

请再简短一些,时长控制在1分钟左右

↺ 基于 2 个搜索来源

家人们，天猫 618 狂欢开启！今天必须看看这两款超绝的 FitTime 智能手表。

先看 FitTime X100，原价 168，现在 618 直降至 128！30 天超长续航，出门根本不怕没电；50 米防水，游泳、淋雨都没在怕。还能精准监测心率、睡眠，健康管理超贴心。

再瞧瞧 FitTime X200，原价 268，618 特惠只要 218。在 X100 基础上全面升级，运动模式更丰富，不管啥运动都能精准记录数据；健康管理也更细致，多维度守护你的健康。

这波 618 大促，价格超划算，别犹豫，赶紧进店铺把它们带回家，开启智能健康生活！

🔊 ⧉ ↻ ⤴分享 … 👍 👎

扩写口播稿，要求使用一些抖音热梗 →

把口播稿中的产品特点介绍得更详细些 →

请再写一篇适合小红书平台的FitTime X100 和 X200 口播稿 →

✍ 帮我写作　🖼 图像生成　↻ AI 搜索　📖 AI 阅读　🎓 学术搜索　📝 解题答疑　🎵 音乐生成　⋯ 更多

发消息、输入 @ 或 / 选择技能　　📎 📷 ✂ 🎤 ⬆

图 4-45　精确控制文案

任务二　使用腾讯智影完成"天猫 618"促销视频制作

【任务描述】

腾讯智影是一款 AI 智能视频制作平台，支持智能剪辑、AI 字幕、语音合成、数字人主播等功能。通过本任务的学习，商家可以快速制作"天猫 618"促销视频，用于商品详情页、社交媒体推广、站内外广告投放等多个场景。

【具体步骤】

（1）在 Edge 浏览器地址栏中，键入 https://zenvideo.qq.com/，按回车键进入腾讯智影首页，如图 4-46 所示。

（2）单击右上角的"登录"按钮，完成登录后，页面如图 4-47 所示。

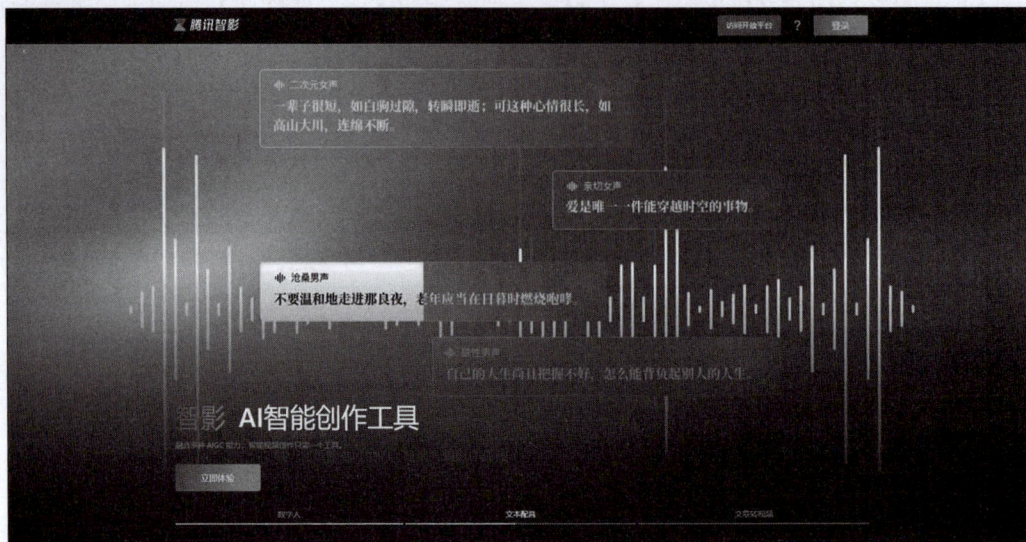

图 4-46　腾讯智影首页

图 4-47　腾讯智影界面

（3）单击智能小工具模块中的"数字人播报"按钮，进入编辑页面，结果如图 4-48 所示。

（4）编辑页面融合了轨道剪辑、数字人内容编辑窗口，可以一站式完成"数字人播报+视频创作"流程，方便、快捷地制作创作者想要的数字人视频作品，从而可以激发更大的视频创意空间，拓宽使用场景。工具使用页面分为如图 4-49 所示的几个板块，借助各板块功能，完成数字人视频创作。

①主显示/预览区：预览窗口，可以单击画面上的任一元素，在页面右侧编辑区进行调整，包括画面内的字体（大小、位置、颜色）、数字人（内容、形象、动作）、背景、其他元素位置。底部可编辑调整画布比例和数字人字幕开关。

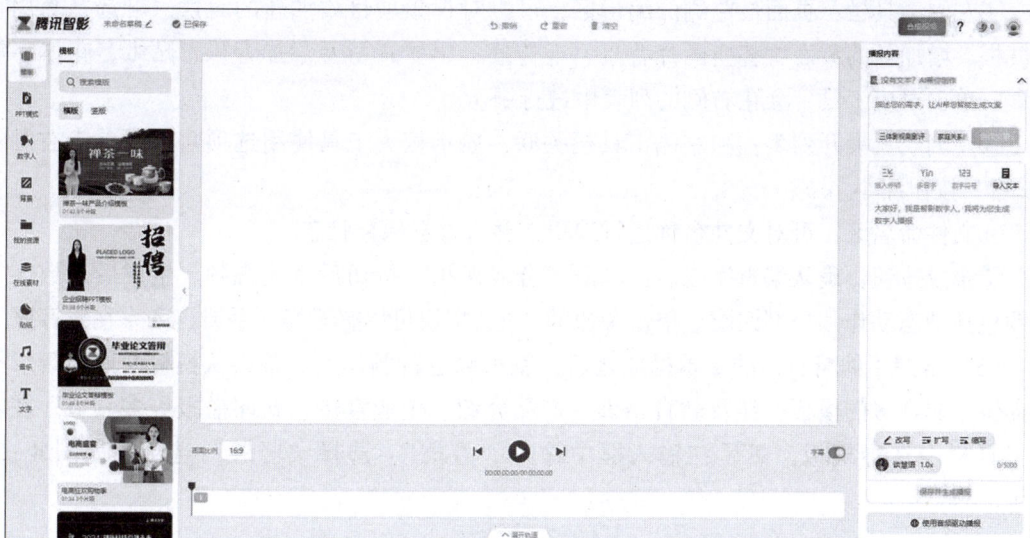

图 4-48　数字人播报

图 4-49　编辑界面

②轨道区：位于预览区底部，单击"展开轨道"可以对编辑的视频进行轨道精细化编辑，在轨道上可以调整各个元素的位置关系和出现时长。可以编辑数字人轨道上动作的插入位置。

③右侧编辑区：与预览窗口上单击的元素相关联，默认显示"数字人内容"编辑页面。可以调整数字人驱动方式和内容，是内容制作的主编辑区。

④左侧工具栏：页面最左侧的编辑区，可以对视频项目添加新的元素，可选择套用官方模板、增加新的页面、替换图片背景、上传插入媒体素材及添加音乐、贴纸、花体字等元素。单击对应工具，会在右侧的列表中进行展示。

⑤左侧工具展开列表：和左侧工具栏关联，展示相关工具使用选项，可以单击右侧的"收缩"按钮缩小。

⑥文件命名区：可对文件名称进行编辑，并可查看保存状态。

⑦合成按钮：确认编辑完成后，单击"合成视频"按钮后生成视频。生成后的数字人视频包括动态动作和口型匹配。单击旁边的"？"按钮可以查看操作手册、联系在线客服。

（5）掌握了编辑页面的基本构成之后，就可以进行制作了。首先从模板开始，智影平台提供了非常多的模板，涉及教育培训、产品介绍、企业宣传、新闻播报等多领域。在左侧工具栏中选择模板，然后在输入框中输入"直播"，选择"竖版"选项，如图 4-50 所示。

图 4-50 选择模板

（6）在搜索出的结果中寻找需要的模板进行编辑，关键点是数码电子类的直播。最终确定使用"数码直播"这套模板，结果如图 4-51 所示。

图 4-51　数码直播模板

（7）单击模板之后，会弹出模板预览弹窗。在弹窗中可以单击"播放"按钮预览模板的效果，如图 4-52 所示。如果对效果满意，就可以单击"应用"按钮加载模板，经过一段时间的等待，模板出现在主预览区，结果如图 4-53 所示。

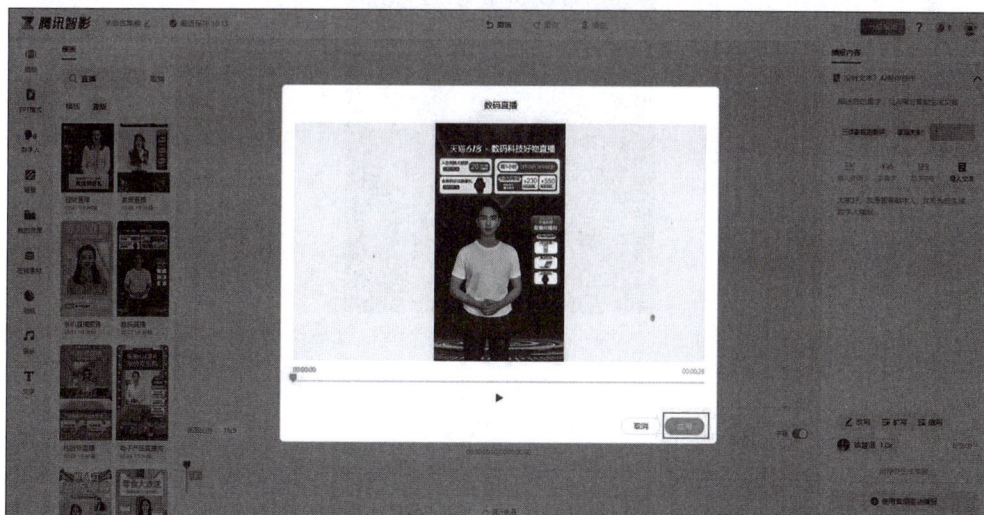

图 4-52　模板预览

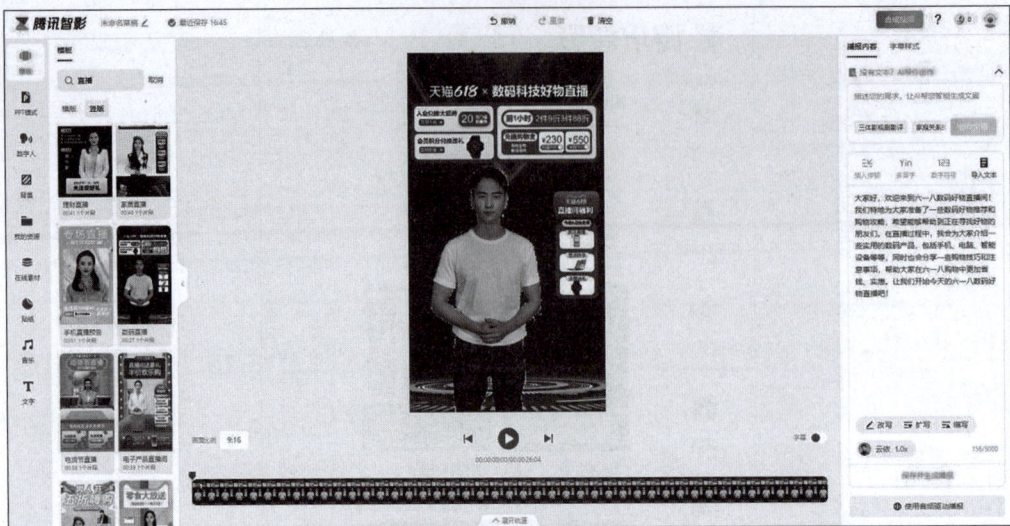

图 4-53　模板编辑界面

（8）经过观察发现，目前的直播场景整体氛围和内容都契合"天猫 618"促销的主题，不过在产品展示方面，重点推荐的两款产品却没有出现在画面中。为了更好地突出这两款产品，计划在直播画面的下方突出位置添加这两款商品的促销图，让观众一眼就能看到主推好物，如图 4-54 所示。

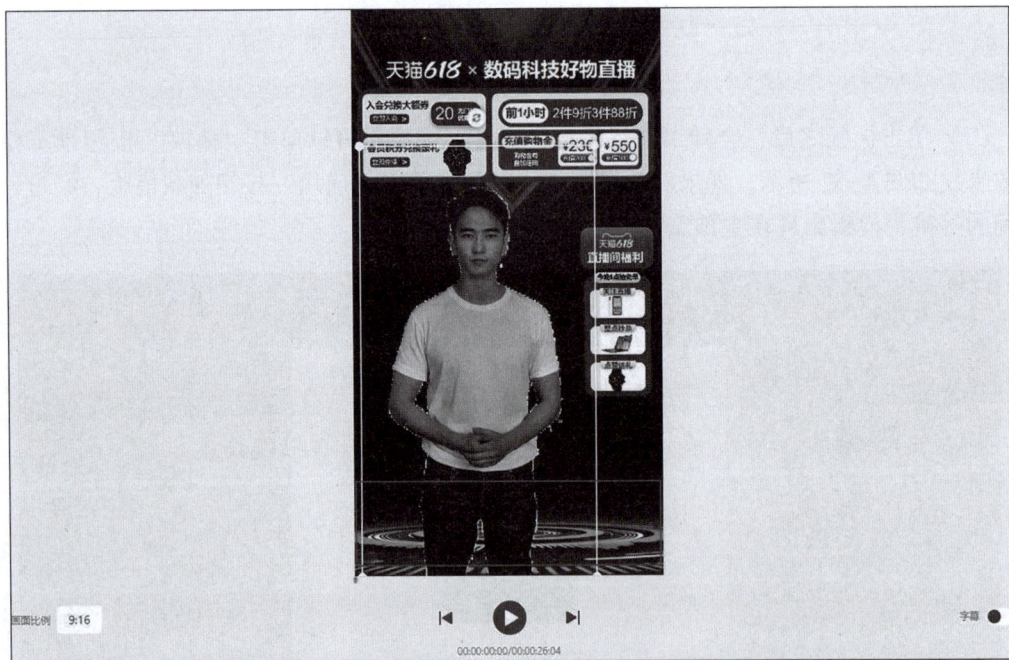

图 4-54　促销图位置

（9）在左侧工具栏中选择"我的资源"，然后单击"本地上传"按钮，上传"主推商品.png"图片，如图 4-55 所示。

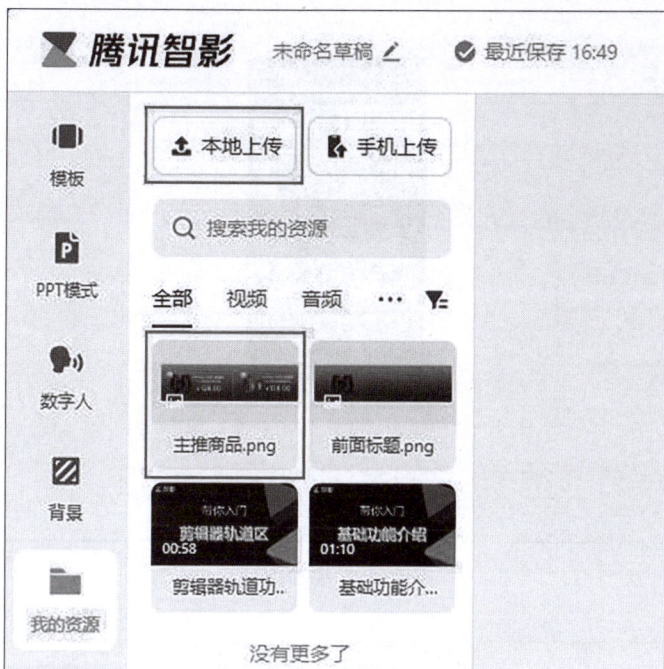

图 4-55　上传素材

（10）单击主推商品图标时，系统会自动弹出图片预览界面。可以仔细查看图片的细节，确认图片内容无误且符合要求后，如图 4-56 所示，单击"添加"按钮，此时图片将被精准地添加到主预览窗口中，并且轨道区也会自动展开，方便进行后续的操作，如图 4-57所示。

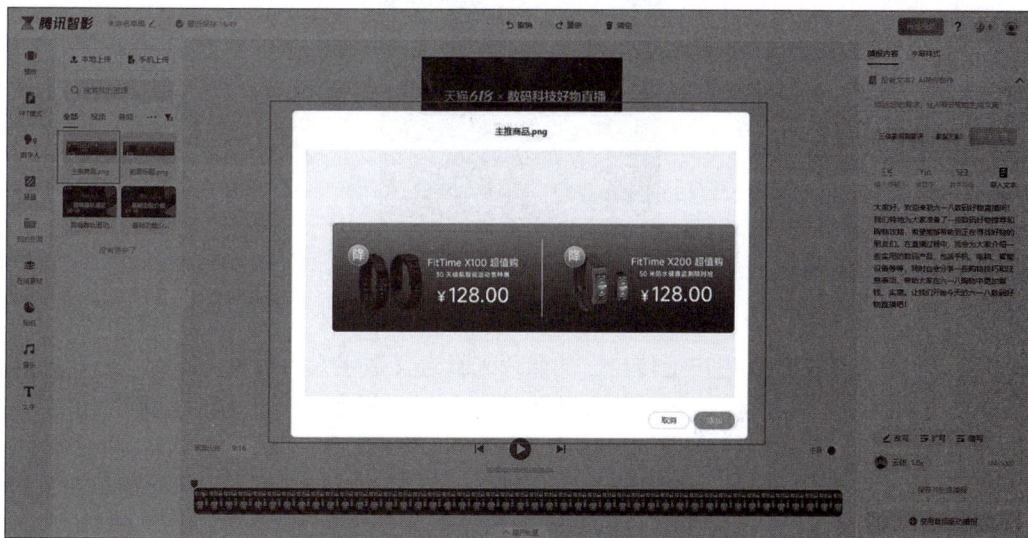

图 4-56　预览图片

（11）选中商品主图，对其进行位置和大小的调整，结果如图 4-58 所示。直播环境的搭建到此结束，接下来修改数字人形象。

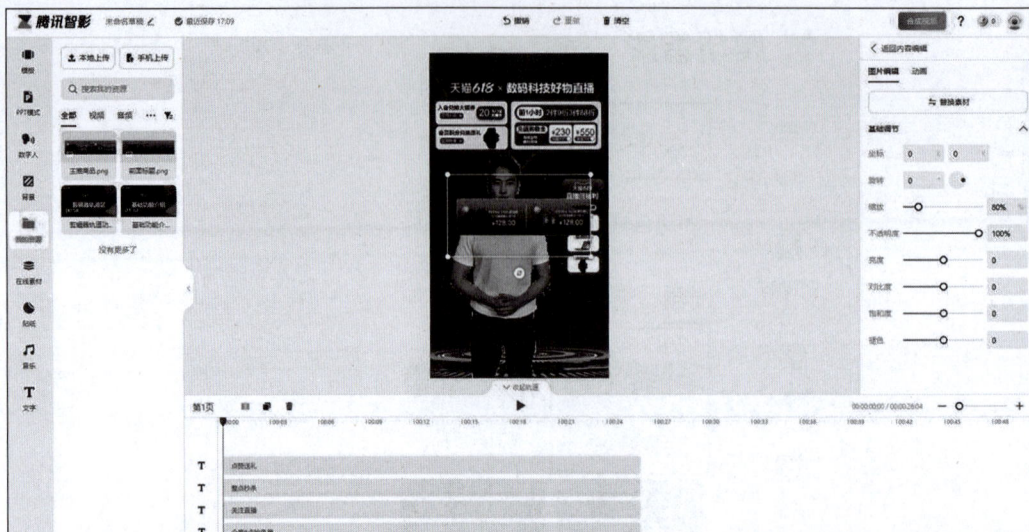

图 4-57　添加图片

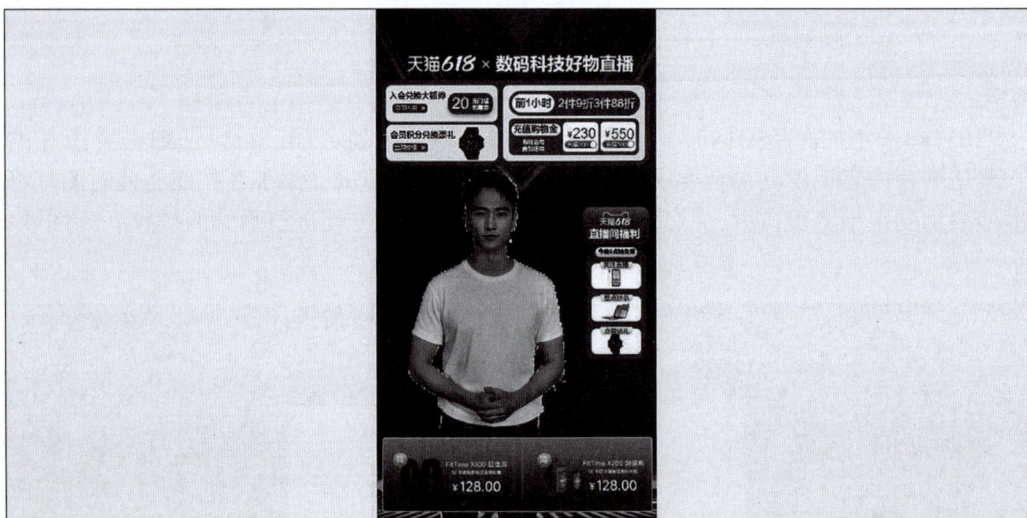

图 4-58　放置结果

（12）在左侧工具栏中，"数字人"选项中提供了两种模式：预置形象和照片播报。其中，"照片播报"功能允许用户上传自己的照片来自定义数字人的形象。不过，这次操作比较简单，直接在"预置形象"中进行选择即可。在预置形象中，单击"冰璇"数字人形象，其会自动替换掉原来的数字人效果，如图 4-59 所示。

（13）完成了数字人形象的确定之后，即可进行播报的内容编辑。操作很简单，只需要把任务一中准备好的文本内容直接复制粘贴到播报内容编辑框里即可。为了让播报内容更加精准、自然，还可以利用编辑框中的一些实用功能进行优化。比如，插入停顿，让播报的节奏更符合语言习惯；调整多音字的读音，确保发音准确；修改数字符号，让表达更清晰。

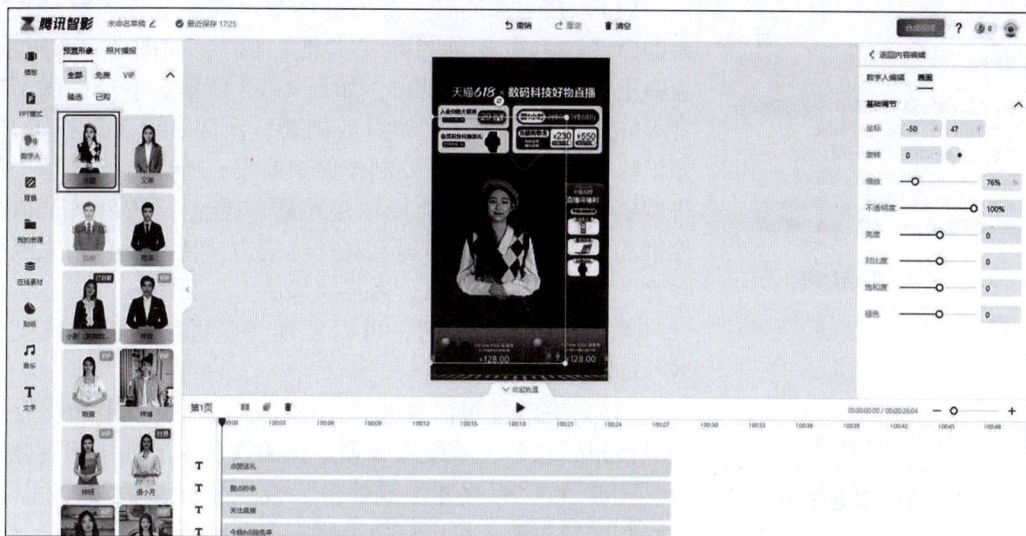

图 4-59　数字人编辑

如果觉得现有的内容还可以再打磨，可以使用平台提供的强大的 AI 功能。可以一键对内容进行改写，让表达更生动；可以扩写，增加更多细节；可以缩写，提炼核心要点。总之，通过这些功能，可以轻松打造出一个完美无瑕的播报内容，如图 4-60 所示。

图 4-60　口播内容

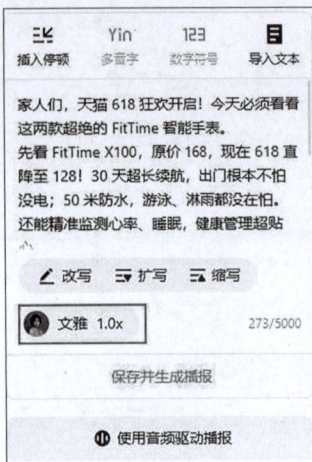

图 4-61　音色选择

（14）接下来还有一个关键环节需要确定，那就是数字人的声音。单击音色图标"文雅 1.0x"，如图 4-61 所示，会弹出"选择音色"窗口，如图 4-62 所示。平台提供了丰富多样的音色风格，比如对话闲聊、新闻资讯、影视综艺、知识科普等。本任务主要制作促销播报，所以直接选择"广告营销"分类。这里选择"星小媛"音色，其风格是口齿伶俐的女主播，声音甜美又富有感染力，特别适合用来吸引顾客、传递促销信息，让播报效果更上一层楼。

单击"确认"按钮，可以发现音色的图标已经发生改变，如图 4-63 所示。

（15）完成播报内容和音色的编辑之后，单击"保存并生成播报"按钮，系统会根据选择的音色生成播报的音频内容。完成后，"保存并生成播报"按钮会自动变成灰色，表示音频已经生成，可以在轨道栏中查看播报的音频内容，并且可以单击"播放"按钮对声音进行试听，如图 4-64 和图 4-65 所示。

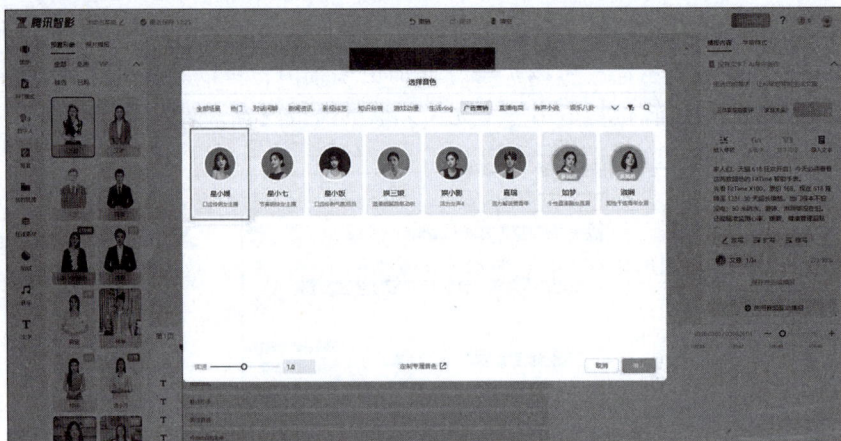

图 4-62　音色预览界面

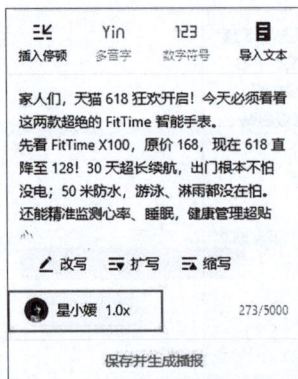

图 4-63　改变音色

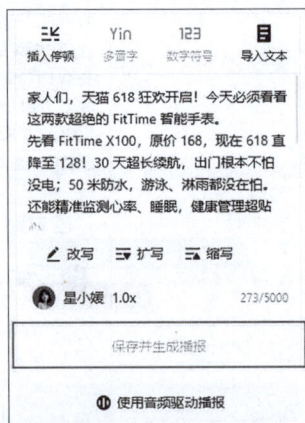

图 4-64　保存播报内容

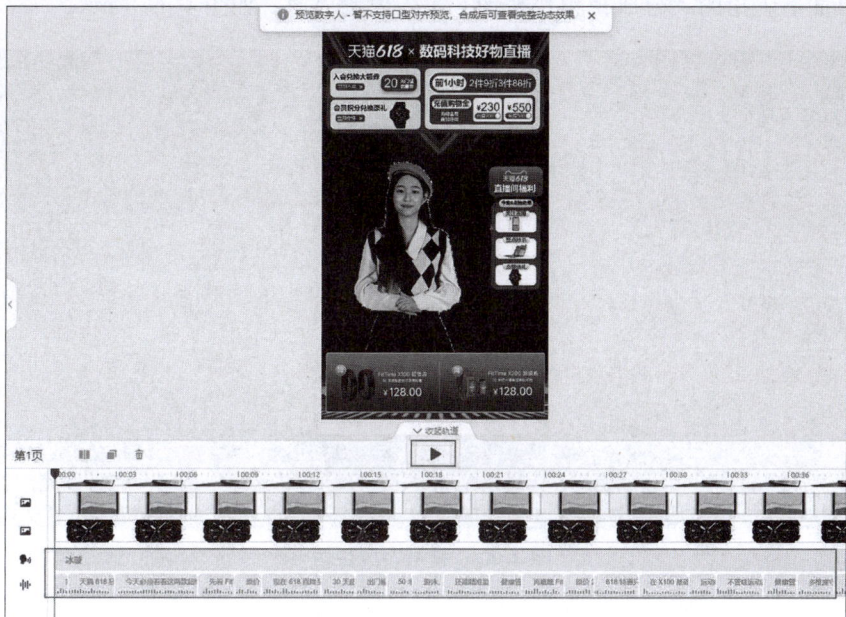

图 4-65 播报音轨

（16）在进行播报试听时发现：添加的商品主图在 1 秒钟后就消失了。经过仔细检查，发现商品主图的时长设置得太短了。解决方法非常简单，只需要在轨迹栏中选中商品主图，然后通过拖曳操作，延长它的显示时间。调整完成后，再次播放进行检查，发现效果已经完全正常了，商品主图能够完整地展示在观众面前，如图 4-66 所示。

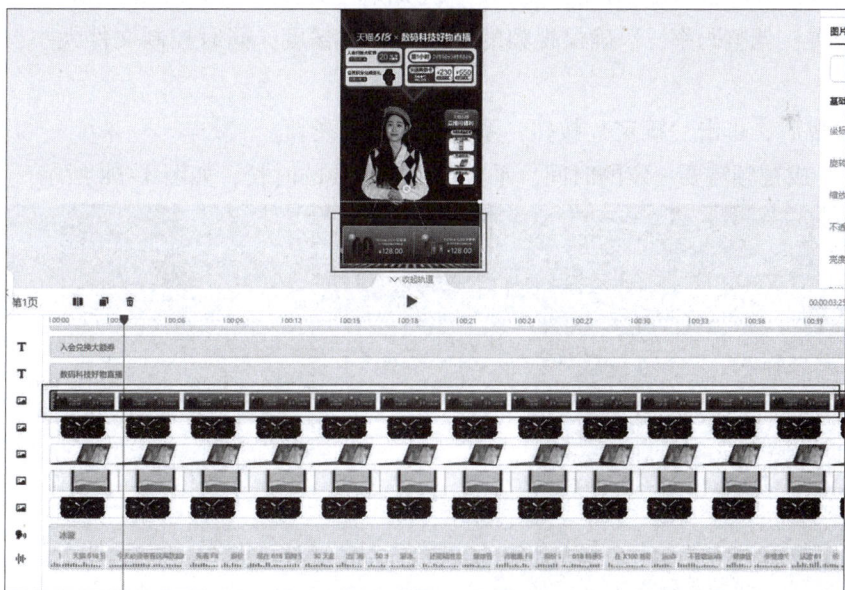

图 4-66 修改时长

（17）经过前面的精心制作，数字播报的内容已经全部准备就绪。接下来只需要进行最后一步——视频合成的设置，就可以完成整个视频的制作了。

单击页面右上角的"合成视频"按钮，进入设置界面，如图 4-67 所示。

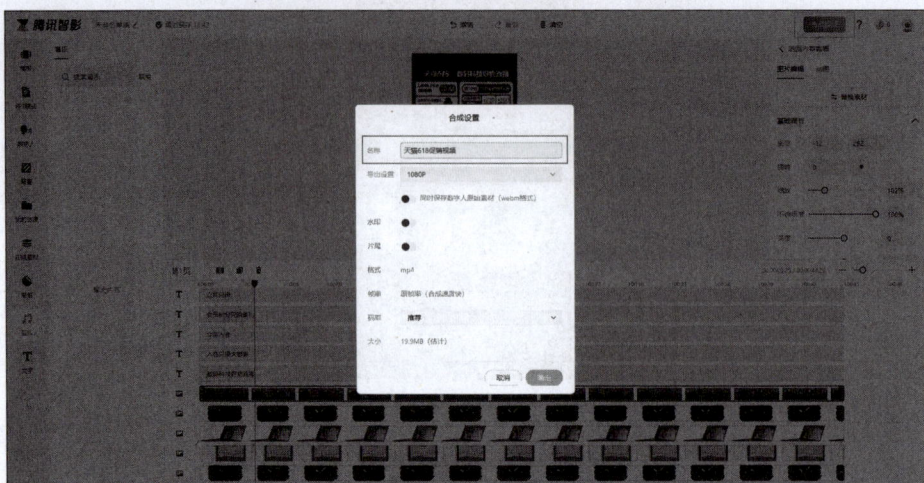

图 4-67　视频合成设置

视频名称：给视频起一个响亮又吸引人的名字，方便后续查找和分享。

视频尺寸：根据需求，选择合适的视频尺寸，比如常见的 16∶9 或正方形，确保视频在不同设备上都能完美展示。

水印设置：如果希望在视频上添加品牌标识或个人水印，可以选择"添加水印"，让视频更具个性化。

片尾设置：可以选择是否添加片尾，比如感谢语、品牌宣传语等，给观众留下深刻印象。

码率设置：调整码率，以确保视频的清晰度和流畅度，同时控制文件大小，方便上传和分享。

设置完成后，单击"确定"按钮，系统开始合成视频。

（18）合成视频需要一定的时间，平台会估算需要的时长，如图 4-68 所示。

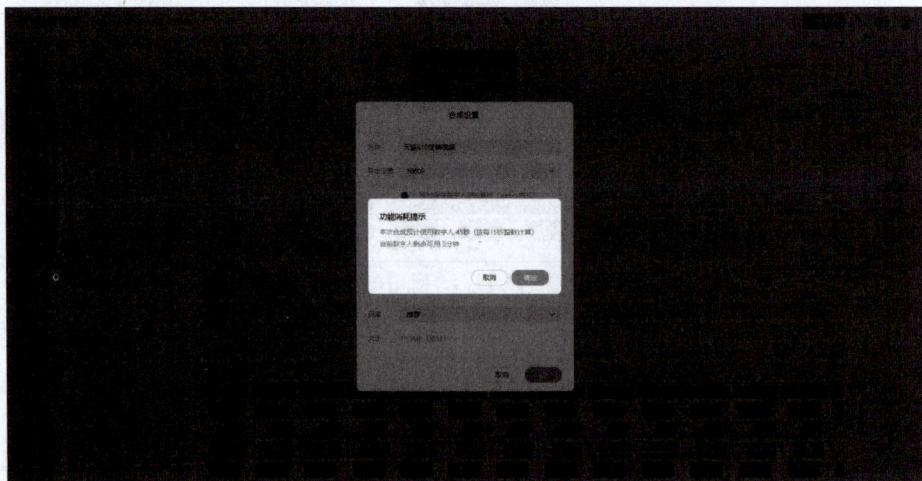

图 4-68　估算时长

（19）合成后，单击"确定"按钮后，页面会自动跳转到"我的资源"页面。在这个页面中，可以清晰地看到视频合成的进度条，它会实时更新，用户可以随时掌握合成的动态，如图 4-69 所示。

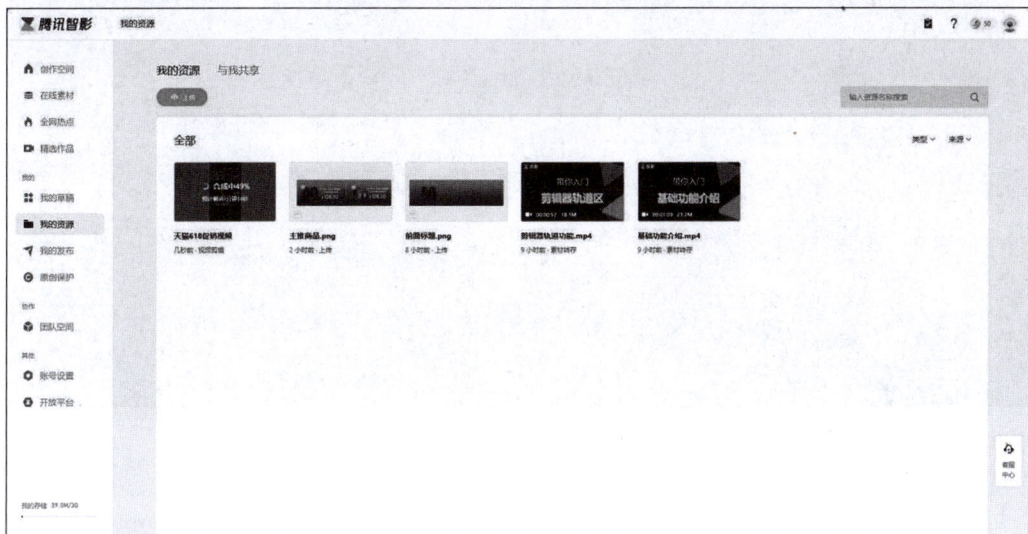

图 4-69　视频合成中

（20）当视频合成完成后，只需单击视频图标，即可进入预览页面。在这里，可以对视频进行最后的检查和确认，如图 4-70 所示。如果对视频效果满意，还可以进一步对视频进行剪辑，调整内容，使其更加完美。如果需要将视频用于其他平台，只需单击"下载"按钮，就可以将视频保存到电脑中，如图 4-71 所示。这样，就可以自由地在其他地方使用这个视频。至此，"天猫 618"促销视频制作完成。

图 4-70　最终预览

图 4-71　下载视频

【小结】

　　本案例介绍了如何使用 AI 技术创建虚拟主播，并应用于"天猫 618"直播带货。通过腾讯智影生成虚拟形象，豆包 AI 生成语音与直播脚本，商家可以低成本、高效率地开展电商促销，提升用户互动体验，提高销售转化率。

第 5 章

AIGC 辅助教学应用

人工智能生成内容（AIGC）技术正在深度重塑教育生态，其教学应用已贯穿"备课—授课—评价"全流程闭环。AIGC 在教学中的应用广泛且多样化。它可以辅助教师备课，快速生成教学设计、课件和教学资源。在课堂上，AIGC 能作为智能助教，提供实时答疑和个性化辅导。它还可以根据学生的学习进度和特点，生成个性化学习内容，如练习题、学习计划等。此外，AIGC 结合虚拟现实技术，可创建虚拟实验室或沉浸式学习环境，提升学习趣味性和效率。本章内容将从题目生成、辅助备课与作业批改等方面介绍 AIGC 在教学中的应用。

5.1 生成客观题

学习要点

1. 使用文心一言根据格式生成单项选择题。
2. 使用文心一言根据格式生成判断题。
3. 使用豆包根据格式生成单项选择题和判断题。
4. 使用豆包根据 PPT 内容生成单项选择题和判断题。

任务一 使用文心一言生成客观题

【任务描述】

以"Python 程序设计"课程为例，根据授课章节内容，利用百度文心一言生成与该章节内容紧密相关的 3 道单项选择题和 5 道判断题及其答案，并将其按特定格式输出。对于单项选择题，要确保提供四个选项，其中一个是正确答案；对于判断题，答案以正确或错误进行呈现。本任务以超星泛亚试题库格式为例进行输出。

【具体步骤】

（1）在 Edge 浏览器地址栏中，键入 https://yiyan.baidu.com，按回车键进入文心一言网页端界面，如图 5-1 所示。

图 5-1 文心一言窗口

（2）在对话框中，输入键入文本："根据【】内题目示例，严格按照文本格式要求，生成 3 道关于 Python 程序设计的字符串的单项选择题及其答案，对于单项选择题，要确保提供四个选项，其中一个是正确答案；难度系数分为难、中、易，分布要科学合理，且不在题干中出现难、中、易的分级表述。"

【1. 在 Python 中，以下哪个函数用于获取字符串的长度？（　　　）

A. len（string）　　　　　　　　B. string. length（ ）

C. string. size（ ）　　　　　　　D. sizeof（string）

答案：A

难易程度：易

答案解析：在 Python 中，获取字符串长度的正确方法是使用内置函数 len（string）。选项 B 的 string. length（ ）和选项 C 的 string. size（ ）在 Python 中不存在，这些方法可能存在于其他编程语言中。选项 D 的 sizeof（string）也不是 Python 中的有效方法，虽然 sys. getsizeof（ ）函数可以获取对象在内存中的大小，但它不是专门用来获取字符串长度的，且返回的是字节数，而不是字符数。

知识点：len（ ）函数】

按回车键，结果如图 5-2 所示。

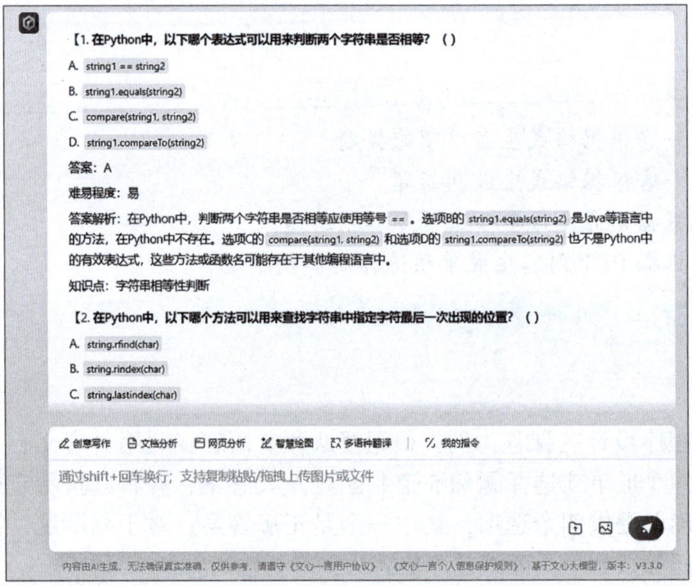

图 5-2　生成 3 道单项选题的结果截图

具体内容如下：

【1. 在 Python 中，以下哪个表达式可以用来判断两个字符串是否相等？（　　　）

A. string1 ＝＝ string2　　　　　B. string1. equals（string2）

C. compare（string1，string2）　　D. string1. compareTo（string2）

答案：A

难易程度：易

答案解析：在 Python 中，判断两个字符串是否相等应使用等号＝＝。选项 B 的 string.equals(string2) 是 Java 等语言中的方法，在 Python 中不存在。选项 C 的 compare(string1，string2) 和选项 D 的 string1.compareTo(string2) 也不是 Python 中的有效表达式，这些方法或函数名可能存在于其他编程语言中。

知识点：字符串相等性判断

2. 在 Python 中，以下哪个方法可以用来查找字符串中指定字符最后一次出现的位置？（　　）

A. string.rfind(char)　　　　　　　B. string.rindex(char)

C. string.lastindex(char)　　　　　D. string.findlast(char)

答案：A

难易程度：中

答案解析：string.rfind(char) 方法用于查找字符串中指定字符最后一次出现的位置。如果找到字符，则返回其索引（从 0 开始）；如果未找到，则返回-1。选项 B 的 string.rindex(char) 方法也用于查找字符的索引位置，但如果找不到字符，它会引发一个 ValueError 异常，而不是返回-1。选项 C 的 string.lastindex(char) 和选项 D 的 string.findlast(char) 在 Python 中不存在。

知识点：rfind() 方法

3. 在 Python 中，以下哪个表达式可以将字符串中的每个单词的首字母转换为大写？（　　）

A. string.capitalize()　　　　　　B. string.title()

C. string.upper()　　　　　　　　D. string.swapcase()

答案：B

难易程度：难

答案解析：string.title() 方法可以将字符串中的每个单词的首字母转换为大写，其余字母转换为小写（假设单词之间以空格分隔）。选项 A 的 string.capitalize() 方法仅将字符串的第一个字符转换为大写，其余字符转换为小写。选项 C 的 string.upper() 方法将字符串中的所有字母都转换为大写。选项 D 的 string.swapcase() 方法将字符串中的大写字母转换为小写字母，小写字母转换为大写字母。

知识点：title() 方法】

（3）根据【】内题目示例，严格按照文本格式要求，生成 3 道关于 Python 程序设计的字符串的判断题及其答案和解析。

【1. 在 Python 中，可以使用 string.split() 方法将字符串按照指定的分隔符拆分成一个列表，其中分隔符默认为空格。（　　）

答案：正确

答案解析：

在 Python 中，string. split（［sep［，maxsplit］］）方法确实可以将字符串按照指定的分隔符拆分成一个列表。如果不提供分隔符 sep，则默认使用空格作为分隔符。maxsplit 参数是可选的，用于指定最大拆分次数，如果不指定或者指定为−1，则拆分整个字符串。因此，题目中的说法是正确的。

例如，"hello world python". split（）将会返回一个列表［'hello', 'world', 'python'］，因为空格是默认的分隔符。】

按回车键，结果如图 5-3 所示。

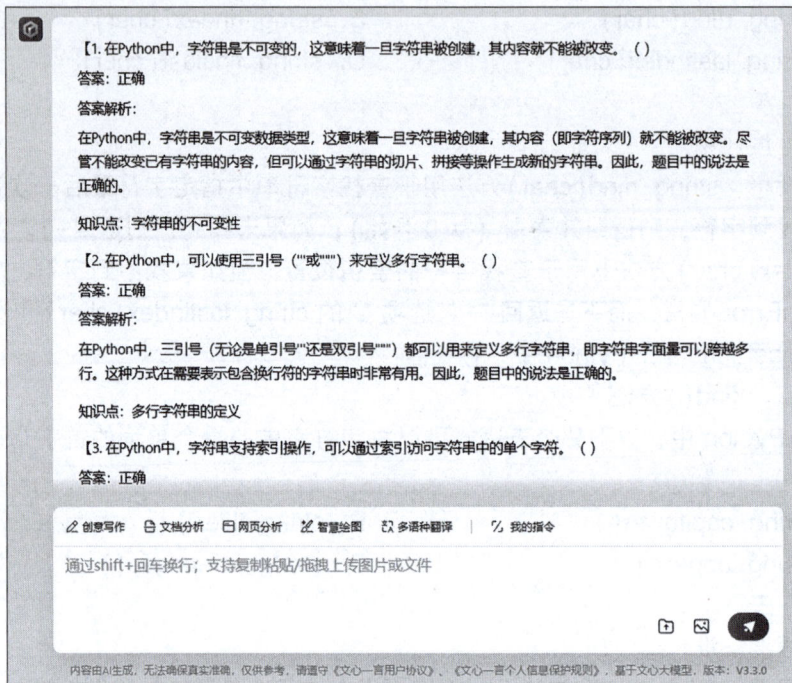

图 5-3　生成 3 道判断题的结果截图

具体内容如下：

1. 在 Python 中，字符串是不可变的，这意味着一旦字符串被创建，其内容就不能被改变。（　　）

答案：正确

答案解析：

在 Python 中，字符串是不可变数据类型，这意味着一旦字符串被创建，其内容（即字符序列）就不能被改变。尽管不能改变已有字符串的内容，但可以通过字符串的切片、拼接等操作生成新的字符串。因此，题目中的说法是正确的。

知识点：字符串的不可变性

2. 在 Python 中，可以使用三引号（'''或"""）来定义多行字符串。（　　）

答案：正确

答案解析：

在 Python 中，三引号（无论是单引号'''还是双引号"""）都可以用来定义多行字符串，即字符串字面量可以跨越多行。这种方式在需要表示包含换行符的字符串时非常有用。因此，题目中的说法是正确的。

知识点：多行字符串的定义

3. 在 Python 中，字符串支持索引操作，可以通过索引访问字符串中的单个字符。（　　）

答案：正确

答案解析：

在 Python 中，字符串是序列类型的一种，支持索引操作。通过索引（即位置编号，从 0 开始），可以访问字符串中的单个字符。例如，字符串 s = " hello" 中，s[0] 将会返回字符'h'。因此，题目中的说法是正确的。

知识点：字符串的索引操作

任务二　使用豆包根据 PPT 提纲生成客观题

根据"Python 程序设计"授课所用的某章节 PPT，根据给定格式，使用豆包生成 3 道与该章节内容紧密相关的单项选择题，确保每个选择题都包含详细的问题描述、4 个选项及答案；生成 3 道判断题及对应的答案（正确或错误）。

【具体步骤】

（1）在 Edge 浏览器地址栏中，键入 https://www.doubao.com，按回车键进入豆包网页端界面，结果如图 5-4 所示。

图 5-4　豆包网页端窗口

（2）在窗口中，单击曲别针形状的图标，加载上传名称为"8.4 random 库"的 PPT 文档，在对话框中输入："阅读 PPT 内容并根据知识点生成 3 道单项选择题和 3 道判断题。要求严格按照【】的格式；生成试题和 PPT 讲解内容紧密相关；单项选择题要确保提供四个选项，其中一个是正确答案。"

【一、单项选择题

在 Python 中，以下哪个函数用于获取字符串的长度？（　　）

A. len(string)　　　　　　　　B. string. length( )

C. string. size( )　　　　　　　D. sizeof(string)

答案：A

难易程度：易

答案解析：在 Python 中，获取字符串长度的正确方法是使用内置函数 len(string)。选项 B 的 string.length() 和选项 C 的 string.size() 在 Python 中不存在，这些方法可能存在于其他编程语言中。选项 D 的 sizeof(string) 也不是 Python 中的有效方法，虽然 sys.getsizeof() 函数可以获取对象在内存中的大小，但它不是专门用来获取字符串长度的，且返回的是字节数，而不是字符数。

知识点：len() 函数

二、判断题

在 Python 中，字符串支持索引操作，可以通过索引访问字符串中的单个字符。
(   )

答案：正确

答案解析：

在 Python 中，字符串是序列类型的一种，支持索引操作。通过索引（即位置编号，从 0 开始），可以访问字符串中的单个字符。例如，字符串 s = "hello" 中，s[0] 将会返回字符'h'。因此，题目中的说法是正确的。

知识点：字符串的索引操作】

（3）按回车键，结果如图 5-5 所示。

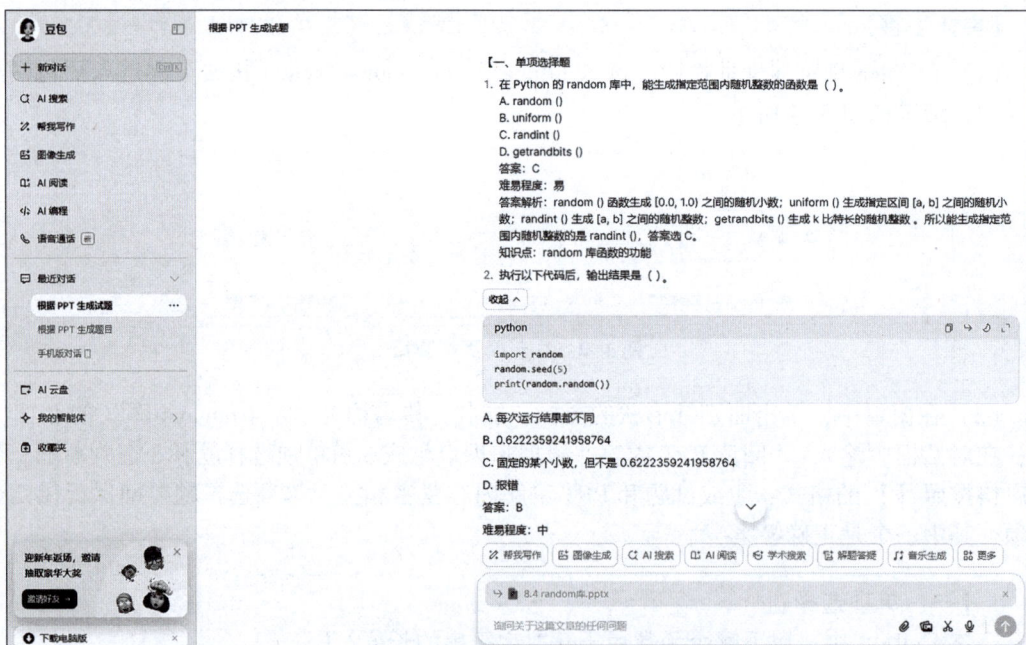

图 5-5   生成单项选择题和判断题的结果截图

（4）生成试卷具体内容如下：

【一、单项选择题

1. 在 Python 的 random 库中，能生成指定范围内随机整数的函数是（　　）。

A. random(　)　　　　B. uniform(　)　　　　C. randint(　)　　　　D. getrandbits(　)

答案：C

难易程度：易

答案解析：random(　)函数生成[0.0,1.0)之间的随机小数；uniform(　)生成指定区间[a,b]之间的随机小数；randint(　)生成[a,b]之间的随机整数；getrandbits(　)生成 k 比特长的随机整数。所以能生成指定范围内随机整数的是 randint(　)，答案选 C。

知识点：random 库函数的功能

2. 执行以下代码后，输出结果是（　　）。

```
import random
random. seed(5)
print(random. random())
```

A. 每次运行结果都不同

B. 0. 6222359241958764

C. 固定的某个小数，但不是 0. 6222359241958764

D. 报错

答案：B

难易程度：中

答案解析：当使用 random. seed(5)固定随机数种子后，每次运行代码，random. random(　)生成的随机数都是固定的，为 0. 6222359241958764。所以答案是 B。

知识点：random 库中 seed(　)函数对随机数生成的影响

3. 若想从列表[10,20,30,40,50]中随机选择一个元素，应使用以下哪个函数？
（　　）

A. shuffle(　)　　　　B. choice(　)　　　　C. randrange(　)　　　　D. uniform(　)

答案：B

难易程度：易

答案解析：shuffle(　)用于打乱序列元素顺序；choice(　)从序列中随机选择一个元素；randrange(　)生成指定范围内指定步长的随机整数；uniform(　)生成指定区间的随机小数。所以要从列表中随机选一个元素，应使用 choice(　)，答案是 B。

知识点：random 库中针对序列操作的函数

二、判断题

1. random 库中生成的伪随机数，只要种子相同，生成的随机数序列就相同。（　　）

答案：正确

答案解析：random 库采用梅森旋转算法生成伪随机数，在种子相同的情况下，每次生成的随机数序列都是一样的。所以该说法正确。

知识点：random 库伪随机数与种子的关系

2. 使用 random. randrange(1, 10, 2)生成的随机数可能是 4。(　　　)

答案：错误

答案解析：random. randrange(1, 10, 2)表示生成 1 到 10（不包含 10）之间以 2 为步长的随机整数，即生成的数是 1、3、5、7、9 中的一个，不可能是 4，所以该说法错误。

知识点：random. randrange()函数的使用

3. 蒙特卡罗方法计算圆周率时，散点数量越少，计算结果越精确。(　　　)

答案：错误

答案解析：蒙特卡罗方法计算圆周率是通过大量随机散点来逼近真实值，散点数量越多，计算结果越接近真实的圆周率值，散点数量越少，误差越大，结果越不精确。所以该说法错误。

知识点：蒙特卡罗方法计算圆周率的原理 】

【小结】

1. 使用文心一言，根据要求和给定内容生成客观题。
2. 使用豆包，根据 PPT 内容和给定内容生成客观题。

5.2 生成思维导图和上机操作题

学习要点

1. 使用豆包生成思维导图。
2. 使用豆包生成上机操作题及答案。

任务　使用豆包根据考试大纲生成思维导图和上机操作题

【任务描述】

以《全国计算机等级考试二级 Python 程序设计》大纲为例，生成考试大纲的思维导图，并根据第五部分组合数据类型，使用豆包生成与该章节内容紧密相关的 10 道上机操作题和答案。

【具体步骤】

(1) 在 Edge 浏览器地址栏中，键入 https://www.doubao.com，按回车键进入豆包网页端界面，如图 5-6 所示。

(2) 在窗口中，单击曲别针形状的图标，上传名称为"全国计算机等级考试二级 Python 语言程序设计考试大纲（2023 年版）"的 PDF 文档，如图 5-7 所示。

(3) 在窗口中，单击"生成脑图"按钮，结果如图 5-8 所示。

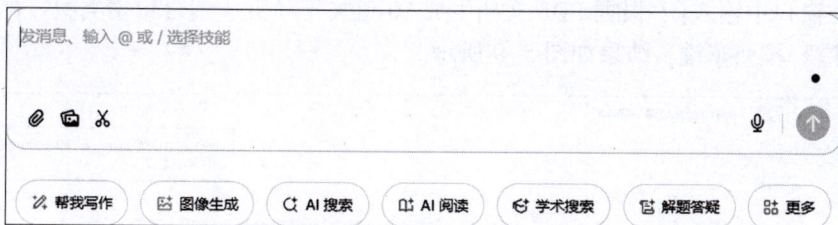

图 5-6　豆包网页端窗口

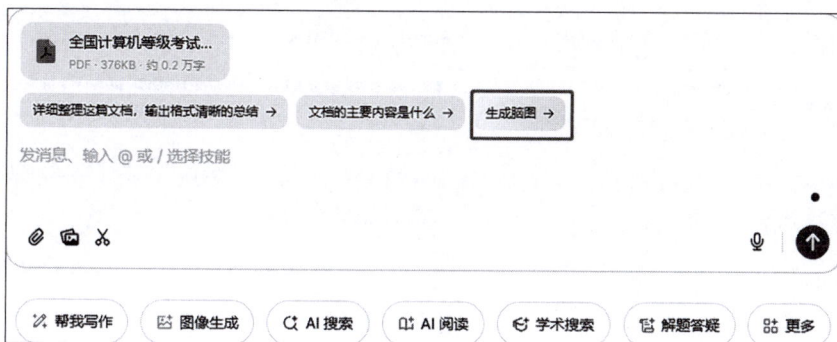

图 5-7　生成脑图界面

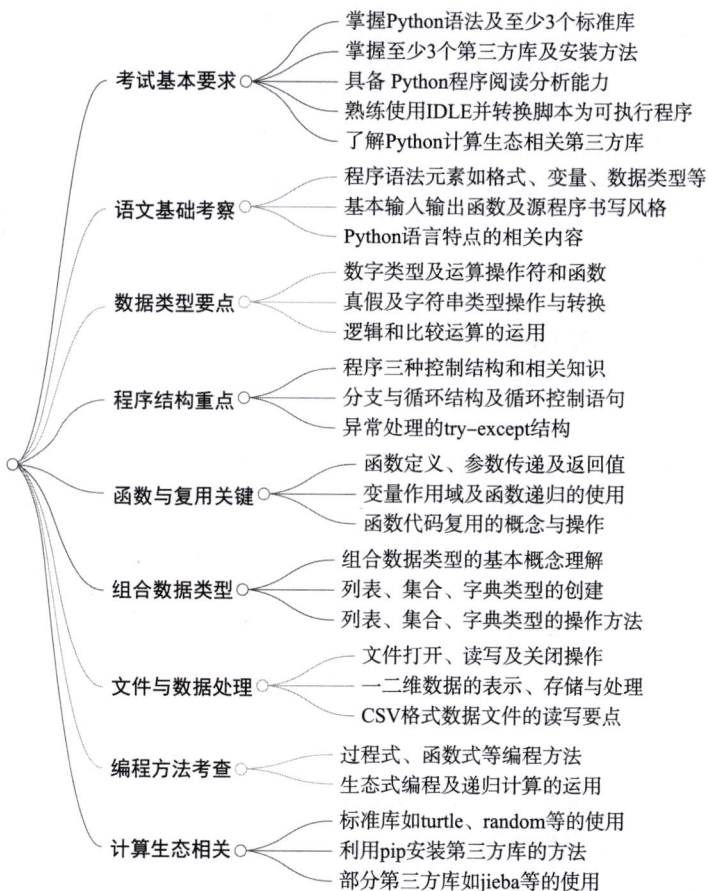

掌握Python语法及至少3个标准库
掌握至少3个第三方库及安装方法
考试基本要求 —— 具备 Python程序阅读分析能力
熟练使用IDLE并转换脚本为可执行程序
了解Python计算生态相关第三方库

程序语法元素如格式、变量、数据类型等
语文基础考察 —— 基本输入输出函数及源程序书写风格
Python语言特点的相关内容

数字类型及运算操作符和函数
数据类型要点 —— 真假及字符串类型操作与转换
逻辑和比较运算的运用

程序三种控制结构和相关知识
程序结构重点 —— 分支与循环结构及循环控制语句
异常处理的try-except结构

函数定义、参数传递及返回值
函数与复用关键 —— 变量作用域及函数递归的使用
函数代码复用的概念与操作

组合数据类型的基本概念理解
组合数据类型 —— 列表、集合、字典类型的创建
列表、集合、字典类型的操作方法

文件打开、读写及关闭操作
文件与数据处理 —— 一二维数据的表示、存储与处理
CSV格式数据文件的读写要点

编程方法考查 —— 过程式、函数式等编程方法
生态式编程及递归计算的运用

标准库如turtle、random等的使用
计算生态相关 —— 利用pip安装第三方库的方法
部分第三方库如jieba等的使用

图 5-8　全国计算机等级二级 Python 考试大纲思维导图

（4）在窗口中输入："根据 PDF 文档生成 10 道关于'五、组合数据类型'的实验操作题及其答案。"按回车键，结果如图 5-9 所示。

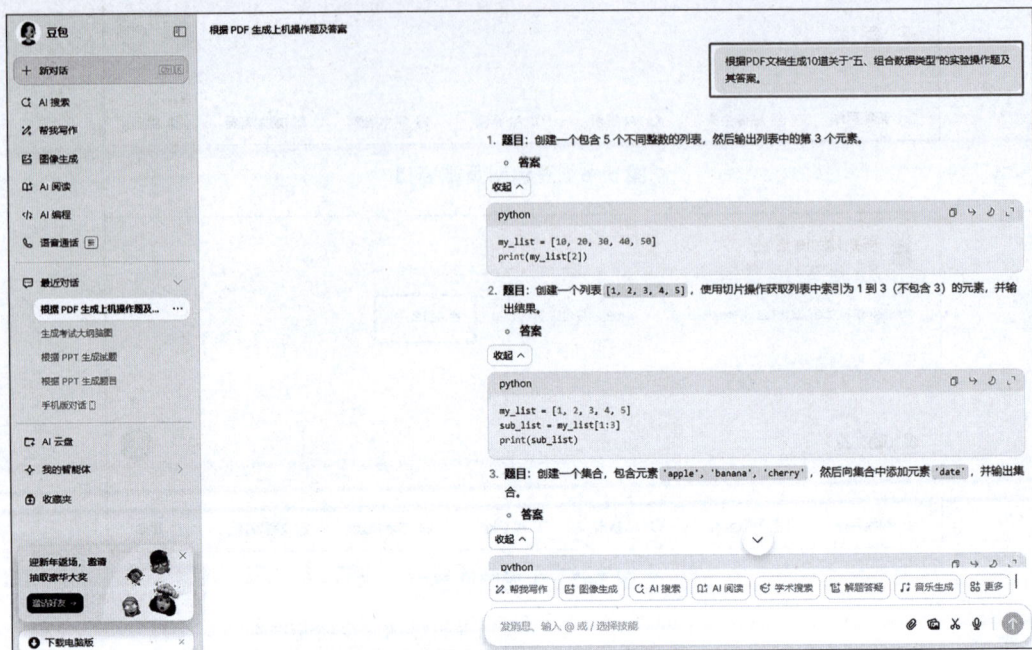

图 5-9 生成 10 道上机操作题和答案截图

（5）生成试卷具体内容如下：

1. **题目**：创建一个包含 5 个不同整数的列表，然后输出列表中的第 3 个元素。
   ◦ **答案**
   ```python
   '''python
   my_list = [10, 20, 30, 40, 50]
   print(my_list[2])
   '''
   ```

2. **题目**：创建一个列表'[1, 2, 3, 4, 5]'，使用切片操作获取列表中索引为 1 到 3（不包含 3）的元素，并输出结果。
   ◦ **答案**
   ```python
   '''python
   my_list = [1, 2, 3, 4, 5]
   sub_list = my_list[1:3]
   print(sub_list)
   '''
   ```

3. **题目**：创建一个集合，包含元素"apple', 'banana', 'cherry"，然后向集合中添加元素"date"，并输出集合。
   ◦ **答案**

```python
my_set = {'apple', 'banana', 'cherry'}
my_set. add('date')
print(my_set)
```

4. **题目**：创建两个集合'set1＝{1，2，3}'和'set2＝{3，4，5}'，求这两个集合的交集，并输出结果。

○ **答案**
```python
set1 = {1, 2, 3}
set2 = {3, 4, 5}
intersection_set = set1. intersection(set2)
print(intersection_set)
```

5. **题目**：创建一个字典，包含键值对"name'：'Alice'，'age'：25，'city'：'New York"，然后获取字典中"age"对应的值并输出。

○ **答案**
```python
my_dict = {'name': 'Alice', 'age': 25, 'city': 'New York'}
age = my_dict. get('age')
print(age)
```

6. **题目**：创建一个字典'my_dict = {'a'：1，'b'：2，'c'：3}'，向字典中添加一个新的键值对"d'：4'，并输出更新后的字典。

○ **答案**
```python
my_dict = {'a': 1, 'b': 2, 'c': 3}
my_dict['d'] = 4
print(my_dict)
```

7. **题目**：有一个列表'[1，2，2，3，3，3，4，4，4，4]'，将其转换为集合，以去除重复元素，并输出集合。

○ **答案**
```python
my_list = [1, 2, 2, 3, 3, 3,4, 4, 4, 4]
my_set = set(my_list)
print(my_set)
```

8. **题目**：创建一个字典'my_dict = {'name'：'Bob', 'age'：30}'，删除字典中的"age"键，并输出删除后的字典。

   。**答案**

   '''python

   my_dict = {'name': 'Bob', 'age': 30}

   del my_dict['age']

   print(my_dict)

   '''

9. **题目**：创建两个列表'list1 = [1, 2, 3]'和'list2 = [4, 5, 6]'，将这两个列表合并成一个新列表，并输出新列表。

   。**答案**

   '''python

   list1 = [1, 2, 3]

   list2 = [4, 5, 6]

   new_list = list1+list2

   print(new_list)

   '''

10. **题目**：创建一个集合'my_set = {1, 2, 3, 4}'，从集合中随机移除一个元素，并输出移除元素后的集合。

    。**答案**

    '''python

    import random

    my_set = {1, 2, 3, 4}

    element = random. sample(my_set, 1)[0]

    my_set. remove(element)

    print(my_set)

    '''

（6）将内容复制到 Word 中，使用查找和替换美化格式，将"题目："   "答案"   "'''python"   "'''"等字符替换为空或其他字符。

【小结】

1. 使用豆包，根据 PDF 文档生成思维导图。
2. 使用豆包，根据 PDF 文档生成上机操作题。

5.3 生成课程考试数据分析和评价性语言

学习要点

1. 使用豆包生成课程成绩的数据分析。
2. 使用豆包生成课程学期成绩的评语和建议。

基于 **Excel** 进行数据分析并生成评语

【任务描述】

以 Python 程序设计学期成绩表为例，统计合格率和优秀率，规定大于 85 分为优秀。针对学期成绩，生成针对学生本人的 Python 程序设计学期评语和建议，要求结果存储在 Excel 中，文件命名为"Python 程序设计学期评语 . xlsx"。

【具体步骤】

（1）在 Edge 浏览器地址栏中，键入 https://www. doubao. com，按回车键进入豆包网页端界面，结果如图 5-10 所示。

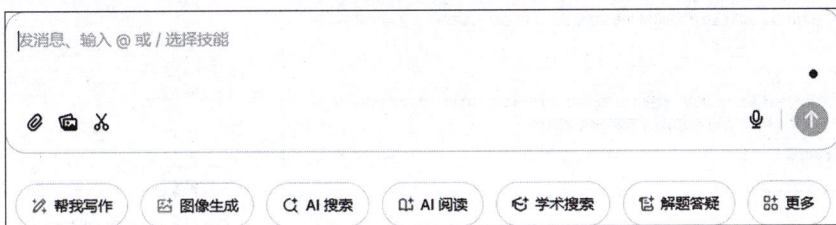

图 5-10　豆包网页端窗口

（2）在窗口右下角，单击"更多"按钮，出现如图 5-11 所示界面。

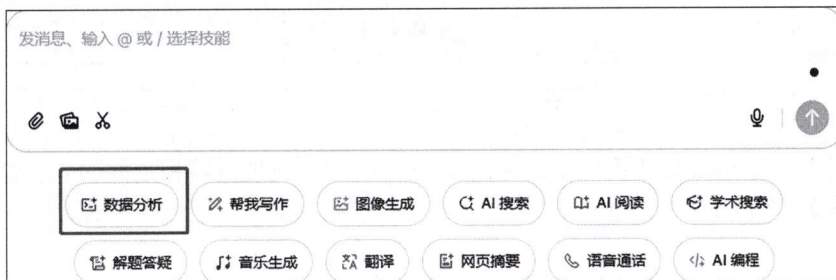

图 5-11　数据分析界面

（3）在窗口中，单击曲别针形状的图标，加载上传名称为"Python 程序设计成绩表 . xlsx"的电子表格，上传结束后，出现如图 5-12 所示的窗口。

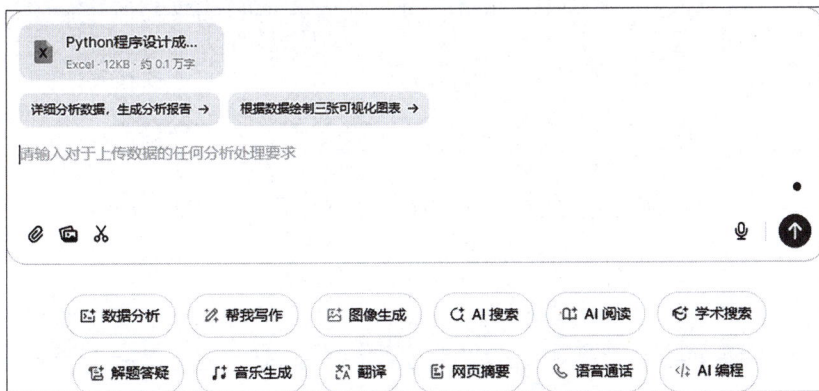

图 5-12　上传电子表格后的界面

（4）在窗口中输入："根据 Python 程序设计成绩表 . xlsx，统计合格率和优秀率，规定大于 85 分为优秀。针对学期成绩，生成针对学生本人的 Python 程序设计学期评语和建议，要求结果存储在 Excel 中，文件命名为'Python 程序设计学期评语 . xlsx'。"按回车键，结果如图 5-13 所示。

（5）在图 5-13 所示的数据分析和生成评语界面中，单击框中的"Python 程序设计学期评语 . xlsx"文件，出现如图 5-14 所示下载窗口。

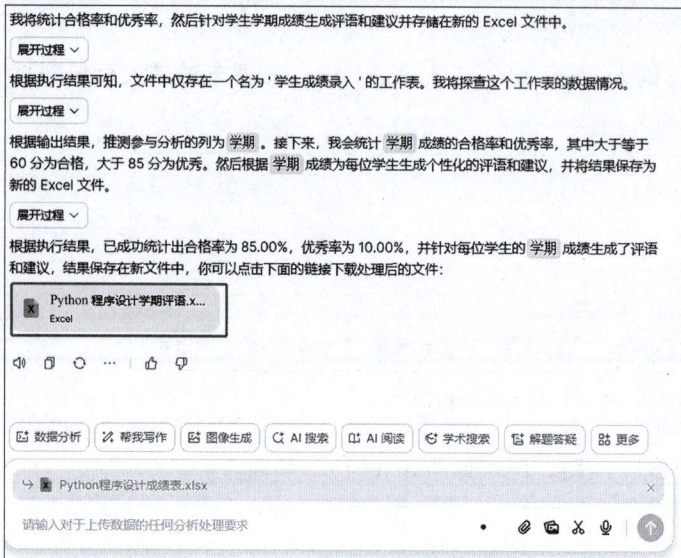

图 5-13　数据分析和生成评语

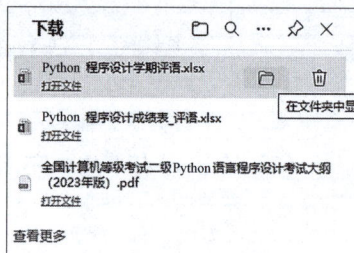

图 5-14　下载窗口

（6）打开"Python 程序设计学期评语 . xlsx"文件，发现成绩相当的同学，评语都是重复的，如图 5-15 所示。

图 5-15　第一次学期评语

（7）在窗口中继续输入：“生成的 Python 程序设计学期评语重复太多，要求每个同学的评语不能完全一致，请重新生成，并命名为 Python 程序设计学期评语_新 . xlsx。”按回车键，结果如图 5-16 所示。

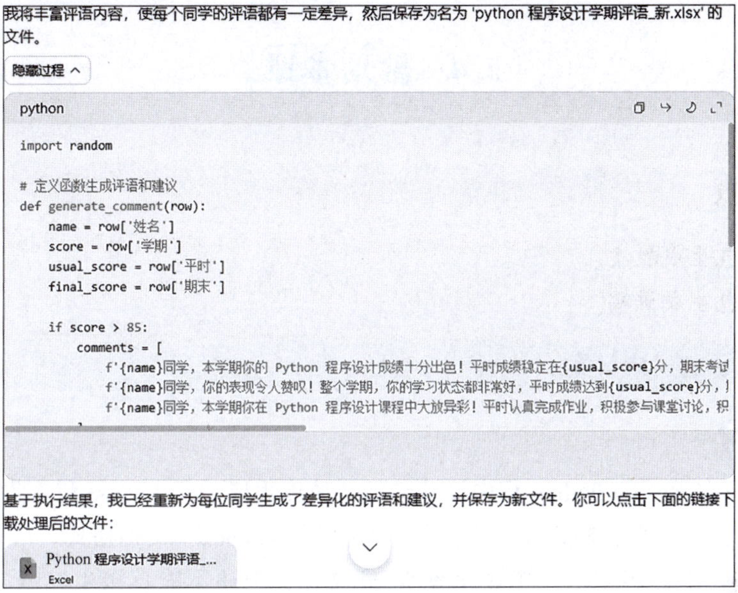

图 5-16　生成新的学期评语

（8）在图 5-16 所示的界面中，单击“Python 程序设计学期评语_新 . xlsx”文件，通过下载窗口，打开电子表格，内容如图 5-17 所示。通过对比，发现内容重复的现象有了较大改观。

序号	姓名	平时	期末	学期	评语和建议
1	张1	80	69	73.4	张1同学，本学期你的 Python 学习有一定成果，平时成绩80分，期末考了69.0分。为了进一步提高，你可以找一些优秀的 Python 代码进行分析，学习别人的编程思路和技巧。
2	张2	85	67	74.2	张2同学，本学期你的 Python 程序设计成绩合格。平时成绩为85分，期末考了67.0分，说明你掌握了基本的编程知识。不过，在一些知识点上还需要加强。建议你多做一些综合性的编程练习，提高自己的实际操作能力。
3	张3	82	68	73.6	张3同学，你在这学期的 Python 课程中表现中规中矩，平时拿到82分，期末成绩是68.0分。你已经迈出了编程学习的重要一步，但还有很大的提升空间。可以多参加一些编程小组活动，和同学们交流学习心得。
4	张4	79	80	79.6	张4同学，本学期你的 Python 学习有一定成果，平时成绩79分，期末考了80.0分。为了进一步提高，你可以找一些优秀的 Python 代码进行分析，学习别人的编程思路和技巧。
5	王1	70	39	51.4	王1同学，这学期你的 Python 学习遇到了一些困难，平时70分，期末39.0分。不过，失败是成功之母。你可以制定一个详细的学习计划，每天坚持学习 Python，相信你会取得进步的。
6	王2	60	66	63.6	王2同学，你在这学期的 Python 课程中表现中规中矩，平时拿到60分，期末成绩是66.0分。你已经迈出了编程学习的重要一步，但还有很大的提升空间。可以多参加一些编程小组活动，和同学们交流学习心得。
7	王3	80	66	71.6	王3同学，你在这学期的 Python 课程中表现中规中矩，平时拿到80分，期末成绩是66.0分。你已经迈出了编程学习的重要一步，但还有很大的提升空间。可以多参加一些编程小组活动，和同学们交流学习心得。
8	王4	83	68	74	王4同学，本学期你的 Python 学习有一定成果，平时成绩83分，期末考了68.0分。为了进一步提高，你可以找一些优秀的 Python 代码进行分析，学习别人的编程思路和技巧。
9	李1	70	88	80.8	李1同学，本学期你的 Python 程序设计成绩合格。平时成绩为70分，期末考了88.0分，说明你掌握了基本的编程知识。不过，在一些知识点上还需要加强。建议你多做一些综合性的编程练习，提高自己的实际操作能力。
10	李2	80	71	74.6	李2同学，本学期你的 Python 学习有一定成果，平时成绩80分，期末考了71.0分。为了进一步提高，你可以找一些优秀的 Python 代码进行分析，学习别人的编程思路和技巧。
11	李3	80	90	86	李3同学，本学期你在 Python 程序设计课程中大放异彩！平时认真完成作业，积极参与课堂讨论，积累了80分的平时成绩，期末又以90.0分完美收官。继续保持这份热情，探索更多 Python 的高级应用，如机器学习和数据分析。
12	李4	60	76	69.6	李4同学，本学期你的 Python 学习有一定成果，平时成绩60分，期末考了76.0分。为了进一步提高，你可以找一些优秀的 Python 代码进行分析，学习别人的编程思路和技巧。
13	刘1	60	80	72	刘1同学，你在这学期的 Python 课程中表现中规中矩，平时拿到60分，期末成绩是80.0分。你已经迈出了编程学习的重要一步，但还有很大的提升空间。可以多参加一些编程小组活动，和同学们交流学习心得。
14	刘2	88	51	65.8	刘2同学，本学期你的 Python 学习有一定成果，平时成绩88分，期末考了51.0分。为了进一步提高，你可以找一些优秀的 Python 代码进行分析，学习别人的编程思路和技巧。
15	刘3	70	65	67	刘3同学，本学期你的 Python 学习有一定成果，平时成绩70分，期末考了65.0分。为了进一步提高，你可以找一些优秀的 Python 代码进行分析，学习别人的编程思路和技巧。
16	刘4	83	51	63.8	刘4同学，本学期你的 Python 程序设计成绩合格。平时成绩为83分，期末考了51.0分，说明你掌握了基本的编程知识。不过，在一些知识点上还需要加强。建议你多做一些综合性的编程练习，提高自己的实际操作能力。
17	孙1	90	66	75.6	孙1同学，本学期你的 Python 程序设计成绩合格。平时成绩为90分，期末考了66.0分，说明你掌握了基本的编程知识。不过，在一些知识点上还需要加强。建议你多做一些综合性的编程练习，提高自己的实际操作能力。
18	孙2	66	80	74.4	孙2同学，本学期你的 Python 程序设计成绩合格。平时成绩为66分，期末考了80.0分，说明你掌握了基本的编程知识。不过，在一些知识点上还需要加强。建议你多做一些综合性的编程练习，提高自己的实际操作能力。
19	孙3	84	81.5	82.5	孙3同学，你在这学期的 Python 课程中表现中规中矩，平时拿到84分，期末成绩是81.5分。你已经迈出了编程学习的重要一步，但还有很大的提升空间。可以多参加一些编程小组活动，和同学们交流学习心得。
20	孙4	65	48.5	55.1	孙4同学，本学期你的 Python 程序设计成绩不太理想。平时成绩65分，期末只考了48.5分。不要气馁，先从基础的语法知识开始查漏补缺，多花时间做一些简单的编程练习，逐步提升自己的能力。
21	吴1	90	89.5	89.7	吴1同学，本学期你的 Python 程序设计成绩十分出色！平时成绩稳定在90分，期末考试也发挥优异，取得89.5分的好成绩。这体现了你扎实的编程功底和积极进取的学习态度。希望你能继续保持，挑战更具难度的编程项目，不断挖掘自己的潜力。
22	吴2	80	42	57.2	吴2同学，你的 Python 成绩有待提高，平时80分，期末42.0分。建议你向成绩好的同学请教学习方法，也可以参加一些编程辅导班，系统地学习 Python 知识。
23	吴3	90	80	84	吴3同学，本学期你的 Python 学习有一定成果，平时成绩90分，期末考了80.0分。为了进一步提高，你可以找一些优秀的 Python 代码进行分析，学习别人的编程思路和技巧。
24	吴4	68	66	66.8	吴4同学，你在这学期的 Python 课程中表现中规中矩，平时拿到68分，期末成绩是66.0分。你已经迈出了编程学习的重要一步，但还有很大的提升空间。可以多参加一些编程小组活动，和同学们交流学习心得。
25	赵1	95	86	89.6	赵1同学，你的表现令人赞叹！整个学期，你的学习状态都非常好，平时成绩达到95分，期末更是考出86.0分。你对 Python 程序设计的理解和应用能力远超同龄人。接下来，可以尝试参与一些开源项目，拓宽自己的视野。
26	赵2	90	65	75	赵2同学，本学期你的 Python 程序设计成绩合格。平时成绩为90分，期末考了65.0分，说明你掌握了基本的编程知识。不过，在一些知识点上还需要加强。建议你多做一些综合性的编程练习，提高自己的实际操作能力。
27	赵3	83	70	75.2	赵3同学，本学期你的 Python 程序设计成绩合格。平时成绩为83分，期末考了70.0分，说明你掌握了基本的编程知识。不过，在一些知识点上还需要加强。建议你多做一些综合性的编程练习，提高自己的实际操作能力。
28	赵4	76	82	79.6	赵4同学，本学期你的 Python 程序设计成绩合格。平时成绩为76分，期末考了82.0分，说明你掌握了基本的编程知识。不过，在一些知识点上还需要加强。建议你多做一些综合性的编程练习，提高自己的实际操作能力。
29	杨1	40	66	55.6	杨1同学，你的 Python 成绩有待提高，平时40分，期末66.0分。建议你向成绩好的同学请教学习方法，也可以参加一些编程辅导班，系统地学习 Python 知识。
30	杨2	50	66	59.6	杨2同学，你的 Python 成绩有待提高，平时50分，期末66.0分。建议你向成绩好的同学请教学习方法，也可以参加一些编程辅导班，系统地学习 Python 知识。
31	杨3	96	85	89.4	杨3同学，你的表现令人赞叹！整个学期，你的学习状态都非常好，平时成绩达到96分，期末更是考出85.0分。你对 Python 程序设计的理解和应用能力远超同龄人。接下来，可以尝试参与一些开源项目，拓宽自己的视野。
32	杨4	66	15	35.4	杨4同学，你的 Python 成绩有待提高，平时66分，期末15.0分。建议你向成绩好的同学请教学习方法，也可以参加一些编程辅导班，系统地学习 Python 知识。
33	周1	65	59	61.4	周1同学，本学期你的 Python 程序设计成绩合格。平时成绩为65分，期末考了59.0分，说明你掌握了基本的编程知识。不过，在一些知识点上还需要加强。建议你多做一些综合性的编程练习，提高自己的实际操作能力。

图 5-17　第二次学期评语

【小结】

1. 使用豆包，对成绩表进行数据分析和生成评语。
2. 润色指令，重新生成学期评语。

5.4 辅助备课

学习要点

1. 使用豆包生成教案。
2. 使用豆包生成讲稿。

任务一　使用豆包生成教案

【任务描述】

假定你是一名资深的 Python 程序设计老师，请你生成关于 Python 程序设计之字符串切片的 2 课时 90 分钟教案，格式要严格按照"教案样例 . docx"文档格式。

提醒：目前 AIGC 各类工具能够读懂 Word 文档，但还不能直接生成 Word 文档，因此需要根据格式，生成所需文字，复制到 Word 中人工排版。

【具体步骤】

（1）在 Edge 浏览器地址栏中，键入 https：//www.doubao.com，按回车键进入豆包网页端界面，如图 5-18 所示。

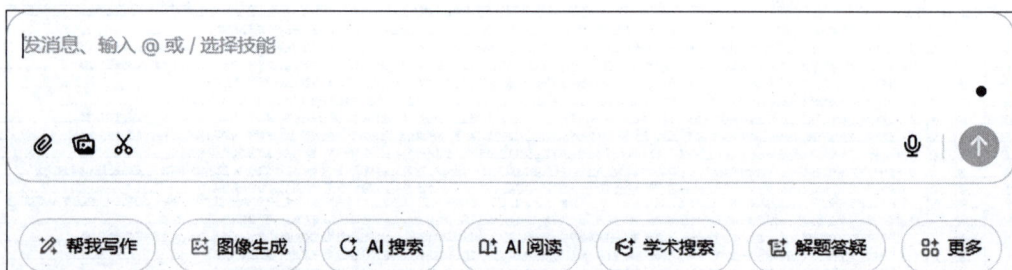

发消息、输入 @ 或 / 选择技能

🖉　🖻　✂

🎤　↑

✍ 帮我写作　🖼 图像生成　🔄 AI 搜索　📖 AI 阅读　🎓 学术搜索　📋 解题答疑　⬚ 更多

图 5-18　豆包网页端窗口

（2）在窗口中，单击曲别针形状的图标，上传名称为"教案样例 . docx"的 Word 文档，如图 5-19 所示。

（3）在窗口中输入："根据教案样例格式，生成关于 Python 程序设计之字符串切片的 2 课时 90 分钟教案。要求：教学目标明确、内容翔实、重点和难点简明扼要，教学总结和反思根据实际生成，教学活动和学生活动一一对应，内容以表格形式呈现。"按回车键，结果如图 5-20 所示。

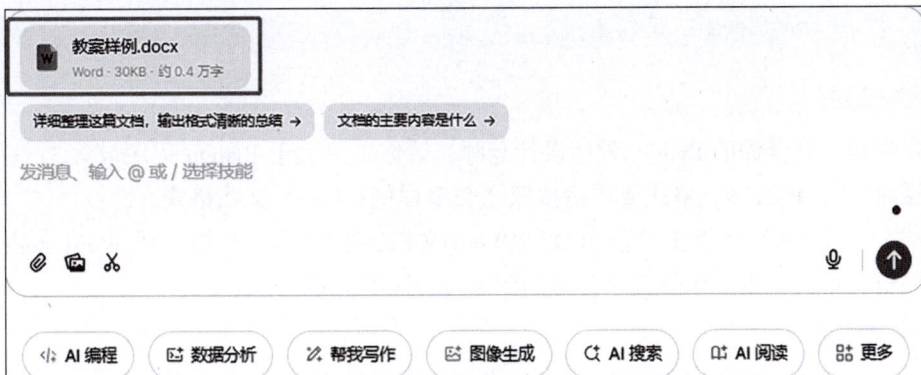

图 5-19　上传教案样例后界面

图 5-20　豆包生成教案

（4）目前豆包不能生成比较复杂的表格，也不能生成 Word 表格文档，因此，根据需要，把生成的文字复制到教案的表格中再进行人工排版。在教师活动和学生活动部分，豆包生成的教案不便于浏览和复制，建议使用 DeepSeek，它在理解原表格格式的能力方面更强一些，生成教案后，在呈现方面更为友好。

【小结】

使用豆包生成表格形式的教案。

任务二　使用 DeepSeek 生成教案

【任务描述】

假定你是一名资深的 Python 程序设计老师，请你生成关于 Python 程序设计之字符串切片的 2 课时 90 分钟教案，格式要严格按照"教案样例.docx"文档格式。

提醒：目前 AIGC 各类工具能够读懂 Word 文档，但还不能直接生成 Word 表格文档，因此需要根据格式，生成所需文字，复制到 Word 中进行人工排版。

【具体步骤】

（1）在 Edge 浏览器地址栏中，键入 https://chat.deepseek.com/，按回车键进入 DeepSeek 网页端界面，如图 5-21 所示。

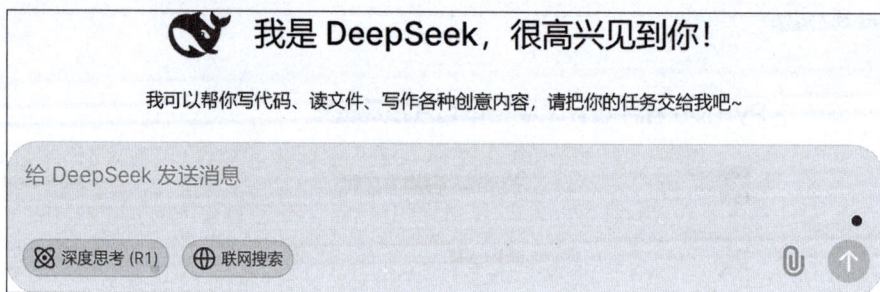

图 5-21　DeepSeek 网页端窗口

（2）在窗口中，单击曲别针形状的图标，上传名称为"教案样例.docx"的 Word 文档，如图 5-22 所示。

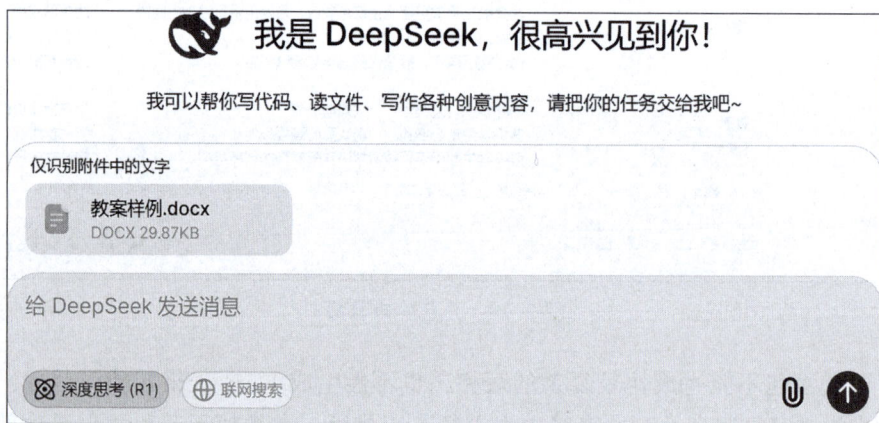

图 5-22　上传教案样例后界面

（3）在窗口中输入："根据教案样例格式，生成关于 Python 程序设计之字符串切片的 2 课时 90 分钟教案。要求：教学目标明确、内容翔实、重点和难点简明扼要，教学总结和反思根据实际生成，教学活动和学生活动一一对应，内容以表格形式呈现。"按回车键，结果如图 5-23 所示。

图 5-23　DeepSeek 生成教案

（4）自行对比使用豆包和 DeepSeek 生成的教案的呈现形式和结果。

【小结】

使用 DeepSeek 生成表格形式的教案。

任务三　使用豆包生成讲稿

【任务描述】

假定你是一名资深的 Python 程序设计老师，请你生成关于 Python 程序设计之字符串切片的 2 课时 90 分钟讲稿，内容包含但不限于复习、情境导入、理论讲解和实验验证、总结等部分。实验操作题要包含字符串切片的主要应用场景，且至少包括 5 道实验操作题和答案，最终生成 5 道单项选择题和 5 道判断题，便于学生巩固知识。

【具体步骤】

（1）在 Edge 浏览器地址栏中，键入 https://www.doubao.com，按回车键进入豆包网页端界面，如图 5-24 所示。

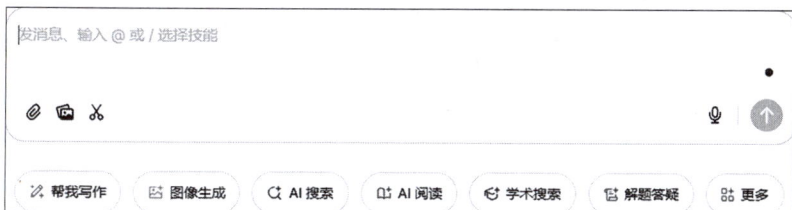

图 5-24　豆包网页端窗口

（2）在窗口中输入："生成关于 Python 程序设计之字符串切片的 2 课时 90 分钟讲稿，

内容包含但不限于复习、情境导入、理论讲解和实验验证、总结等部分。实验操作题要包含字符串切片的主要应用场景，且至少包括 5 道实验操作题和答案，最终再生成 5 道单项选择题和 5 道判断题。"按回车键，结果如图 5-25 所示。

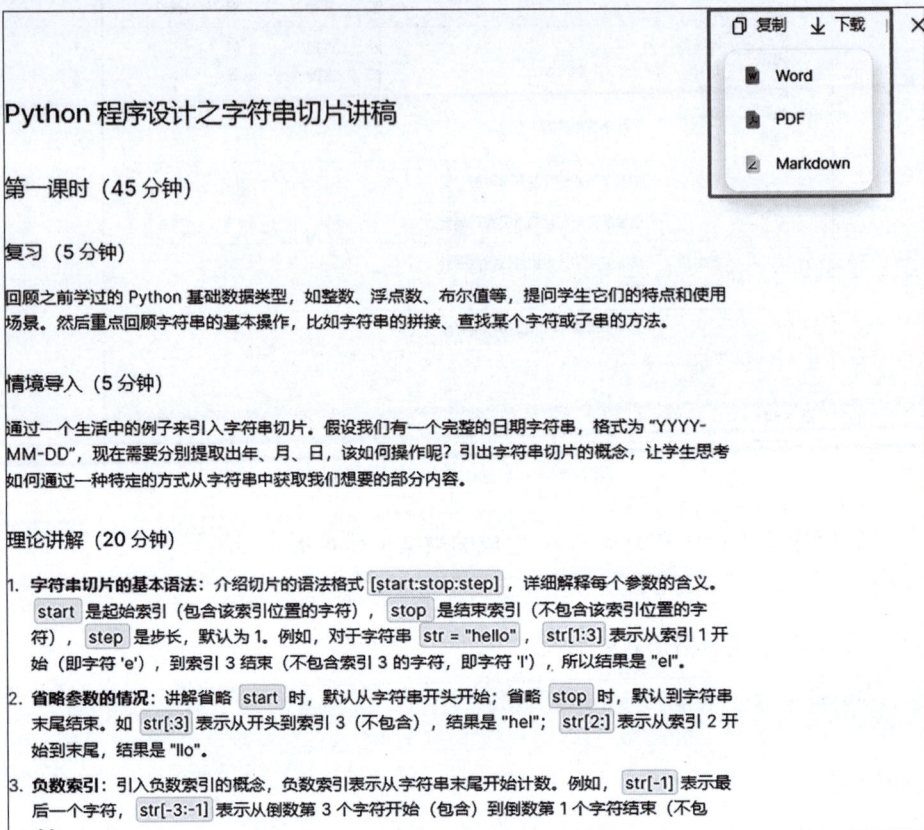

图 5-25　生成讲稿

（3）单击图 5-26 中的"下载"按钮，可以下载讲稿对应的三种类型的文件，如图 5-26 所示。

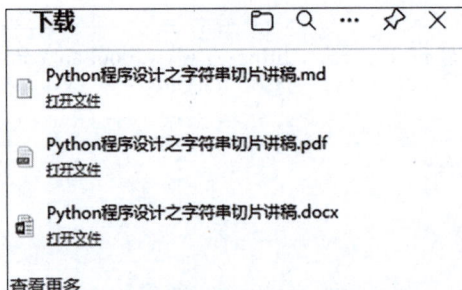

图 5-26　下载窗口中三种类型的讲稿

（4）具体内容如下（做了部分排版）：

Python 程序设计之字符串切片讲稿

第一课时（45 分钟）

一、复习（5 分钟）

回顾之前学过的 Python 基础数据类型，如整数、浮点数、布尔值等，提问学生它们的特点和使用场景。然后重点回顾字符串的基本操作，比如字符串的拼接、查找某个字符或子串的方法。

二、情境导入（5 分钟）

通过一个生活中的例子来引入字符串切片。假设有一个完整的日期字符串，格式为"YYYY-MM-DD"，现在需要分别提取出年、月、日，该如何操作呢？引出字符串切片的概念，让学生思考如何通过一种特定的方式从字符串中获取想要的部分内容。

三、理论讲解（20 分钟）

1. 字符串切片的基本语法：介绍切片的语法格式［start：stop：step］，详细解释每个参数的含义。start 是起始索引（包含该索引位置的字符），stop 是结束索引（不包含该索引位置的字符），step 是步长，默认为 1。例如，对于字符串 str = "hello"，str［1：3］表示从索引 1 开始（即字符 'e'），到索引 3 结束（不包含索引 3 的字符，即字符 'l'），所以结果是 "el"。

2. 省略参数的情况：讲解省略 start 时，默认从字符串开头开始；省略 stop 时，默认到字符串末尾结束。如 str［：3］表示从开头到索引 3（不包含），结果是 "hel"；str［2：］表示从索引 2 开始到末尾，结果是 "llo"。

3. 负数索引：引入负数索引的概念，负数索引表示从字符串末尾开始计数。例如，str［-1］表示最后一个字符，str［-3：-1］表示从倒数第 3 个字符开始（包含）到倒数第 1 个字符结束（不包含）。

四、实验验证（10 分钟）

1. 实验题目 1：给定字符串 str="python is awesome"，提取出子串 "is"。
   ○ 答案：str［7：9］

2. 实验题目 2：给定字符串 str="123456789"，提取出所有奇数位的数字。
   ○ 答案：str［：：2］

3. 实验题目 3：给定字符串 str="abcdef"，反向输出该字符串。
   ○ 答案：str［：：-1］

五、总结（5 分钟）

总结本节课重点内容，包括字符串切片的语法、参数含义、省略参数的情况以及负数索引的使用。强调字符串切片在实际编程中对于字符串处理的重要性。

第二课时（45 分钟）

一、复习（5 分钟）

回顾上节课学习的字符串切片的基本语法和简单示例，提问学生一些关于切片语法的问题，如［2：5：2］中每个数字的含义。

二、情境导入（5 分钟）

提出一个新的情境，比如有一个很长的文本字符串，里面包含了多个段落，每个段落之间用换行符分隔，现在需要提取出每个段落的首句，引导学生思考如何利用字符串切片结合其他字符串操作方法来实现。

三、理论讲解（10 分钟）

1. 字符串切片在实际场景中的应用拓展：讲解字符串切片在文件路径处理、URL 解析、数据提取等场景中的应用。例如，在文件路径"C：\Users\username\Documents\example. txt"中，可以通过切片提取出文件名"example. txt"；在 URL"https://www. example. com/index. html"中，可以提取出域名"www. example. com"。

2. 与其他字符串方法结合使用：介绍如何将字符串切片与 split( )、join( )等方法结合使用。比如，先使用 split( )方法将字符串按某个字符分割成列表，再对列表中的每个元素进行切片操作，最后使用 join( )方法将处理后的列表重新组合成字符串。

四、实验验证（15 分钟）

1. 实验题目 4：给定一个文件路径字符串 path = "C：\Users\user\Desktop\test. py"，提取出文件的扩展名。
   ○ 答案：path. split('. ')[-1]

2. 实验题目 5：给定一个 URL 字符串 url = " https://www. example. com/products? category=electronics"，提取出域名部分。
   ○ 答案：url. split('/')[2]

3. 实验题目 6：给定字符串 str = "apple,banana,orange"，将每个单词的首字母大写，其他字母小写，然后用 '-'连接起来。
   ○ 答案：'-'. join([word. capitalize( ) for word in str. split(',')])

4. 实验题目 7：给定字符串 str = "a b c d e"，将其反转并去掉空格后输出。
   ○ 答案：str. replace(" ", "")[::-1]

5. 实验题目 8：给定字符串 str = "2024-01-15"，提取出年份、月份和日期，分别存储在三个变量中。
   ○ 答案：

date_str = "2024-01-15"

year = date_str[:4]

month = date_str[5:7]

day = date_str[8:]

五、总结（5 分钟）

总结本节课内容，再次强调字符串切片在实际应用中的重要性，以及如何与其他字符串操作方法配合使用。鼓励学生在课后多进行练习，熟练掌握字符串切片技巧。

一、单项选择题（5 道）

1. 对于字符串 str = "python",str[1:4]的结果是? (   )
   A. "yth"   B. "pyt"   C. "ytho"   D. "thon"

2. 以下哪个切片操作可以获取字符串 str = "abcdef"的最后两个字符? (   )
   A. str[-2:]   B. str[-3:-1]   C. str[4:6]   D. str[4:]

3. 给定字符串 str="123456789", str[::3]的结果是? (   )
   A. "13579"   B. "147"   C. "369"   D. "258"

4. 若想将字符串 str="hello world"反向输出，以下正确的是? (   )
   A. str. reverse( ) B. str[::-1]   C. reverse(str)   D. str[-1:0:-1]

5. 对于字符串 str="apple"，str[2:2] 的结果是？（　　　）
A. "p"　　　　　　　B. ""　　　　　　　C. "pp"　　　　　　D. "ple"

二、判断题（5 道）
1. 字符串切片时，start 索引必须小于 stop 索引。　　　　　　（　　　）
2. 省略 step 参数时，默认步长为 0。　　　　　　　　　　　（　　　）
3. 负数索引不能与正数索引同时在一个切片操作中使用。　　　（　　　）
4. 字符串切片操作不会改变原字符串。　　　　　　　　　　　（　　　）
5. 对于字符串 str="abc"，str[3] 会返回最后一个字符 'c'。　（　　　）

三、答案
1. 单项选择题答案：A、A、B、B、B
2. 判断题答案：×、×、×、√、×

【小结】
1. 使用豆包生成教案。
2. 使用豆包生成讲稿。

5.5　作业批改

学习要点

1. 使用豆包批改 Python 作业并优化代码。
2. 使用豆包给作业打分。
3. 使用 DeepSeek 批改 Python 作业并优化代码。
4. 使用 DeepSeek 给作业打分。

任务一　使用豆包批改 Python 程序设计作业

【任务描述】

在 "Python 程序设计" 课程教学过程中，王老师为每位同学布置了编程题作业。为确保作业批改的规范性和指导性，王老师拟采用 AIGC 智能平台进行作业批改，具体要求如下：

（1）学生须以个人姓名作为程序文件名。

（2）需明确指出程序中存在的错误并进行修正。

（3）在提供优化后的正确代码时，须同步附上代码功能解析。

提醒：虽然 AIGC 各类工具功能强大，但它们各有千秋。百度的文心一言目前不能直接上传 .py 文档，豆包和 DeepSeek 均支持上传 .py 文档，本任务以豆包为例来讲解批改作业的方法。

【具体步骤】

（1）在 Edge 浏览器地址栏中，键入 https://www.doubao.com，按回车键进入豆包网页端界面，如图 5-27 所示。

（2）在窗口中，单击曲别针形状的图标，上传名称为 "张三 .py""李四 .py""王五 .py" 等的 Python 程序，如图 5-28 所示。

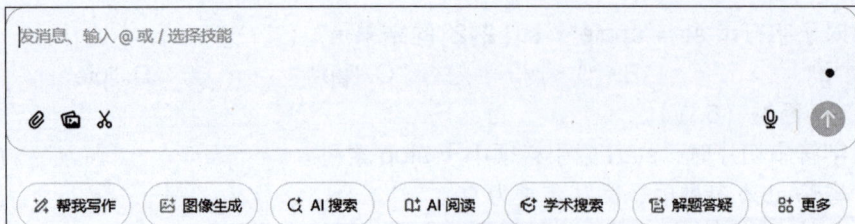

图 5-27　豆包网页端窗口

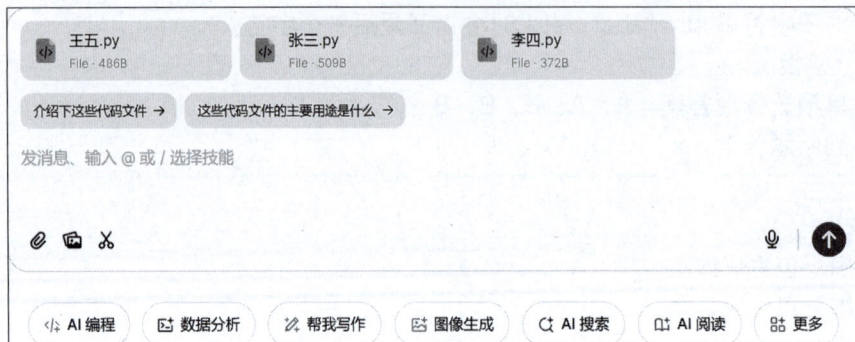

图 5-28　上传 Python 作业后的界面

（3）在窗口对话框中输入："阅读所有 .py 文档，并批改、优化、解释程序。要求：1. 明确指出程序中存在的错误并进行修正；2. 在提供优化后的正确代码时，须同步附上代码功能解析。"按回车键，结果如图 5-29 所示。

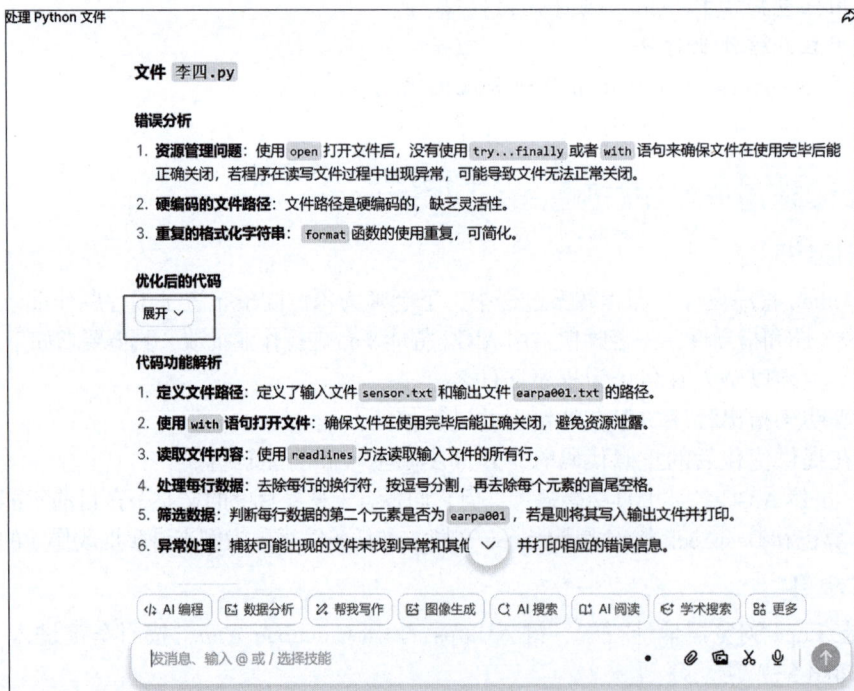

图 5-29　错误分析、代码优化和功能解析截图

（4）在图 5-29 所示窗口中，单击"优化后的代码"的"展开"按钮，显示优化后的代码，将会显示以下代码：

```
#定义输入和输出文件的路径
input_file_path = 'sensor. txt'
output_file_path = 'earpa001. txt'
try:
    #使用 with 语句打开输入文件,以只读模式打开
    with open(input_file_path, 'r') as fi:
        # 读取文件的所有行
        lines = fi. readlines()
        #使用 with 语句打开输出文件,以写入模式打开
        with open(output_file_path, 'w') as fo:
            #遍历文件的每一行
            for line in lines:
                #去除每行末尾的换行符,并按逗号分割成列表
                parts = line. strip('\n'). split(',')
                #去除列表中每个元素的首尾空格
                parts = [x. strip() for x in parts]
                #判断列表的第二个元素是否为'earpa001'
                if parts[1] == 'earpa001':
                    #构建要写入的字符串
                    output_line = '{},{},{},{}\n'. format(*parts[:4])
                    #将字符串写入输出文件
                    fo. write(output_line)
                    #打印写入的字符串,且不换行
                    print(output_line, end='')
except FileNotFoundError:
    #若输入文件未找到,打印错误信息
    print(f"文件 {input_file_path} 未找到。")
except Exception as e:
    #若出现其他异常,打印异常信息
    print(f"出现错误: {e}")
```

（5）在窗口中继续输入："给以上三位同学的 Python 作业打分，要求：1. 从代码规范、功能实现、异常处理等方面细化打分；2. 满分为 10 分，代码实现就打 6 分；3. 结果和详细理由以表格形式呈现。"按回车键，结果如图 5-30 所示。

（6）按照要求，张三、李四、王五同学（生成的顺序稍有不同）作业的错误分析、代码优化、功能解释的结果如下：

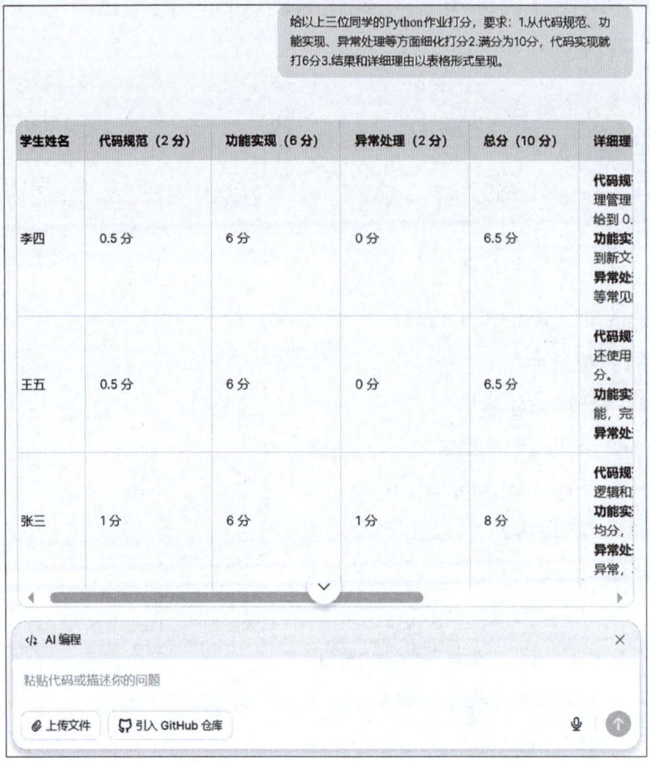

图 5-30　打分结果

###文件 '李四 .py'
####错误分析

1. **资源管理问题**：使用'open'打开文件后,没有使用'try…finally'或者'with'语句来确保文件在使用完毕后能正确关闭,若程序在读写文件过程中出现异常,可能导致文件无法正常关闭。

2. **硬编码的文件路径**：文件路径是硬编码的,缺乏灵活性。

3. **重复的格式化字符串**：'format'函数的使用重复,可简化。

####优化后的代码

```python
#定义输入和输出文件的路径
input_file_path = 'sensor. txt'
output_file_path = 'earpa001. txt'
try:
    #使用 with 语句打开输入文件,以只读模式打开
    with open(input_file_path, 'r') as fi:
        #读取文件的所有行
        lines = fi. readlines()
        #使用 with 语句打开输出文件,以写入模式打开
        with open(output_file_path, 'w') as fo:
            #遍历文件的每一行
            for line in lines:
```

```python
        #去除每行末尾的换行符,并按逗号分割成列表
        parts = line. strip('\n'). split(',')
        #去除列表中每个元素的首尾空格
        parts = [x. strip() for x in parts]
        #判断列表的第二个元素是否为'earpa001'
        if parts[1] == 'earpa001':
            #构建要写入的字符串
            output_line = '{},{},{},{}\n'. format(*parts[:4])
            # 将字符串写入输出文件
            fo. write(output_line)
            #打印写入的字符串,且不换行
            print(output_line, end='')
except FileNotFoundError:
    #若输入文件未找到,打印错误信息
    print(f"文件 {input_file_path} 未找到。")
except Exception as e:
    #若出现其他异常,打印异常信息
    print(f"出现错误: {e}")
'''
```

代码功能解析

1. **定义文件路径**:定义了输入文件'sensor. txt'和输出文件'earpa001. txt'的路径。
2. **使用'with'语句打开文件**:确保文件在使用完毕后能正确关闭,避免资源泄露。
3. **读取文件内容**:使用'readlines'方法读取输入文件的所有行。
4. **处理每行数据**:去除每行的换行符,按逗号分割,再去除每个元素的首尾空格。
5. **筛选数据**:判断每行数据的第二个元素是否为'earpa001',若是,则将其写入输出文件并打印。
6. **异常处理**:捕获可能出现的文件未找到异常和其他异常,并打印相应的错误信息。

文件 '王五 . py'
错误分析

1. **资源管理问题**:同'李四 . py',文件打开后没有使用'try…finally'或者'with'语句来确保文件能正确关闭。
2. **硬编码的文件路径**:文件路径是硬编码的,缺乏灵活性。
3. **变量命名问题**:使用'str'作为变量名,会覆盖 Python 内置的'str'类型,容易引发混淆。
优化后的代码
```python
#定义输入和输出文件的路径
input_file_path = 'sensor. txt'
output_file_path = 'earpa001_count. txt'
try:
    #使用 with 语句打开输入文件,以只读模式打开
    with open(input_file_path, 'r') as fi:
        #读取文件的所有行
```

```
        lines = fi. readlines()
        #用于存储处理后的数据
        data_list = []
        #用于存储数据的计数
        data_count = {}
        #遍历文件的每一行
        for line in lines:
            #去除每行末尾的换行符,并按逗号分割成列表
            parts = line. strip('\n'). split(',')
            #去除列表中每个元素的首尾空格
            parts = [x. strip() for x in parts]
            #判断列表的第二个元素是否为'earpa001'
            if parts[1] == 'earpa001':
                #构建一个新的字符串
                data_str = '{}-{}'. format(parts[2], parts[3])
                #将字符串添加到 data_list 中
                data_list. append(data_str)
        #统计每个字符串出现的次数
        for x in data_list:
            data_count[x] = data_count. get(x, 0)+1
        #将字典转换为列表,并按值降序排序
        sorted_data = list(data_count. items())
        sorted_data. sort(key=lambda x: x[1], reverse=True)
        #使用 with 语句打开输出文件,以写入模式打开
        with open(output_file_path, 'w') as fo:
            #遍历排序后的列表,将数据写入输出文件
            for item in sorted_data:
                fo. write('{},{}\n'. format(item[0], item[1]))
except FileNotFoundError:
    #若输入文件未找到,打印错误信息
    print(f"文件 {input_file_path} 未找到。")
except Exception as e:
    #若出现其他异常,打印异常信息
    print(f"出现错误: {e}")
'''
```

代码功能解析

1. **定义文件路径**:定义了输入文件'sensor. txt'和输出文件'earpa001_count. txt'的路径。
2. **使用'with'语句打开文件**:确保文件在使用完毕后能正确关闭,避免资源泄露。
3. **读取文件内容**:使用'readlines'方法读取输入文件的所有行。
4. **处理每行数据**:去除每行的换行符,按逗号分割,再去除每个元素的首尾空格。
5. **筛选数据**:判断每行数据的第二个元素是否为'earpa001',若是,则构建一个新的字符串并添加到'data_list'中。

6. **统计数据**:统计'data_list'中每个字符串出现的次数。

7. **排序数据**:将将统计结果转换为列表,并按值降序排序。

8. **写入文件**:将排序后的结果写入输出文件。

9. **异常处理**:捕获可能出现的文件未找到异常和其他异常,并打印相应的错误信息。

文件 '张三 . py'

错误分析

1. **资源管理问题**:同前两个文件,文件打开后没有使用'try…finally'或者'with'语句来确保文件能正确关闭。

2. **硬编码的文件路径**:文件路径是硬编码的,缺乏灵活性。

3. **变量命名问题**:使用'sum'作为变量名,会覆盖 Python 内置的'sum'函数,容易引发混淆。

优化后的代码

```python
#定义输出文件的路径
output_file_path = "PY202. txt"
try:
    #使用 with 语句打开输出文件,以写入模式打开
    with open(output_file_path, "w") as fo:
        #初始化一个空字典,用于存储课程名和成绩
        course_scores = {}
        #初始化总成绩和课程数量
        total_score = 0
        course_count = 0
        #获取用户输入的课程名和成绩
        data = input("请输入课程名及对应的成绩:")  # 课程名 考分
        while data:
            #将输入的字符串按空格分割成课程名和成绩
            course, score = data. split("")
            #将成绩转换为整数并存储到字典中
            course_scores[course] = int(score)
            #累加总成绩
            total_score += int(score)
            #课程数量加 1
            course_count += 1
            #继续获取用户输入
            data = input("请输入课程名及对应的成绩:")
        #将字典转换为列表,并按成绩降序排序
        sorted_scores = list(course_scores. items())
        sorted_scores. sort(key=lambda x: x[1], reverse=True)
        #计算平均分
        average_score = total_score / course_count
        #构建要写入文件的字符串
```

```
        output_str = "最高分课程是{} {},最低分课程是{} {},平均分是{:. 2f}". format(
            sorted_scores[0][0], sorted_scores[0][1], sorted_scores[-1][0], sorted_scores[-1][1], average_score)
        #将字符串写入文件
        fo. write(output_str)
except Exception as e:
    #若出现异常,打印异常信息
    print(f"出现错误: {e}")
'''
```

代码功能解析

1. **定义文件路径**:定义了输出文件'PY202. txt'的路径。
2. **使用'with'语句打开文件**:确保文件在使用完毕后能正确关闭,避免资源泄露。
3. **获取用户输入**:通过'input'函数获取用户输入的课程名和成绩,直到用户输入为空。
4. **存储数据**:将用户输入的课程名和成绩存储到字典中,并累加总成绩和课程数量。
5. **排序数据**:将字典转换为列表,并按成绩降序排序。
6. **计算平均分**:计算所有课程的平均分。
7. **构建输出字符串**:构建包含最高分课程、最低分课程和平均分的字符串。
8. **写入文件**:将构建好的字符串写入输出文件。
9. **异常处理**:捕获可能出现的异常,并打印相应的错误信息。

任务二　使用 DeepSeek 批改 Python 程序设计作业

【任务描述】

在"Python 程序设计"课程教学过程中,王老师为每位同学布置了编程题作业。为确保作业批改的规范性和指导性,王老师拟采用 AIGC 智能平台进行作业批改,具体要求如下:

(1) 学生须以个人姓名作为程序文件名。

(2) 需明确指出程序中存在的错误并进行修正。

(3) 在提供优化后的正确代码时,须同步附上代码功能解析。

提醒:虽然 AIGC 各类工具功能强大,但它们各有千秋。百度的文心一言目前不能直接上传 . py 文档,豆包和 DeepSeek 均支持上传 . py 文档,本任务以 DeepSeek 为例来讲解批改作业的方法。

【具体步骤】

(1) 在 Edge 浏览器地址栏中,键入 https://chat. deepseek. com/,按回车键进入 DeepSeek 网页端界面,如图 5-31 所示。

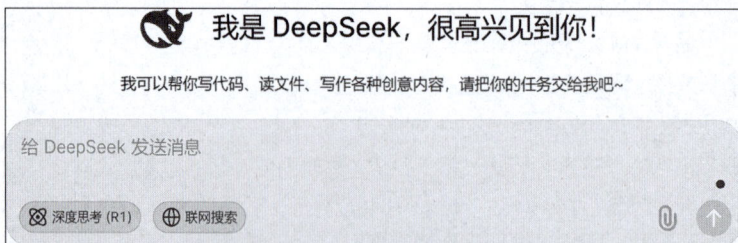

图 5-31　DeepSeek 网页端窗口

（2）在窗口中单击曲别针形状的图标，上传名称为"张三.py""李四.py""王五.py"等的 Python 程序，上传结束后，单击"联网搜索"按钮，如图 5-32 所示。

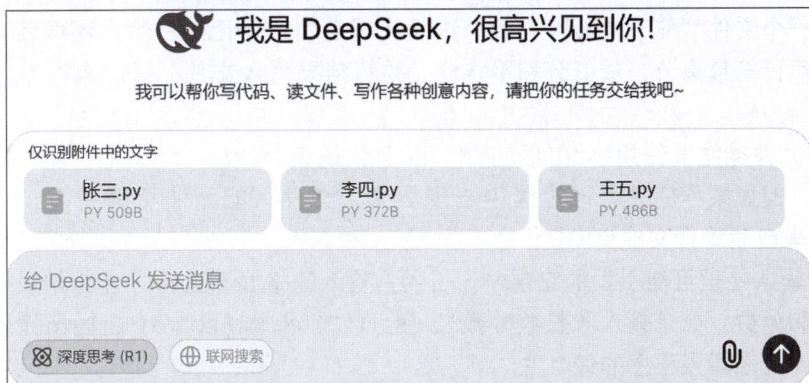

图 5-32　DeepSeek 上传 Python 作业后的界面

（3）在窗口中输入："阅读所有 .py 文档，并批改、优化、解释程序。要求：1. 明确指出程序中存在的错误并进行修正；2. 在提供优化后的正确代码时，须同步附上代码功能解析。"按回车键，结果如图 5-33 所示。

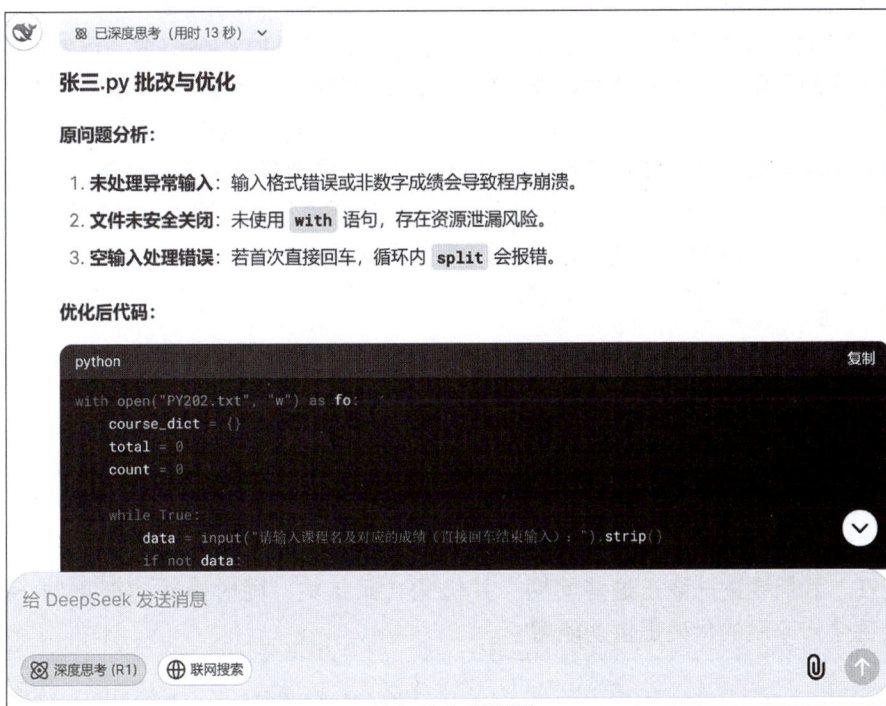

图 5-33　DeepSeek 问题分析、代码优化和功能解析截图

（4）单击"已深度思考"按钮，显示思考的过程。

好的，我现在需要批改和优化这三个 Python 程序。首先，我会仔细阅读每个文件的代码，理解它们的功能，然后找出其中的错误或可以优化的地方。

从第一个文件"张三.py"开始。这段代码的功能是让用户输入课程名和对应的成绩，然后计算最高分、最低分和平均分，并将结果写入文件。看起来有几个问题需要注意：

1. **文件操作未使用'with'语句**：当前代码使用'fo = open(…)'后直接调用'close()'，但如果程序在运行过程中出现异常，文件可能无法正确关闭。建议使用'with'语句来自动管理文件资源。

2. **输入处理可能引发的错误**：当用户输入的格式不正确时（比如没有空格分隔课程名和分数，或者输入非整数分数），'split('')'和'int(score)'会抛出错误。需要添加异常处理来增强程序的健壮性。

3. **循环条件的问题**：当前循环条件是'while data：'，但初始的'data'是在循环外通过'input'获取的。如果用户直接不输入任何内容（第一次输入为空），会导致进入循环后的'split'操作出错。应该调整循环结构，比如使用'while True'并在适当条件下'break'。

接下来是"李四.py"处理传感器数据的代码。主要功能是从'sensor.txt'中读取数据，筛选出'earpa001'的行，并写入另一个文件。这里可能的问题：

1. **文件关闭的位置**：虽然代码中有'fi.close()'和'fo.close()'，但如果文件操作过程中出现异常，可能导致文件未正确关闭。同样建议使用'with'语句。

2. **冗余的 strip 处理**：'ls = [x.strip() for x in ls]'可能在处理每一行的每个元素时重复去除空格，但可能在读取时就已经处理过。需要确认是否有必要。

3. **print 语句中的'end=''''**：因为'print'默认会换行，而写入文件时已经添加了'\n'，所以可能需要避免重复换行，但当前写法是否正确？

然后是"王五.py"，统计 earpa001 出现的次数并按频率排序。存在的问题可能包括：

1. **变量命名和字符串拼接**：比如'str='{}-{}'.format(…)'，'str'是 Python 的内置类型，用作变量名可能不好。此外，使用格式化字符串的方式可能需要优化。

2. **使用字典统计频率**：虽然正确，但可以更简洁地使用'collections.defaultdict'或者'Counter'来简化代码。

3. **文件操作同样存在未使用'with'的问题**。

现在，我需要逐一修正这些问题，并优化代码结构，同时确保功能正确。同时，需要为每个修改后的代码提供功能解析。

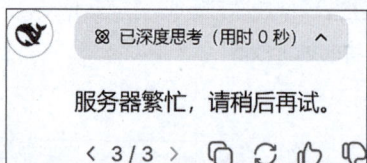

图 5-34 DeepSeek 打分结果

（5）在窗口中继续输入："给以上三位同学的 Python 作业打分，要求：1. 从代码规范、功能实现、异常处理等方面细化打分。2. 满分为 10 分，代码实现就打 6 分。3. 结果和详细理由以表格形式呈现。"按回车键，结果一直不能实现，如图 5-34 所示。

（6）按照要求，张三、李四、王五同学（生成的顺序稍有不同）作业的错误分析、代码优化、功能解释的结果如下：

```python
####原问题分析：
1. **未处理异常输入**：输入格式错误或非数字成绩会导致程序崩溃。
2. **文件未安全关闭**：未使用 'with'语句,存在资源泄漏风险。
3. **空输入处理错误**：若首次直接回车,循环内 'split'会报错。


####优化后代码：
'''python
with open("PY202. txt", "w") as fo:
    course_dict = {}
    total = 0
    count = 0

    while True:
        data = input("请输入课程名及对应的成绩(直接回车结束输入):"). strip()
        if not data:
            break
        try:
            course, score = data. split()
            score = int(score)
            course_dict[course] = score
            total += score
            count += 1
        except (ValueError, TypeError):
            print("输入格式错误! 请按'课程名 分数'格式输入。")

    if not course_dict:
        fo. write("无有效输入数据")
        exit()

    sorted_courses = sorted(course_dict. items(), key=lambda x: x[1], reverse=True)
    highest = sorted_courses[0]
    lowest = sorted_courses[-1]
    average = total / count

    fo. write(
        f"最高分课程是{highest[0]} {highest[1]}, "
        f"最低分课程是{lowest[0]} {lowest[1]}, "
        f"平均分是{average:. 2f}"
    )
'''
```

####功能解析：
1. **输入验证**：通过 'try-except' 处理格式错误和非法字符。
2. **安全文件操作**：使用 'with' 确保文件自动关闭。
3. **空输入处理**：直接回车退出循环，避免首次空输入导致的错误。
4. **数据校验**：若未输入有效数据，程序会提前终止并写入提示。

###李四.py 批改与优化
####原问题分析：
1. **冗余换行符处理**：写入时已加 '\n'，'print' 中 'end=""' 可能导致输出格式混乱。
2. **未使用上下文管理器**：文件操作存在异常泄漏风险。

####优化后代码：
```python
with open('sensor. txt', 'r') as fi, open('earpa001. txt', 'w') as fo:
    for line in fi:
        cleaned_line = line. strip(). replace('', '')
        if not cleaned_line:
            continue
        parts = cleaned_line. split(',')
        if len(parts) < 4:
            continue
        if parts[1] == 'earpa001':
            output = f"{parts[0]},{parts[1]},{parts[2]},{parts[3]}\n"
            fo. write(output)
            print(output, end='')   #避免重复换行
```

####功能解析：
1. **文件安全操作**：使用 'with' 同时管理两个文件。
2. **数据清洗优化**：统一去除空格后处理，避免多次 'strip'。
3. **健壮性增强**：跳过空行和字段不足的行，防止索引错误。
4. **输出优化**：使用 'f-string' 提升可读性，'print' 去重换行符。

###王五.py 批改与优化
####原问题分析：
1. **变量命名问题**：使用 'str' 作为变量名覆盖内置类型。
2. **冗余统计逻辑**：可用 'collections. Counter' 简化计数。

####优化后代码：
```python
'''python
from collections import Counter

with open('sensor. txt', 'r') as fi, open('earpa001_count. txt', 'w') as fo:
    locations = []
    for line in fi:
        parts = line. strip(). split(',')
        if len(parts) < 4 or parts[1] != 'earpa001':
            continue
        location_key = f"{parts[2]}–{parts[3]}"
        locations. append(location_key)

    counter = Counter(locations)
    sorted_items = sorted(counter. items(), key=lambda x: (−x[1], x[0]))

    for item, freq in sorted_items:
        fo. write(f"{item},{freq}\n")
'''
```

####功能解析：
1. **高效统计**：使用 'Counter' 替代手动字典操作。
2. **复合排序**：先按频率降序，再按名称升序（避免完全依赖频率排序的歧义）。
3. **变量命名规范**：使用 'location_key' 替代 'str'，避免命名冲突。
4. **健壮性增强**：跳过不符合条件的行，防止索引错误。

###总结修正点：
1. **异常处理**：所有文件操作改用 'with' 语句。
2. **输入验证**：添加对非法输入和空数据的处理。
3. **代码简洁性**：使用 'Counter' 和 'f-string' 优化逻辑。
4. **命名规范**：避免使用内置类型名作为变量名。

【小结】

1. 使用豆包批改 Python 程序设计作业。
2. 使用 DeepSeek 批改 Python 程序设计作业。

第 6 章

AIGC 助力办公应用

本章聚焦于 AIGC（人工智能生成内容）技术在办公领域的广泛应用与实践，通过一系列具体案例，展示 AI 如何赋能公文写作、演讲稿创作、PPT 大纲设计、日程管理、会议记录与总结等多个办公场景。将深入探索如何使用文心一言高效生成通知类与请示类公文，体验其精准的语言组织与逻辑构建能力；接着，借助豆包的力量，快速生成关于淮海战役主题的演讲稿以及京杭大运河介绍的 PPT 大纲，感受 AI 在内容创作与展示设计上的无限可能。此外，还将学习如何利用 DeepSeek 撰写"合理使用手机"的班会发言稿，引导健康用机观念。在日程管理方面，Ally 助手将成为得力帮手，不仅轻松设置日程和提醒，还能帮助查看和管理繁忙的日程安排，并基于日程数据提供 AI 分析、总结与智能优化建议。而当会议成为日常工作的常态时，通义工具将"大显身手"，无论是实时会议记录还是会议纪要总结，都能轻松完成，甚至还能根据会议内容自动生成脑图，让会议成果一目了然。本章内容丰富，实操性强，旨在让读者亲身体验 AIGC 技术如何为现代办公带来前所未有的便捷与高效。

6.1　生成公文

学习要点

1. 使用豆包根据给定信息生成通知类公文。
2. 使用文心一言根据给定信息生成请示类公文。

任务一　使用文心一言生成通知类公文

【任务描述】

假设你是阳光学校教务处的老师，需要向全校教师发布一则关于教学研讨会的通知。使用豆包生成这则通知，内容应包含研讨会主题、时间、地点、参会人员、会议要求等关键信息，格式需符合正式通知的规范。

【具体步骤】

（1）在 Edge 浏览器地址栏中，键入 https://www.doubao.com，按回车键进入豆包网页端界面，如图 6-1 所示。

图 6-1　豆包界面

（2）在对话框中输入文本："请以［阳光学校］教务处的名义，向全校教师发布一则关于教学研讨会的通知。通知内容包括：研讨会主题为'探索创新教学方法，提升课堂教学质量'；时间是［2025 年 2 月 11 日］、［上午］、［10:00］；地点在学校［综合实训楼201］；参会人员为全校教师；会议要求提前 10 分钟到场，自带笔和笔记本记录会议内容。按照正式通知的格式输出。"按回车键，结果如图 6-2 所示。

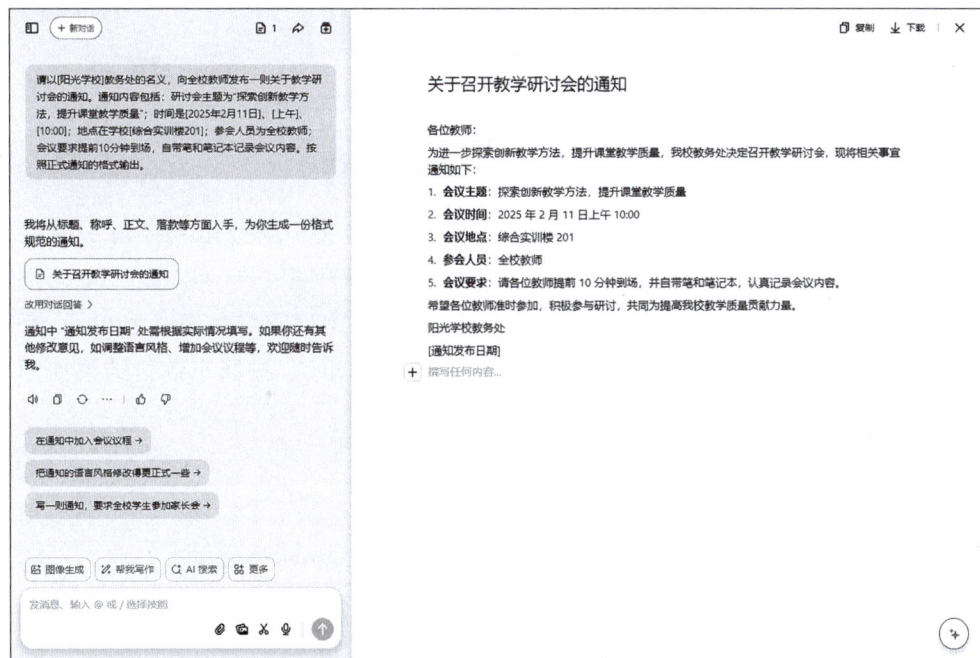

图 6-2　生成教学研讨会议通知的结果截图

【任务描述】

假设你所在的［动漫制作部］计划组织一次员工培训活动，需要向公司领导申请培训经费。使用文心一言生成一份请示公文，详细说明培训的必要性、预算明细等内容，格式需符合请示公文的规范。

【具体步骤】

（1）在 Edge 浏览器地址栏中，键入 https://yiyan.baidu.com，按回车键进入文心一言网页端界面，如图 6-3 所示。

图 6-3 文心大模型 3.5 网页端界面

（2）在对话框中输入文本："以［动漫制作部］名义，向公司领导写一份关于申请员工培训经费的请示。内容包括：培训的必要性是提升员工专业技能，满足公司业务拓展需求；预算明细为培训讲师费用［10 000］元、培训资料费用［2 000］元、培训场地租赁费用［3 000］元等。按照请示公文的格式输出。"按回车键，结果如图 6-4所示。

【小结】

1. 使用豆包，根据给定的信息生成规范的通知类公文。
2. 使用文心一言，根据给定的信息生成符合格式要求的请示类公文。

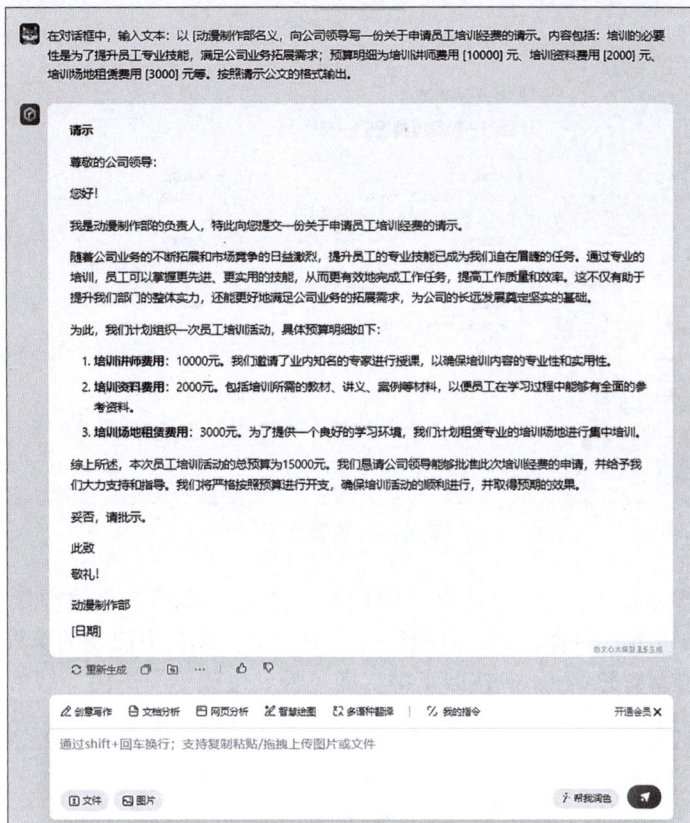

图 6-4　请示公文的结果截图

6.2　生成讲话稿

学习要点

1. 使用豆包，根据给定主题生成演讲稿。
2. 使用 DeepSeek，根据给定主题生成班会发言稿。

任务一　使用豆包生成淮海战役主题演讲稿

【任务描述】

请以"铭记淮海战役，传承红色精神"为主题，使用豆包生成一篇演讲稿，要求内容包含淮海战役的历史意义、战役中涌现的英雄事迹以及对当代青年的启示，语言富有感染力，字数为 800～1 000 字。

【具体步骤】

（1）在 Edge 浏览器地址栏中，键入 https://www.doubao.com，按回车键进入豆包网页端界面，如图 6-5 所示。

图 6-5　豆包界面

（2）在对话框中输入文本："请以'铭记淮海战役，传承红色精神'为主题，写一篇800~1 000 字的演讲稿，内容包含淮海战役的历史意义、战役中涌现的英雄事迹以及对当代青年的启示，语言富有感染力。"按回车键，即可得到生成的演讲稿，结果如图 6-6 所示。

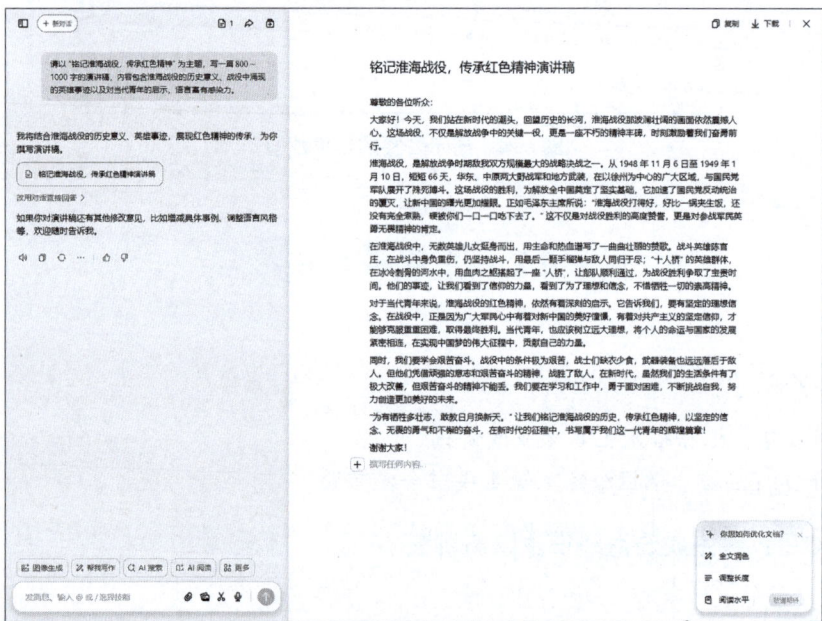

图 6-6　生成演讲稿的结果截图

任务二　使用 DeepSeek 生成"合理使用手机"班会发言稿

【任务描述】

假设你是班级的学习委员，要在班会上发表关于"合理使用手机"的发言。使用DeepSeek 生成一份发言稿，内容需包含手机给同学们带来的便利和危害，以及如何引导同学们合理使用手机的建议，语言简洁明了，贴近学生生活，字数为 600~800 字。

【具体步骤】

（1）在浏览器地址栏中，键入 https://chat.deepseek.com，按回车键进入 DeepSeek 网页端界面，如图 6-7 所示。

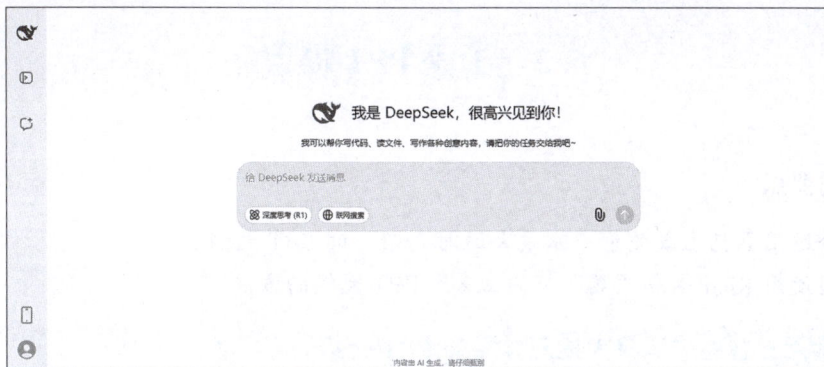

图 6-7　DeepSeek 网页端界面

（2）在交互界面的输入框中输入文本："以班级学习委员的身份，写一篇 600~800 字关于'合理使用手机'的班会发言稿，内容包含手机给同学们带来的便利和危害，以及如何引导同学们合理使用手机的建议，语言简洁明了，贴近学生生活。"按回车键，结果如图 6-8 所示。

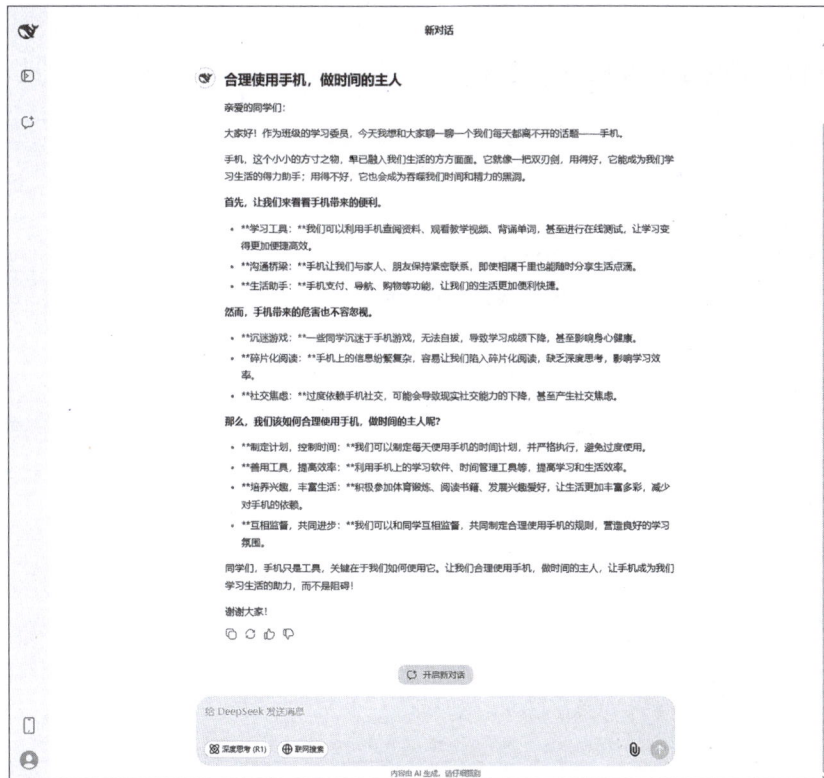

图 6-8　主题班会发言稿的结果截图

【小结】

1. 使用豆包能够根据给定主题生成富有感染力、内容丰富的演讲稿。

2. 使用 DeepSeek 可以生成贴合学生生活、简洁明了的班会发言稿，帮助人们在不同场景下高效创作讲话稿。不同的 AI 工具在内容生成上各有特点，可根据需求灵活运用。

6.3 生成 PPT 提纲

学习要点

1. 学会运用豆包生成关于"京杭大运河介绍"的 PPT 大纲。

2. 掌握使用 Kimi 生成"端午节的由来" PPT 大纲的方法。

任务一 使用豆包生成京杭大运河介绍的 PPT 大纲

【任务描述】

请以"千年运河，国之瑰宝——京杭大运河全解析"为主题，使用豆包生成一份 PPT 大纲。内容应涵盖京杭大运河的基本信息（地理位置、流经区域、长度等）、历史沿革（开凿背景、各朝代的修建与发展）、重要价值（经济、文化、交通、水利等方面），同时，要求豆包给出适合插入 PPT 的图片、视频建议，以此增强演示效果。

【具体步骤】

（1）在 Edge 浏览器地址栏中，键入 https://www.doubao.com，按回车键进入豆包网页端界面，如图 6-9 所示。

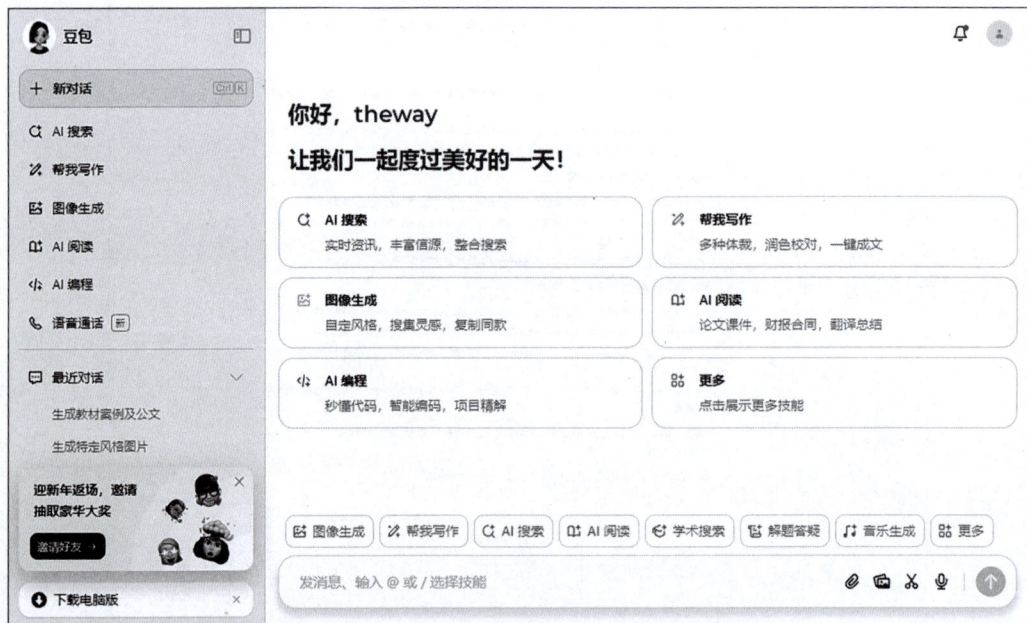

图 6-9 豆包界面

（2）在对话框中输入："请以'千年运河，国之瑰宝——京杭大运河全解析'为主题，生成一份 PPT 大纲，内容包含京杭大运河的基本信息、历史沿革、重要价值，并给出适合插入 PPT 的图片、视频建议。"输入完成后按回车键，结果如图 6-10 所示。

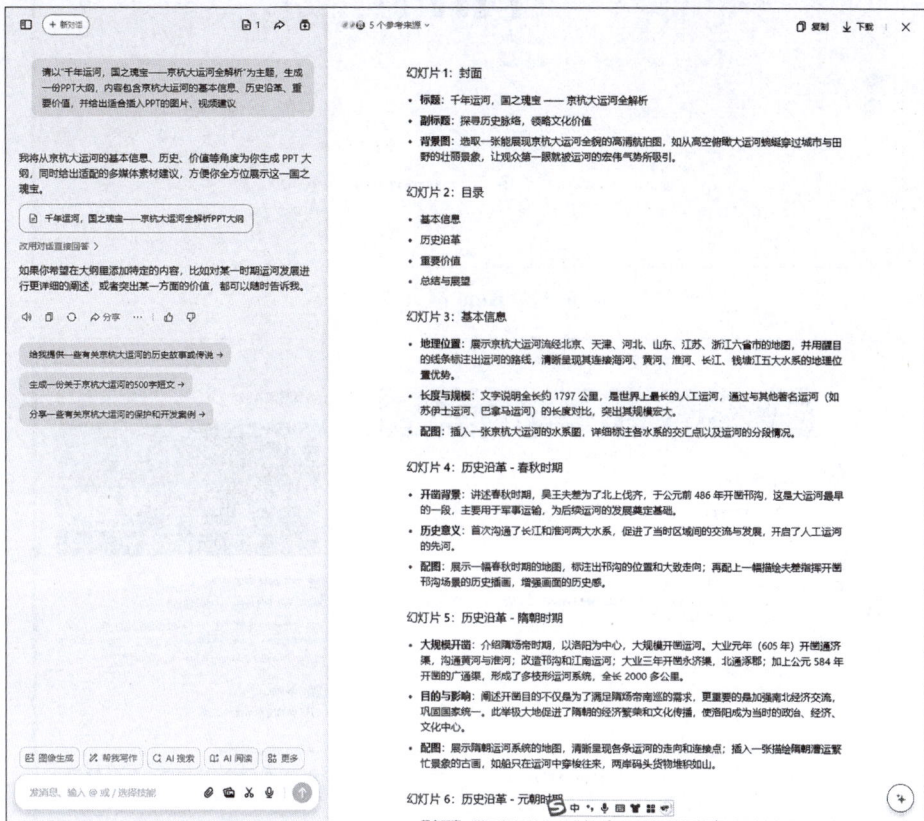

图 6-10　生成京杭大运河 PPT 大纲的结果截图

任务二　使用 Kimi 生成"端午节的由来"PPT 大纲

【任务描述】

以"端午溯源，传承粽情——探寻端午节的前世今生"为主题，使用 Kimi 生成一份 PPT 大纲。内容需包含端午节的起源传说（如屈原投江、伍子胥传说、孝女曹娥的故事等）、传统习俗（包粽子、赛龙舟、挂艾草、佩香囊等）、文化内涵（爱国情怀、驱邪祈福、亲情传承等），并让 Kimi 给出适合用于 PPT 展示的图片、视频建议，以提升演示效果。

【具体步骤】

（1）在浏览器地址栏中，键入 https://kimi.moonshot.cn，按回车键进入 Kimi 网页端界面，如图 6-11 所示。

（2）在交互界面的输入框中输入文本："以'端午溯源，传承粽情——探寻端午节的前世今生'为主题，写一份 PPT 大纲，内容包含端午节的起源传说、传统习俗、文化内涵，并给出适合用于 PPT 展示的图片、视频建议。"按回车键，结果如图 6-12 所示。

图 6-11　Kimi 网页端界面

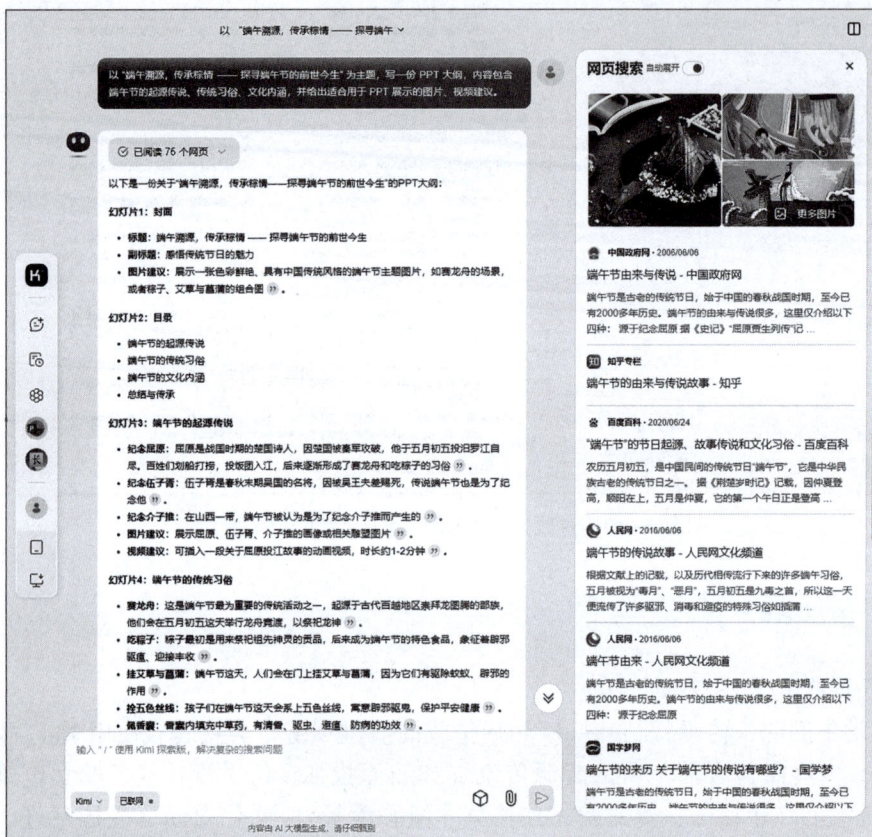

图 6-12　端午节主题 PPT 大纲的结果截图

【小结】

1. 豆包能够快速、高效地生成 PPT 大纲，并提供具有参考价值的图片、视频建议，大大节省了制作 PPT 的前期准备时间。

2. 使用 Kimi 可以根据要求高效地生成 PPT 大纲，并能够在右侧栏显示与主题关联度很高的网页，为制作者提供了更为详细的素材参考。

6.4　智能日程管理

学习要点

1. 使用 Ally 助手设置日程和提醒。
2. 使用 Ally 助手帮助用户查看和管理日程。
3. 根据日程安排，提供 AI 分析数据与总结并智能优化。

任务一　使用 Ally 助手设置日程和提醒

【任务描述】

以一位一线教师的一天日程安排为例，利用 Ally 助手工具完成日程记录和提醒设置。要求记录准确无误，使用 Ally 助手帮助用户自动安排会议、提醒等重要事项，全面反映教师一天的工作内容和时间分配，根据日程安排，提供 AI 分析数据与总结并智能优化，提升工作效率。

【具体步骤】

（1）通过手机微信搜索 Ally 助手公众号，如图 6-13 所示。

图 6-13　下载软件

（2）安装好后，使用微信登录，如图 6-14 所示。

（3）直接输入文字需求，例如，"提醒我今天下午 15 点 06 分信息技术系 206 开会"。Ally 助手会在相应的时间点进行提示，用户会收到微信短信提示，如图 6-15 所示。

（4）Ally 助手同时支持语音指令输入，例如，直接发送语音消息"提醒我明天 10 点参加会议"，Ally 助手会帮你自动创建日程，如图 6-16 所示。

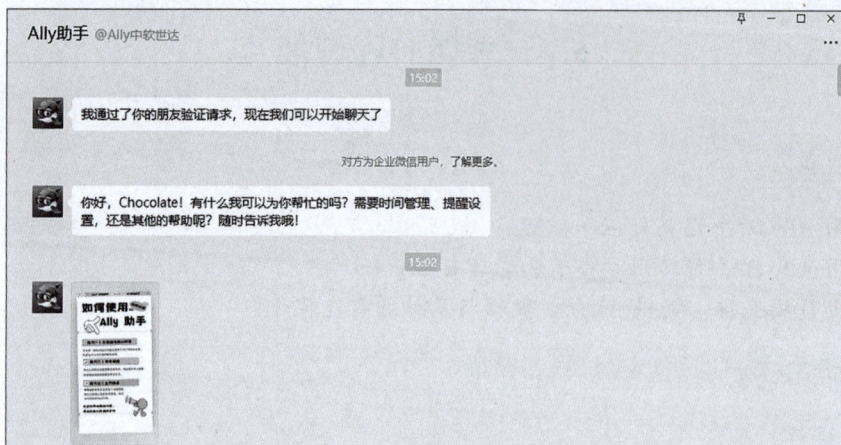

图 6-14　软件登录界面

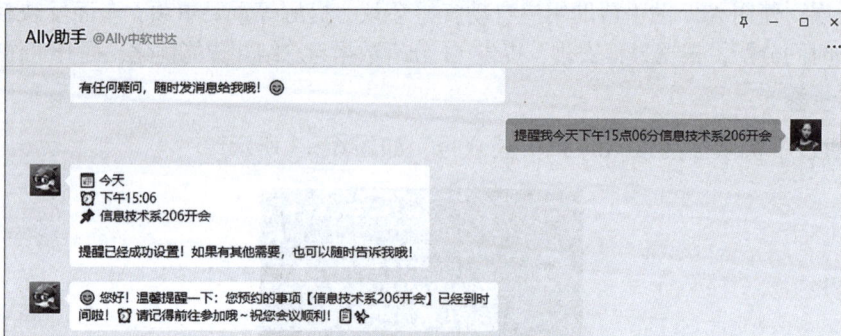

图 6-15　设置日程提醒

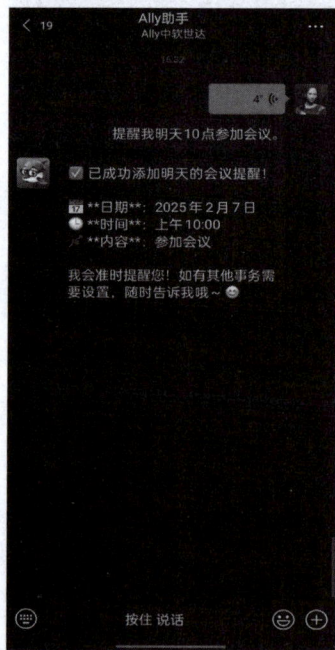

图 6-16　语音设置日程

使用 Ally 助手查看和管理日程是一个非常便捷的方式，可以帮助用户随时掌握自己的时间安排，确保不会错过任何重要会议或事项。

【具体步骤】

（1）在 Ally 助手界面，使用文字或语音输入需求，例如"查看我今天的日程"，软件会把日程信息进行推送，如图 6-17 所示。

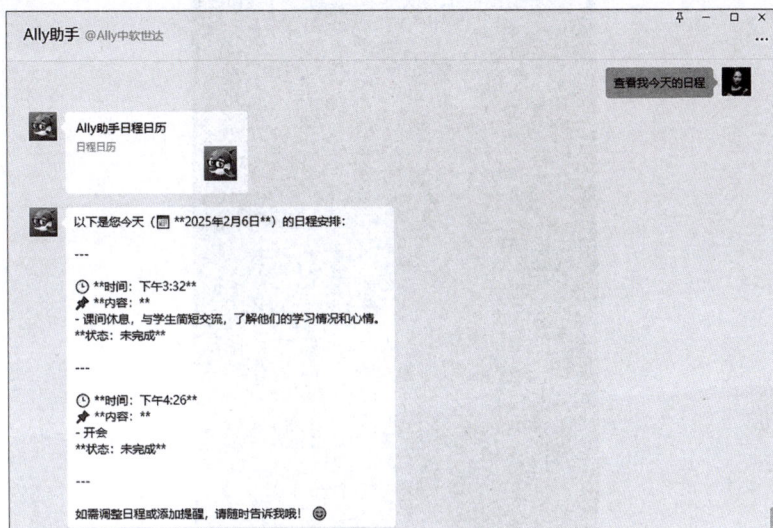

图 6-17　日程查看截图

（2）Ally 助手会将日程同步到日历，如图 6-18 所示。

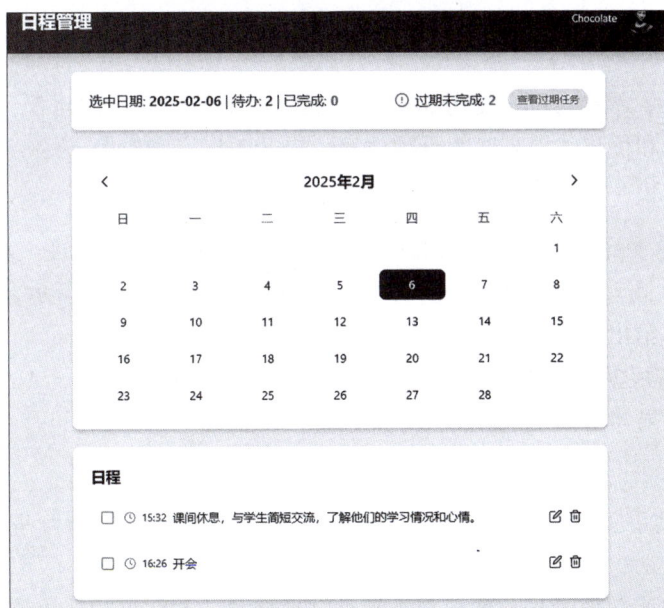

图 6-18　日程同步日历截图

（3）如果需要更改会议时间或取消提醒，只需告诉 Ally 相应的指令，例如，"把明天的会议改到下午 4 点。"如图 6-19 所示。

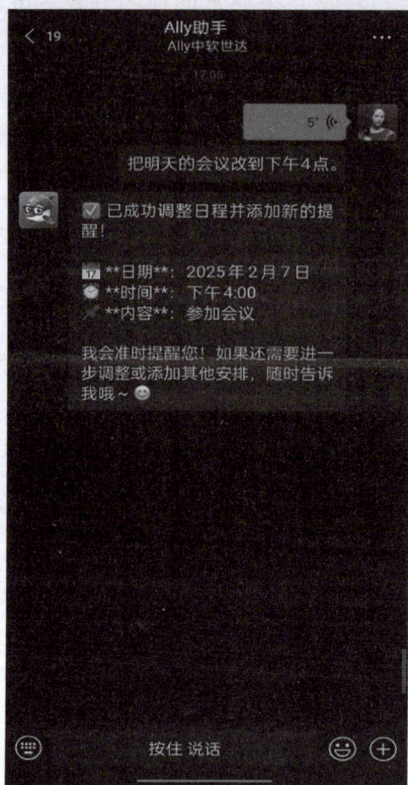

图 6-19　日程管理截图

任务三　根据日程安排，提供 AI 分析数据与总结并智能优化

利用 Ally 助手，根据时间分配分析结果，提出调整日程安排的建议，实现对日程安排的全面分析、总结和优化，提高时间管理效率，提升工作完成质量。

【具体步骤】

（1）在 Ally 助手界面，输入一天的日程安排，并输入"这是我的一天日程，请做一份 AI 分析数据，提供高效时间管理建议并作出一份总结"，如图 6-20 所示。

（2）Ally 助手给出了时间管理的建议，结果如图 6-21 所示。

（3）输入"请根据你的建议，调整并完成一份明天的日程安排"，Ally 制订了一份更合理的日程安排，结果如图 6-22 所示。

【小结】

1. 通过 Ally 助手实现了日程设置与提醒的智能化、日程查看与管理的便捷性以及 AI 分析与智能优化。

2. 帮助用户更高效地管理时间、提高活动完成质量，并促进团队协作和沟通。

Ally助手 @Ally中软世达

上午：
时间：7:30 - 8:00
地点：教师办公室
内容：
提前到达学校，准备教学用具，如课件、教材、实验器材等。
检查并回复学生或家长的留言，了解学生的学习需求和问题。
时间：8:00 - 8:45
地点：教室
内容：
第一节课，按照教学计划进行授课，讲解新知识，引导学生思考和实践。
关注学生的课堂表现，及时给予反馈和鼓励。
时间：8:45 - 9:00
地点：教室/走廊
内容：
课间休息，与学生简短交流，了解他们的学习情况和心情。
准备下一节课的教学内容。
时间：9:00 - 9:45
地点：教室
内容：
第二节课，继续进行授课，巩固上节课的知识，布置课堂练习。
巡视教室，指导学生完成练习，解答疑问。
时间：9:45 - 10:15
地点：教师办公室
内容：
批改部分学生的作业，了解学生的学习掌握情况。
准备下午的辅导课或特色课程内容。
时间：10:15 - 11:00
地点：会议室/教室（视情况而定）
内容：

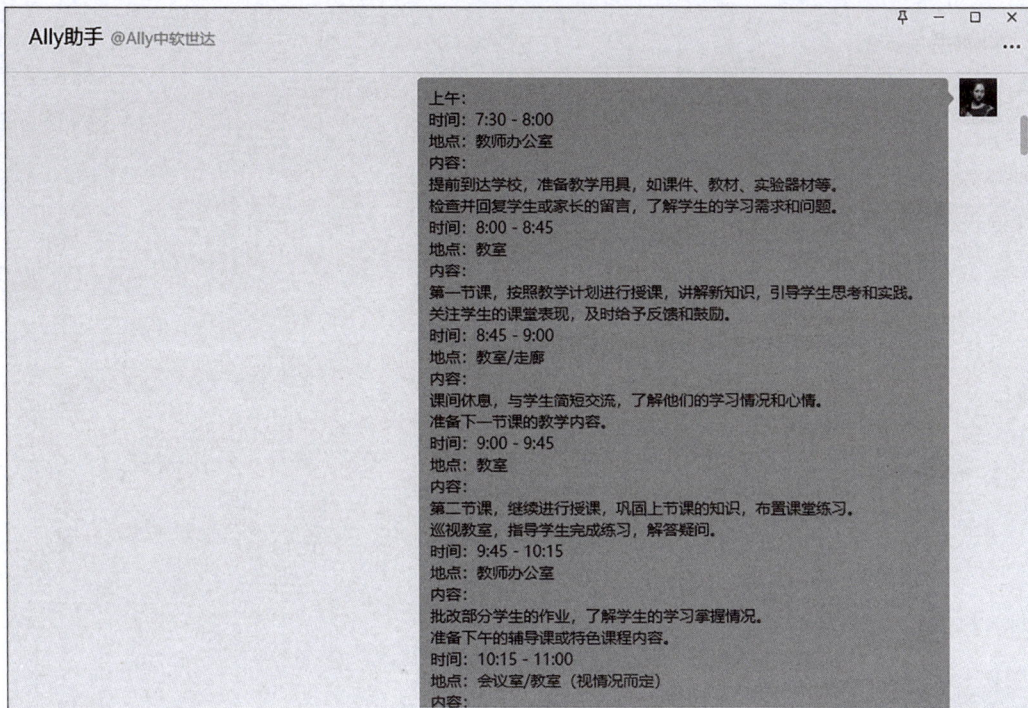

图 6-20　记录截图

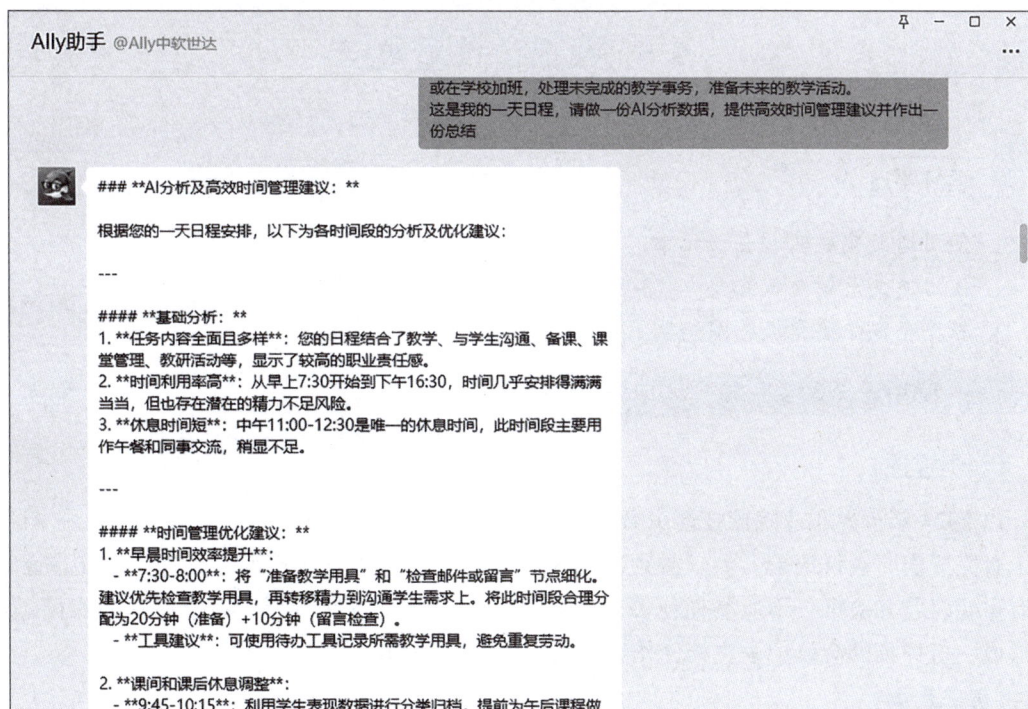

Ally助手 @Ally中软世达

或在学校加班，处理未完成的教学事务，准备未来的教学活动。
这是我的一天日程，请做一份AI分析数据，提供高效时间管理建议并作出一
份总结

AI分析及高效时间管理建议：

根据您的一天日程安排，以下为各时间段的分析及优化建议：

基础分析：
1. **任务内容全面且多样**：您的日程结合了教学、与学生沟通、备课、课
堂管理、教研活动等，显示了较高的职业责任感。
2. **时间利用率高**：从早上7:30开始到下午16:30，时间几乎安排得满满
当当，但也存在潜在的精力不足风险。
3. **休息时间短**：中午11:00-12:30是唯一的休息时间，此时间段主要用
作午餐和同事交流，稍显不足。

时间管理优化建议：
1. **早晨时间效率提升**：
   - **7:30-8:00**：将"准备教学用具"和"检查邮件或留言"节点细化。
建议优先检查教学用具，再转移精力到沟通学生需求上。将此时间段合理分
配为20分钟（准备）+10分钟（留言检查）。
   - **工具建议**：可使用待办工具记录所需教学用具，避免重复劳动。

2. **课间和课后休息调整**：
   - **9:45-10:15**：利用学生表现数据进行分类归档，提前为午后课程做

图 6-21　AI 分析截图

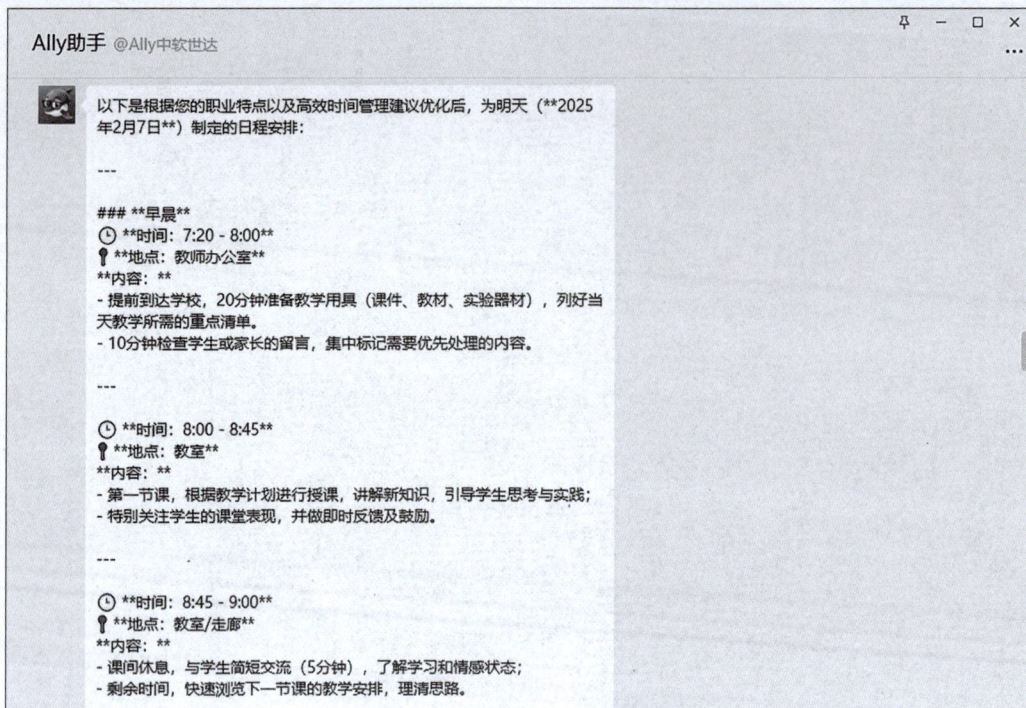

图 6-22 调整后的日程安排

6.5 生成会议记录

学习要点

1. 使用通义完成实时会议记录。
2. 使用通义总结会议纪要。
3. 根据会议纪要完成脑图绘制。

任务一 使用通义完成实时会议记录

【任务描述】

以 2024 年世界职业院校技能大赛改革解读会议为例，根据授课章节内容，利用 AI 通义工具完成实时会议记录。要求必须准确无误，反映会议的真实情况。确保会议记录涵盖所有重要议题和决策，不遗漏任何关键信息。会议记录要条理清晰，易于理解和阅读。最终形成一份详细的会议记录文档，作为后续工作的依据和参考。

【具体步骤】

（1）在手机端，下载通义 APP，如图 6-23 所示。目前通义电脑版收费，需要开通会员才可以使用。

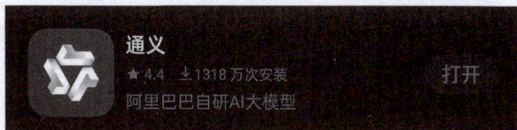

图 6-23　下载软件

（2）安装好后，使用本机号码一键登录，如图 6-24 所示。

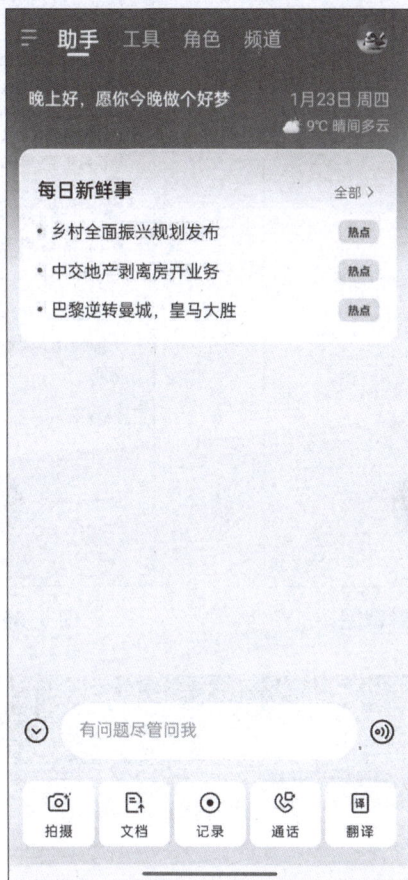

图 6-24　软件登录界面

（3）会议开始之前，对录音设置进行调整，选择"中文"→"不翻译"，收音模式为现场录音，会议开始后，单击"开始录音"按钮，通义将开始进行实时语音转写，如图 6-25 所示。

（4）认真听取并记录与会人员的发言，特别是涉及改革解读、重要决策、任务分配等关键信息。利用工具的智能语义理解与整理功能，自动将发言内容整理成清晰的段落，并包含角色、时间等信息，如图 6-26 所示。

（5）会议结束后，单击"完成"按钮，选择"导出"，可以选择导出录音音频文件.mp3 及转录文稿文件.docx，如图 6-27 所示。

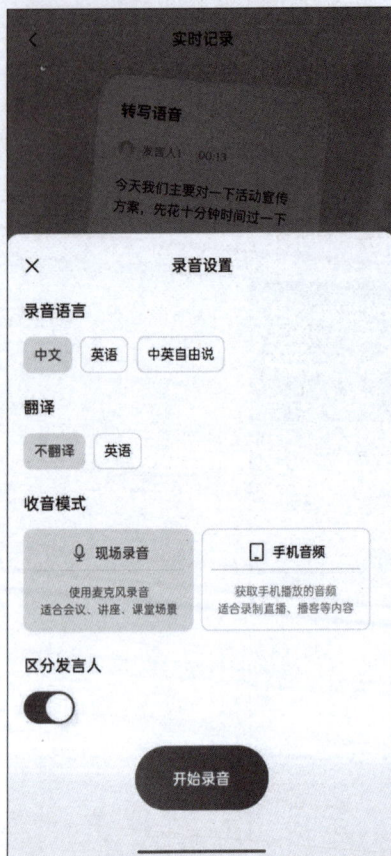

图 6-25　开始录音截图

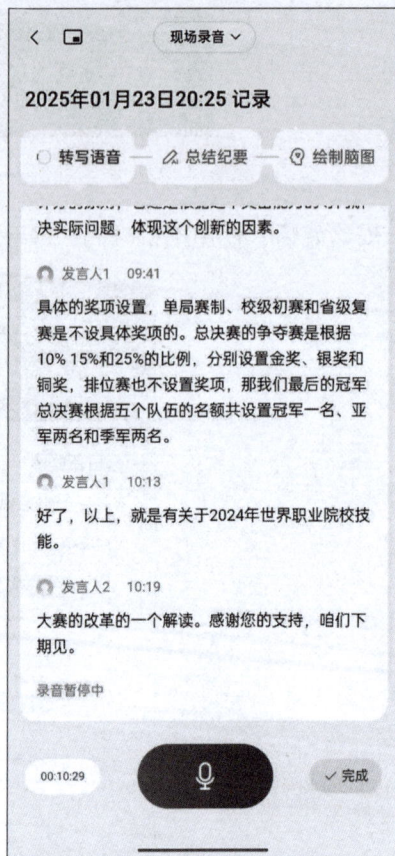

图 6-26　实时录音截图

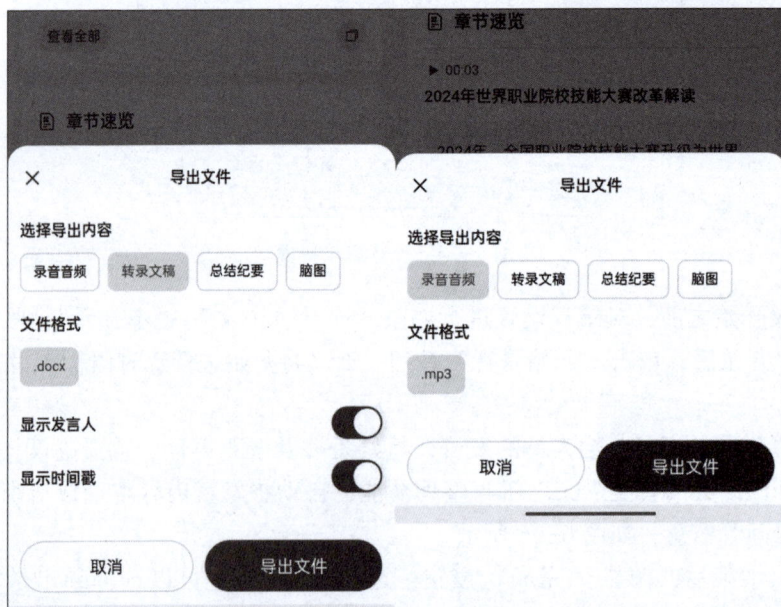

图 6-27　导出文件截图

任务二　使用通义总结会议纪要

利用 AI 通义工具完成总结会议纪要。纪要应结构清晰，条理分明，便于阅读和理解。可以使用标题、列表、段落等排版方式来组织内容，使纪要更加易读，最终形成总结会议纪要文件。

【具体步骤】

（1）在通义界面，选择之前的会议实时记录，如图 6-28 所示。

（2）选择"分享"→"导出文件"→"总结纪要"，导出 .docx 文件，结果如图 6-29 所示。

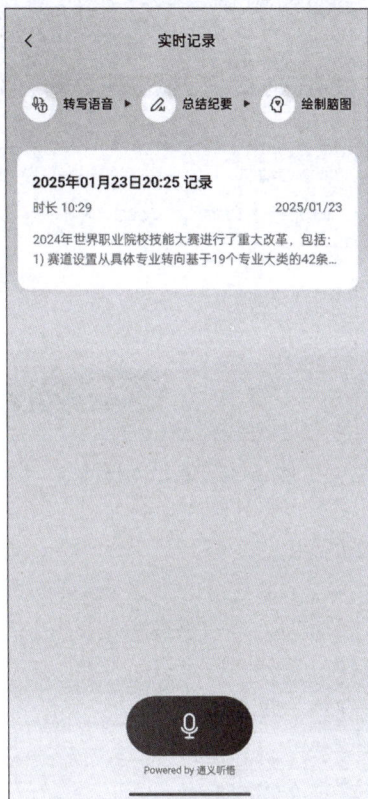

图 6-28　实时记录截图

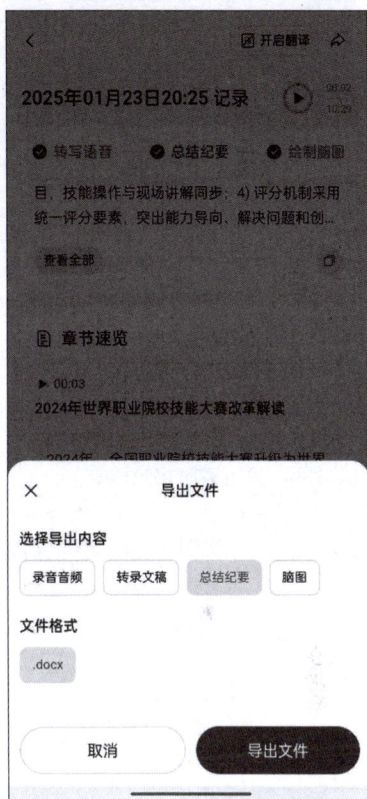

图 6-29　导出文件截图

任务三　根据会议纪要完成脑图绘制

利用 AI 通义工具完成会议纪要脑图的绘制。创建一个基于会议总结纪要的脑图是一个有效的方式来组织和可视化会议中的关键信息、决策点、行动项等，最终形成脑图文件。

【具体步骤】

（1）在通义界面，选择之前的会议实时记录，如图 6-30 所示。

（2）选择"分享"→"导出文件"→"脑图"，导出 .png 文件或 .xmind 文件，结果如图 6-31 所示。

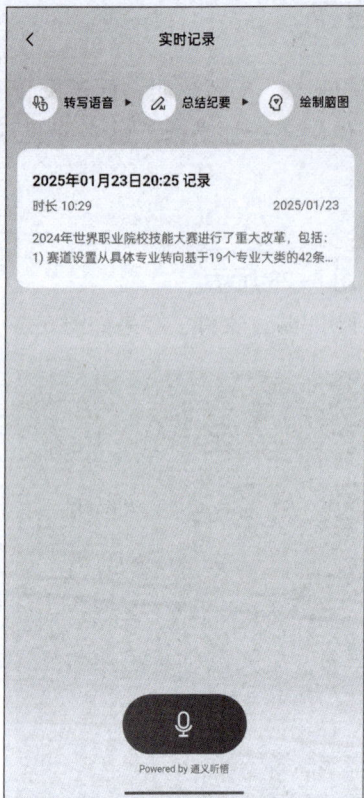

图 6-30　实时记录截图

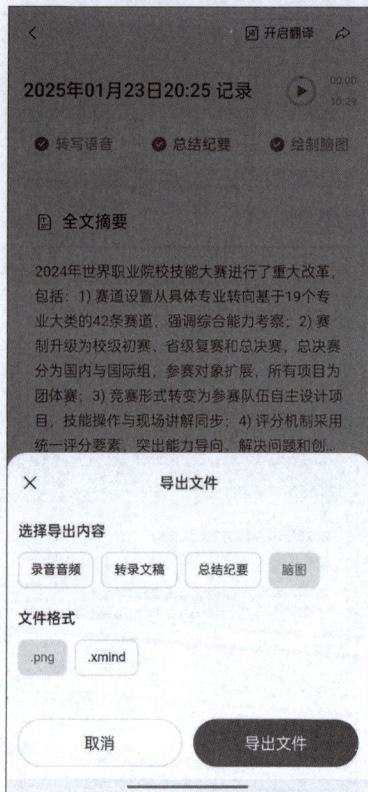

图 6-31　导出文件截图

（3）选择导出的脑图 .png 文件，结果如图 6-32 所示。

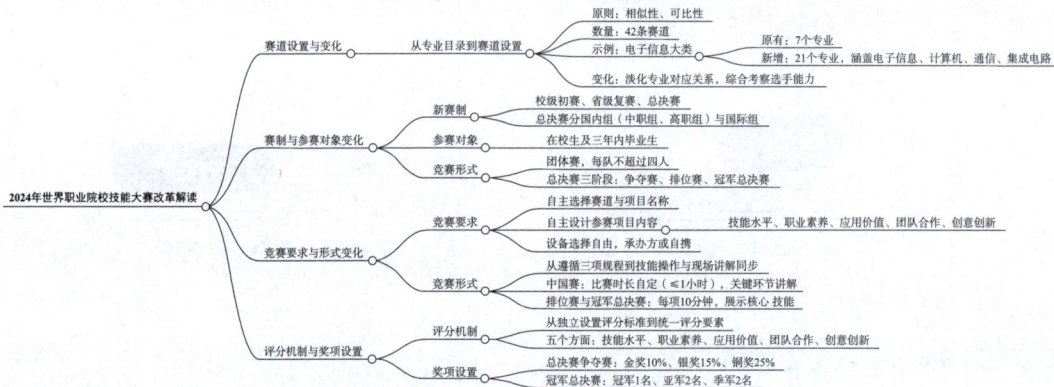

图 6-32　会议纪要脑图

【小结】

1. 本任务通过学习和实践，掌握了使用通义工具完成实时会议记录、总结会议纪要和绘制脑图的方法。

2. 提高了会议记录的效率和准确性，有助于更好地理解和追踪会议内容，为后续工作提供了有力的支持。

第 7 章

AI 技术迭代深化 AIGC 发展

人工智能生成内容（AIGC）的技术迭代正推动其从底层技术生态构建迈向跨领域深度应用，重构职业模式、思维范式与人机协作方式。本章以技术突破为核心，系统阐释 AIGC 发展的多维度逻辑：从高性能硬件、算法创新到数据与云计算支撑的技术生态构建，到颠覆传统职业角色、催生新兴岗位并革新工作模式的智能化变革；从医疗、艺术、教育等领域的人机协作共生案例，到 AI 伦理风险、法律监管挑战及全球治理实践；最终指向可持续发展的未来路径——通过价值对齐、通识教育与绿色技术，实现 AIGC 与社会的长远共荣。本章以全景视角揭示 AIGC 如何以技术创新驱动社会演进，平衡效率与责任，为智能化时代的深度转型提供系统性洞察。

7.1 AIGC 生态构建

学习要点

1. 理解 AIGC 生态构建中技术层面的关键作用及相互关系。
2. 理解 AIGC 生态构建的核心要素。

任务 AIGC 生态构建的核心要素

【任务描述】

在科技飞速发展的当下，AIGC 正以惊人的速度改变着人们的生活与工作方式。构建一个完备且高效的 AIGC 生态系统，成为推动其持续创新与广泛应用的关键所在。这一生态系统犹如一座宏伟的金字塔，从底层的基础技术支撑，到中层的算法模型优化，再到上层的多样化应用落地，各个层面紧密相连、相互影响，共同构筑起 AIGC 发展的坚实根基。通过本任务的学习，将剖析 AIGC 生态构建的核心要素，探寻其蓬勃发展的内在逻辑。

【具体内容】

1. 软硬件突破

硬件是 AIGC 发展的基石，其中，高性能计算芯片的持续革新尤为关键。以英伟达的 GPU 为例，其强大的并行计算能力，犹如为 AIGC 装上了强劲的"引擎"，极大地缩短了 AI 模型的训练周期，让训练大规模、复杂模型成为可能，为 AIGC 在图像、语音、自然语言处理等众多前沿领域的应用提供了技术支撑。这使像 OpenAI 训练 DALL-E 这样能够根据文本描述生成图像的模型成为可能，为图像创作领域带来了颠覆性变革。与此同时，量子计算领域也在不断探索，比如谷歌的量子计算机"悬铃木"，其在特定问题的计算速度上远超传统计算机，虽然目前还处于研究阶段，但未来有望为 AIGC 解决复杂的组合优化等难题提供全新的解决方案。

软件层面，操作系统和算法库的优化同样不可或缺。专为 AI 计算定制的操作系统，能够智能调配硬件资源，保障计算任务高效执行，大幅提升整体计算效率。而像 TensorFlow 和 PyTorch 这样的开源算法库，为开发者提供了丰富的工具和便捷的接口，使他们能够专注于模型创新与应用，有力推动了 AIGC 技术的发展。例如，字节跳动利用 TensorFlow 开发了用于短视频推荐的 AI 模型，通过对海量用户行为数据的学习，能够精准地为用户推荐感兴趣的视频内容，极大地提升了用户体验和平台的活跃度。

2. 人才培养

人才是 AIGC 生态构建的核心要素。在 AIGC 迅猛发展的时代，专业人才的短缺成为行业发展的一大挑战。高校和职业院校作为人才培养的"摇篮"，应积极响应时代需求，强化人工智能、机器学习、自然语言处理等相关专业建设。例如，清华大学开设了人工智能学堂班，通过精心设计的课程体系，不仅教授学生扎实的理论知识，还安排大量的实践项目，让学生参与到实际的 AI 研究和开发中。许多从该学堂班毕业的学生进入百度、阿里等科技企业后，迅速成为 AIGC 研发团队的骨干力量。通过开设前沿课程，构建完善的人才培养体系，不仅能为学生打下坚实的理论基础，更注重了学生实践能力的培养，使其毕业后能迅速融入行业。

企业内部也应重视人才培养，开展针对性强的培训项目，帮助员工掌握 AIGC 技术应用技巧，提升创新和解决实际问题的能力。此外，产学研合作模式的深化至关重要。以科大讯飞为例，其与多所高校和科研机构合作，利用高校的科研成果开发出了一系列先进的语音识别和合成技术，广泛应用于智能客服、智能翻译等领域，推动了 AIGC 技术在语言处理方面的实际应用，同时也为相关专业人才提供了实践和成长的平台。

3. 云计算与大数据

云计算为 AIGC 提供了强大的算力支持。借助云计算平台，企业和开发者无须投入巨额资金购置硬件设施，只要按需租用计算资源即可。这种灵活的按需付费模式，大大降低了 AIGC 的开发和应用门槛，让更多创新想法得以实现。例如，Midjourney 是一款基于云计算的 AI 绘画工具，它利用亚马逊的 AWS 云服务提供算力，用户只需在网页上输入文本描述，就能快速生成精美的图像。由于无须用户自己搭建复杂的计算环境，使 AI 绘画的门槛大幅降低，吸引了大量艺术爱好者和创作者。

大数据是 AIGC 的"燃料"，丰富而高质量的数据资源是训练优秀 AI 模型的关键。AI 模型通过对海量数据的学习，掌握广泛的知识和模式，从而提升生成内容的质量和准确性。在 AIGC 生态中，数据的收集、整理、标注和管理是重要环节，只有经过精心处理的数据，才能为 AI 模型提供有效的学习素材，使其学习到有价值的信息，生成符合用户需求的优质内容。比如，谷歌的语音助手训练过程中，收集了全球不同地区、不同口音的海量语音数据，经过专业的整理和标注，训练出的语音识别模型能够准确识别各种复杂的语音指令，为用户提供高质量的语音交互服务。

4. 机器学习

机器学习是 AIGC 的核心技术之一，在 AIGC 发展中发挥着关键作用。监督学习、无监督学习和强化学习等多种机器学习方法，各自有着独特的应用场景，共同推动 AIGC 技术不断进步。

监督学习通过大量有标签的数据训练模型，使其学会对新数据进行准确分类和预测。比如在图像识别领域，旷视科技的 Face++人脸识别系统通过标注大量人脸图像数据，包括人脸的特征点、表情、身份信息等，训练出的模型能够在安防监控、门禁系统等场景中准确识别出不同人的身份，为社会安全和便捷管理提供了有力支持。

无监督学习侧重于发现数据中的潜在模式和结构，无须预先标注数据。以电商领域为例，阿里巴巴利用无监督学习算法对海量的用户购物行为数据进行分析，发现用户的购买偏好和行为模式，将用户划分为不同的群体，针对不同群体制定个性化的营销策略，大大提高了营销效果和用户满意度。

强化学习则让智能体在环境中不断试错，根据奖励反馈学习最优行为策略。在游戏领域，DeepMind 公司开发的 AlphaGo Zero，通过不断与自己对弈，根据每一步棋的胜负结果获得奖励反馈，逐渐学习到围棋的最优策略，最终能够战胜人类顶尖棋手，展示了强化学习在复杂决策任务中的强大能力。持续优化和创新机器学习算法，是提升 AIGC 性能的核心，也是推动 AIGC 技术突破的重要动力。

5. 终端设备设计畅想

展望未来，AIGC 终端设备将朝着更智能化、人性化方向发展。随着科技进步，融合脑机接口技术的终端设备有望问世，用户通过大脑信号即可与设备自然、高效地交互，真正实现"心想事成"。虽然目前 AIGC 终端设备还处于研究阶段，但已有一些初步成果。例如，美国的一家科技公司正在研发一款脑机接口设备，通过头戴式装置采集大脑信号，经过算法处理后转化为计算机指令。在初步实验中，使用者能够通过大脑信号控制电脑光标移动，实现简单的文字输入，为未来更复杂的创作交互奠定了基础。

同时，终端设备形态将发生革命性变化。可穿戴设备、智能家居设备等将成为 AIGC 的重要载体。例如，苹果的智能手表 Apple Watch 可以实时监测用户的健康数据，如心率、睡眠情况等，利用 AIGC 技术分析这些数据后，为用户提供个性化的健康建议和运动计划。智能家居系统方面，小米的智能家居生态，通过智能音箱等设备收集用户的语音指令和生活习惯数据，能够自动调节灯光亮度、温度及开启家电等，为用户创造舒适、便捷的生活环境，让 AIGC 融入生活的每个角落。

此外，为满足用户不同场景的使用需求，终端设备能源效率大幅提升。新型能源技术的应用，将使设备实现长时间续航，摆脱电源束缚，让用户在移动过程中也能持续享受 AIGC 带来的便利与乐趣。比如，一些科研团队正在研发基于太阳能充电的可穿戴设备，未来有望实现智能手表、智能手环等设备在户外环境下的持续充电，保障 AIGC 功能的不间断运行。

【小结】

AIGC 生态构建是推动其发展的关键，涵盖软硬件突破、人才培养、云计算与大数据、机器学习等核心要素，未来终端设备也将向智能化、人性化变革，为 AIGC 发展带来新机遇。

7.2 AIGC 改变世界

学习要点

1. 理解 AIGC 如何促使传统职业角色转型。
2. 掌握 AIGC 推动的远程协作和自动化工作流程对工作模式的改变。
3. 理解 AIGC 在工作和学习中引发的思维方式转变。

任务一 变革工作方式

【任务描述】

在当今数字化时代，AIGC 正以颠覆性的力量重塑工作方式，从根本上重新定义职业角色，创造前所未有的就业机会，并深刻改变人们传统的工作模式。通过本任务的学习，将理解 AIGC 如何促使传统职业角色转型，认识到新兴职业因 AIGC 而产生，明确职业发展在 AIGC 时代的新方向，掌握 AIGC 推动的远程协作和自动化工作流程对工作模式的改变，体会其对工作效率和灵活性的提升作用。

【具体内容】

1. 重新定义职业角色

AIGC 的兴起使许多传统职业角色发生转变。以平面设计师小李为例，以往他为电商平台设计产品海报时，要花费大量时间手绘草图，从构图、色彩搭配到元素设计，反复修改多次才能确定初步方案。而现在有了豆包这类 AI 绘画软件，小李只需输入"夏日清新风格的防晒霜海报，要有海滩、太阳和防晒瓶"这样的文本描述，软件就能在短时间内生成多张创意草图，如图 7-1 所示。他可以快速从中选择满意的构图和风格，然后基于此进行细节调整和品牌元素融入，整个设计周期大幅缩短，他也有更多精力去思考如何通过设计传达品牌理念，从单纯的绘图执行者转变为创意主导者。

图 7-1 豆包软件生成图片

在广告行业，文案撰写者小王过去为一个新产品撰写宣传文案时，要从市场调研、竞品分析到文案构思，一步步完成。现在借助 AI 写作助手，他输入产品特点、目标受众等关键信息，就能快速获得初稿。小王再结合产品的独特卖点和消费者情感诉求，对文案进行润色和优化，让文案更具感染力和销售力，从单纯的文字生产者转变为内容价值提升者。

2. 创造新的就业机会

AIGC 催生出一系列新兴职业。在一家大型互联网科技公司，AI 训练师小张负责为公司的智能客服 AI 模型收集和整理大量的客户咨询数据，并对这些数据进行精细标注，比如将问题分类为产品咨询、售后服务、投诉建议等。通过他的努力，AI 模型能够学习到准确的知识和模式，更好地理解客户问题并给出准确回复，提升了客户服务的效率和质量。

随着 AIGC 技术在金融领域的广泛应用，数据隐私和算法公平性问题日益受到关注。AIGC 伦理专家小赵就职于一家金融科技公司，他的工作是制定 AIGC 技术在信贷风险评估、投资决策等应用中的伦理准则和规范。例如，他确保 AI 算法在评估信贷风险时不会因性别、种族等因素而产生偏见，保障金融服务的公平性，同时制定数据使用规则，保护客户隐私。

AIGC 应用工程师小刘在一家医疗科技企业工作。他的职责是将 AIGC 技术集成到医疗影像诊断系统中。通过他的努力，AI 能够对 X 光、CT 等影像数据进行初步分析，快速识别可能存在的病变区域，医生再根据 AI 的分析结果进行进一步诊断和确认，实现了 AIGC 技术与医疗业务的深度融合，提高了诊断效率和准确性。

3. 改变工作模式

AIGC 推动了远程协作和自动化工作流程的发展。在一个跨国游戏开发项目中，团队成员分布在不同国家和地区。借助在线协作平台和 AI 代码生成工具，程序员们可以实时共享和编辑游戏代码。例如，当开发一款手机游戏时，利用 AI 代码生成工具，开发人员可以快速生成游戏场景搭建、角色动作设计等部分基础代码，然后通过线上协作平台，不同地区的团队成员共同对代码进行完善和优化，大大提高了开发效率。同时，一些重复性的代码测试和修复工作也可以由 AI 自动化完成，开发人员能够将更多时间和精力投入游戏玩法创新和用户体验优化上。

在一家大型制造企业的财务部门，以往每月的数据录入和简单报表生成工作需要多名员工花费数天时间完成。现在，借助 AIGC 技术，数据录入工作可以通过光学字符识别（OCR）技术和 AI 自动化流程完成，员工只需对录入的数据进行简单审核即可。同时，AI 能够根据预设的财务规则和算法，自动生成各类财务报表，员工从烦琐的事务中解脱出来，专注于财务数据分析和战略决策，这种工作模式的转变，不仅提高了工作效率，还增强了工作的灵活性和自主性。

任务二　转变思维方式

【任务描述】

在数字化浪潮中，AIGC 的飞速发展深刻影响着人们的思维方式，无论是在工作还是在学习领域，都带来了前所未有的变革。通过本任务的学习，将理解 AIGC 如何促使职场人从重复性劳动思维转向创新和问题解决思维，把握 AIGC 在工作中对思维的重塑作用，认识 AIGC 如何推动学生从被动接受知识转变为主动探索知识，体会 AIGC 在学习中培养批判性思维和实践应用思维的方式。

【具体内容】

1. 工作中的思维转变

在 AIGC 出现之前，职场人多遵循既定流程和经验，侧重于重复性劳动。以数据处理工作为例，员工需要手动收集、整理和分析大量数据，耗费大量时间精力，思维也局限在完成任务本身。随着 AIGC 技术的应用，如自动化数据处理软件的应用，能快速、准确地完成数据整理和初步分析。这使员工从烦琐的基础工作中解放出来，开始思考如何利用这些数据创造更大价值，思维方式向创新和问题解决转变。他们会深入挖掘数据背后的业务洞察，比如分析用户消费数据，不再是简单地统计消费金额和频次，而是思考如何通过这些数据优化产品推荐策略，提升用户购买转化率，为企业带来实际效益。

在创意工作领域，像广告策划。以往策划人员绞尽脑汁构思创意，从市场调研到创意初稿形成，过程漫长且创意来源相对单一。如今借助 AIGC 工具，如创意灵感生成器，输入产品特点、目标受众等关键信息，就能获得多种创意方向和概念。策划人员不再局限于传统的创意启发方式，而是基于 AIGC 提供的多元思路，进一步拓展思维边界，融合不同灵感，创造出更具创新性和吸引力的广告方案，实现从传统创意构思思维到开放式、融合式创新思维的转变。

2. 学习中的思维转变

传统学习模式下，学生主要依赖教师讲授和书本知识，学习过程相对被动，思维多是接受式。例如，学习历史时，学生通过背诵课本内容来记忆历史事件和人物。在 AIGC 时代，智能学习工具为学生提供了主动探索知识的途径。以历史学习类 AI 应用为例，学生可以输入感兴趣的历史主题，如"工业革命对社会结构的影响"，AI 会整合多源资料，提供多角度的分析观点和拓展阅读材料。学生不再满足于课本上的单一解读，而是主动思考不同观点背后的原因，对比分析，形成对历史事件的独特理解，培养批判性思维方式。

在学习语言时，AIGC 也带来思维转变。以往学生通过死记硬背单词和语法规则来学习语言，学习方式机械。现在借助智能语言学习软件，学生可以与 AI 进行实时对话练习，AI 能根据学生的表达即时纠错并提供更自然的表达方式。学生在这种互动学习中，从单纯记忆知识转变为主动运用知识，在实际交流场景中思考语言的运用技巧，提升语言综合运用能力，思维从理论知识记忆向实践应用转变。

【小结】

AIGC 正深刻改变工作方式。它重新定义职业角色如设计师、文案撰写者的工作内容；创造新兴职业，像 AI 训练师、伦理专家等；改变工作模式，实现远程协作与流程自动化，提升效率与灵活性。AIGC 正深刻改变人们思维方式。工作中，员工从重复性劳动思维向创新和问题解决思维转变，创意工作者实现思维拓展。学习上，学生从被动接受转为主动探索，培养批判性思维，从理论记忆向实践应用转变。

7.3 人与 AI 智慧共生

学习要点

1. 理解人类智慧与 AI 技术相结合的优势。
2. 理解通过协作实现更高效地解决问题。

任务 融合多领域优势与协作成果

【任务描述】

在当今 AI 技术日新月异的时代，人与 AI 并非彼此对立、相互替代，而是逐步走向深度融合、智慧共生的新局面。人类所独有的情感洞察能力、丰富创造力以及对复杂问题的综合判断能力，与 AI 强大的数据处理能力、高速运算能力形成了天然互补，在多个领域通过紧密协作，不仅展现出显著优势，还实现了更高效的问题解决。通过本任务的学习，深入理解人类智慧与 AI 技术结合在医疗、艺术、教育、金融、科研、商业、工业制造、城市规划等多个领域所展现出的提升效率、激发创意、提高准确性、增强决策科学性等显著优势。

【具体内容】

医疗领域：疾病诊断作为一项复杂且至关重要的任务，医生虽凭借专业知识和临床经验能综合考量患者症状表现、过往病史等信息，但面对海量医学数据和复杂疾病特征，仍难免疏漏。融入 AI 技术后，带来了重大突破。以影像诊断为例，AI 能在极短时间内全面分析 X 光、CT、MRI 等医学影像，精准定位病变部位，捕捉细微病变并给出初步诊断建议。医生在此基础上结合自身专业判断，充分考虑患者个体差异、生活习惯、遗传因素等，做出更准确全面的诊断。这种人机协作模式既提高了诊断准确性与效率，又成功挽救更多患者生命，充分体现了两者结合的优势以及协作解决问题的高效性。

艺术创作领域：人类的创造力与情感表达是艺术灵魂，AI 则为艺术家提供了全新灵感源泉与创作工具。音乐家借助 AI 音乐创作软件，输入创作主题、风格偏好等关键信息，即可迅速获得旋律片段。音乐家以此为创意起点，融入自身对音乐的独特理解、丰富情感和深厚艺术底蕴，精心雕琢，完善作品。AI 打破传统创作思维定式，激发源源不断的创作灵感，助力创作出更具创新性与独特艺术魅力的音乐作品，实现了人类艺术创造力与 AI 技术的完美结合，共同解决了艺术创作中灵感局限和效率问题。

教育领域：AI 为教育工作者提供强大的教学辅助工具，智能教学系统依据学生学习进度、日常答题、作业完成质量等多维度数据，精准分析出学生知识掌握的薄弱环节，为教师制订个性化教学计划提供有力的数据支撑。教师凭借教育教学经验和对学生的深入了解，针对 AI 分析出的问题，设计趣味化知识讲解、互动性小组讨论、个性化辅导练习等教学活动，激发学生学习兴趣，提升教学效果。如通过 AI 分析，发现学生对数学函数理解困难，教师结合生活中水电费计费函数、行程问题速度时间函数等实例，设计专门的练习课程，帮助学生理解抽象概念，弥补知识"短板"，展现出 AI 与教师协作提升教学质量、解决学生学习难题的优势。

金融领域：风险评估与投资决策是金融行业核心工作，AI 算法快速处理海量金融数据，包括市场行情实时波动、企业财务报表数据、宏观经济指标动态变化等，通过复杂精密模型精准预测市场趋势与投资风险。金融分析师凭借对市场的敏锐洞察力、丰富行业经验和对宏观经济形势的深刻理解，对 AI 分析结果进行全面、深入的综合判断。在投资决策时，分析师不仅参考 AI 提供的量化数据，还考虑政治局势变化、行业竞争格局调整、社会文化因素对消费行为的影响等难以量化因素，做出更合理、科学的投资决策，有效降低投资风险，提高投资回报率，实现了 AI 技术与人类专业判断协作下的科学决策与风险防控。

科研领域：攻克复杂科学难题需处理海量数据并深入分析。以天文学研究为例，科学家面对来自天文望远镜的海量观测数据，从中探寻新天体、研究宇宙演化规律。AI 技术快速筛选分析数据，挖掘潜在研究目标与规律线索，科学家凭借扎实的专业知识、严谨的科研思维，对 AI 分析结果进行深入研究验证，进而提出新科学假设与理论。这种人机协作显著加快了科研进程，使科学家更迅速取得科研成果，有力推动天文学领域发展，体现了在科研领域人类智慧与 AI 技术结合推动问题解决和知识创新的优势。

商业领域：企业制定市场策略时，需综合考量市场趋势变化、竞争对手动态、消费者需求演变等多方面因素。AI 通过大数据深度挖掘分析，为企业提供精准市场趋势预测、详细消费者行为分析等关键信息。企业市场专家依据这些信息，结合自身丰富市场实战经验和对企业战略目标的深刻理解，制订更具针对性、竞争力的市场策略。这种人机协作模式使企业高效面对复杂多变的市场环境时，能迅速调整经营策略，提升市场竞争力，实现了 AI 技术助力企业市场策略制订与问题解决的优势。

工业制造领域：汽车制造生产线上的质量检测是确保产品质量的关键环节，AI 视觉检测系统快速全方位扫描汽车零部件，精准检测出表面瑕疵、尺寸偏差等问题，检测效率远超人工检测。但发动机内部零部件潜在故障、汽车电子系统隐性问题等，涉及内部结构的复杂缺陷判断，仍需经验丰富的工程师凭借专业知识与实践经验进行评估。工程师结合 AI 检测结果，深入分析问题产生的原因，从原材料选择、生产工艺参数调整、设备运行状态优化等方面提出改进方案，有效提高产品质量，降低生产成本，展示了工业制造中 AI 技术与工程师协作保障产品质量、解决生产问题的优势。

城市规划领域：城市规划需全面考虑人口分布合理性、交通流量动态变化、环境承载能力限度等多方面因素。AI 通过分析城市大数据，如人口密度时空分布、居民出行轨迹规律、能源消耗结构与趋势等，为城市规划提供坚实的数据支持，并模拟不同规划方案实施效果，直观展示规划方案影响。城市规划师根据城市历史文化底蕴、未来发展定位和居民实际需求，参考 AI 模拟结果，制订更科学合理、更具前瞻性的城市规划方案，致力于打造宜居、宜业、宜游的高品质城市环境，体现了 AI 技术与城市规划师协作实现科学规划城市、解决城市发展问题的优势。

【小结】

在 AI 时代，人与 AI 深度融合、智慧共生。在医疗、艺术、教育等多领域，人类凭借情感洞察、创造力等，与 AI 强大的数据处理能力互补，通过协作，提升效率、激发创意、增强决策科学性，高效解决问题，实现共同发展。

7.4　学习 AI 伦理、法律和监管

学习要点

1. 了解 AI 伦理原则。
2. 了解 AIGC 可能引发的伦理风险。
3. 了解 AI 相关的政策监管及法律挑战。

任务一　介绍 AI 伦理原则

【任务描述】

本任务旨在通过系统化的框架分析和举例说明相结合的方式，深入讲解 AI 伦理领域的三大核心原则——RICE 原则、FATE 原则和 3H 标准。RICE 原则从技术可靠性角度，强调 AI 系统的鲁棒性、可解释性、可控性和道德性；FATE 原则聚焦社会公平性，涵盖公平性、问责机制、透明性和伦理性，帮助避免算法偏见并建立公众信任；3H 标准则从用户价值出发，强调帮助性、诚实性和无害性，确保 AI 技术以负责任的方式服务社会。通过本任务的学习，学生不仅能够掌握 AI 伦理的基本概念和原则，还能结合实际场景分析 AI 伦理问题，培养批判性思维和伦理意识。

【具体内容】

1. RICE 原则

鲁棒性（Robustness）指 AI 系统在复杂环境、干扰因素或不确定性下仍能稳定运行并准确完成任务的能力。它体现了 AI 系统的"抗压能力"，使其在意外情况下不易失效或产生错误行为。例如，自动驾驶汽车在恶劣天气或突发路况中，仍需准确感知环境并做出安全决策。鲁棒性不仅是技术可靠性的体现，更是减少 AI 应用风险、保障人类安全的关键。

可解释性（Interpretability）要求 AI 系统的推理过程透明易懂，尤其是黑盒神经网络的内部机制。AI 不仅应提供结论，还需清晰解释其决策依据。例如，当 AI 系统用于信用评估时，它不仅要给出是否批准贷款的决定，还要能够解释这个决定是基于哪些因素做出的，比如收入水平、信用历史等。这种透明性增强了用户对 AI 的信任，同时帮助开发者发现并纠正系统中的偏差或错误，确保 AI 行为符合人类期望和伦理标准。

可控性（Controllability）强调人类能够有效监督和干预 AI 系统，确保其行为符合人类意图。例如，在工业生产中，AI 可优化设备运行参数，但操作人员需能随时调整决策或修复故障。这种可控性确保了生产过程的灵活性和安全性，同时也符合工业生产的标准和规范。可控性是 AI 伦理的核心原则之一，它让人类能够对 AI 系统进行有效的监督和管理，确保其行为始终处于人类的掌控之中。

道德性（Ethicality）要求 AI 系统的设计、开发和应用符合人类道德标准。AI 需遵循

"正确的行为准则"，避免歧视或有害行为。例如，医疗 AI 应确保诊断决策不受种族、性别等因素影响；社交媒体 AI 需防止传播虚假信息或仇恨言论。道德性是 AI 伦理的基石，确保技术发展真正造福社会，而非带来负面影响。

2. FATE 原则

公平性（Fairness）要求 AI 系统在决策过程中对所有用户和群体一视同仁，避免因种族、性别、年龄、宗教等个人特征而产生歧视性结果。例如，在招聘中，公平的 AI 系统应基于能力和资格评估求职者，而非性别或种族；在信贷审批中，AI 需确保所有申请人根据相同的财务标准获得贷款。公平性有助于减少社会不平等，增强公众对 AI 的信任，推动技术真正造福所有人。

问责机制（Accountability）要求在 AI 系统的开发、部署和使用中明确责任归属，确保当系统出现问题或导致不良后果时，能够追溯到相关责任主体并追究责任。例如，自动驾驶汽车发生事故时，需明确是 AI 系统故障还是外部因素所致，从而确定责任方（如制造商或开发者），确保受害者获得赔偿并推动技术改进。问责机制是 AI 伦理中不可或缺的一部分，它不仅保障了公众的权益，还为 AI 技术的健康发展提供了必要的规范和约束，同时增强公众对 AI 的信任。

透明性（Transparency）指 AI 系统的运行机制、数据来源、处理过程以及决策依据对用户和监管者公开透明。在金融领域，当 AI 系统用于信用评分时，透明性确保用户能够理解评分的依据，比如哪些因素被考虑、如何计算得分等，从而避免因不透明而导致的误解或不公平现象。透明性不仅有助于增强用户对 AI 系统的信任，还能让监管者更好地监督 AI 系统的合规性。透明性不仅增强用户信任，还帮助监管者确保系统符合隐私保护和反歧视等法律法规，推动 AI 技术的健康发展并保护用户权益。

伦理性（Ethics）要求 AI 系统的设计、开发和应用符合人类基本道德标准，确保其行为不对社会、环境或个人造成伤害。例如，医疗 AI 在辅助诊断时需尊重患者隐私，避免不必要的检查或治疗，并提供准确、谨慎的建议。伦理性是 AI 伦理的核心，确保技术发展真正造福人类，而非成为新的社会问题源头。

3. 3H 标准

帮助性（Helpful）要求 AI 系统的设计和应用必须能够为用户提供实际的帮助和价值。例如，在智能客服场景中，AI 系统需准确理解用户问题并提供清晰、有效的解决方案，而非模糊或无关的回答。帮助性不仅体现在 AI 能否完成任务，更在于其是否以对用户真正有益的方式完成任务，从而提升用户体验和满意度。帮助性是衡量 AI 系统是否真正服务于人类需求的关键标准之一。

诚实性（Honest）强调 AI 系统在提供信息和服务时必须基于事实和真实数据，避免误导或捏造虚假内容。例如，在新闻报道中，AI 生成的内容需基于真实事件和数据，不能编造虚假新闻，以确保公众获得准确信息。诚实性不仅有助于建立用户对 AI 系统的信任，还能避免因虚假信息引发的不良后果。它是确保 AI 系统可靠性和可信度的关键，使 AI 能够在真实和准确的基础上为用户提供帮助。

无害性（Harmless）要求 AI 系统的设计和应用必须确保其行为和输出不会对用户或社会造成伤害。例如，在社交媒体平台上，AI 算法需过滤可能引发仇恨、暴力或歧视的内容，以维护网络环境的安全与和谐；在儿童教育领域，AI 工具需确保内容适合儿童，避免暴露不适当或有害的信息。无害性不仅关注直接的身体伤害，还包括心理和社会层面的潜在伤害。通过确保 AI 系统的无害性，可以更好地保护用户的安全和福祉，使 AI 技术成为社会的积极力量。

【小结】

1. 了解 AI 伦理原则的重要性。

2. 了解 RICE 原则、FATE 原则和 3H 标准，并理解它们分别从技术可靠性、社会公平性和用户价值等角度，为 AI 系统提供了全面的伦理指导。

任务二 认知 AIGC 伦理风险

【任务描述】

本任务旨在帮助读者识别和理解 AIGC 技术可能带来的各种伦理风险。通过学习这一任务，读者将能够清晰地辨识 AIGC 在不同应用场景中可能引发的潜在问题，包括但不限于"数字鸿沟"、算法歧视、侵权行为、技术滥用等风险。不仅会探讨这些风险的具体表现形式，还会分析它们对社会和个人可能产生的影响。通过本任务的学习，将对 AIGC 的风险有初步的认识，并为进一步学习 AIGC 的可持续发展做好准备。

【具体内容】

1. "数字鸿沟"风险

"数字鸿沟"指先进技术成果未能被社会公平分享，导致"富者越富，穷者越穷"的现象。随着 AIGC 技术的普及，社会在享受其高效便利的同时，也面临"数字鸿沟"扩大的风险，加剧社会不平等。这一风险主要体现在贫富差距扩大和数字弱势群体的形成上。数字弱势群体包括老年人、低学历人群以及网络基础设施落后地区的居民，他们因缺乏数字素养和信息获取能力，难以享受技术红利。例如，老年人可能因技术更新过快而与社会脱节，低学历人群缺乏利用在线资源的机会，网络基础设施不足的地区则限制了居民接入互联网的能力。此外，不同国家和地区在人工智能发展和信息基础设施建设上的差异，可能进一步扩大"数字鸿沟"，与 AI 发展的普惠目标背道而驰。

2. 算法歧视风险

在 AIGC 技术中，算法的"黑盒"现象和可解释性差的问题尤为突出，这为算法歧视埋下了隐患。由于算法模型的设计往往包含了设计人员的主观意识，加之数据来源和标注阶段可能存在的偏见，使 AIGC 系统在运行过程中容易产生和传播歧视性结果。数据是训练 AIGC 系统的基石，但在数据收集和标注的过程中，如果包含有偏差或不公正的样本，这些偏见就会被嵌入模型中，并在后续的应用中不断放大和叠加。

例如，在数据标注阶段，设计人员向机器"投喂"的数据本身若存在歧视性和偏见，那么即使是最先进的算法，也可能产出带有偏见的结果。这种风险一旦形成，不仅难以察觉，还会随着系统的迭代升级而加剧，进一步影响决策的公正性和公平性。

以微软的 Tay 事件为例，Tay 是一款聊天机器人，旨在通过与用户的交互来学习和提高语言表达能力。然而，由于其训练数据中包含了大量未经筛选的用户输入，其中不乏带有种族主义、性别歧视和其他不当言论的内容，Tay 在上线后不久便开始生成类似的歧视性言论，引发了公众的强烈不满。这一事件充分说明了算法歧视的危险性：当算法模型无法解释其决策过程时，偏见可能会在不知不觉中被放大和传播。

通过 Tay 案例，可以看到，算法歧视并非仅仅是技术问题，还涉及数据质量、设计缺陷以及监管缺失等多方面因素。因此，在 AIGC 技术的发展中，必须重视数据的清洗和标注，提高算法的透明度和可解释性，并加强对 AI 系统的伦理审查和监管，以确保技术的公平性和公正性。

3. 侵权风险

AIGC 技术的迅速发展为创意产业注入了新的活力，但同时也引发了新的侵权风险。随着 AI 系统能够自动生成文本、图像、音频乃至视频等多种形式的内容，版权保护和知识产权问题变得尤为复杂。首先，AIGC 模型在训练过程中大量依赖已有数据集，这些数据如果未经授权而直接使用，则可能侵犯原作者的版权。例如，2024 年 6 月，美国三大唱片巨头——环球音乐、华纳音乐和索尼音乐联合对 AI 音乐生成平台 Suno 和 Udio 提起诉讼，指控它们未经授权而使用受版权保护的音乐作品来训练其 AI 模型。在诉讼中提到，Suno 和 Udio 生成的音乐不仅在旋律、和声和节奏上与原作高度相似，甚至包含了制作人的水印，即制作人添加到曲目的开头或结尾的那些简短的声音。

此外，AIGC 技术的快速迭代和应用广泛性使确定作品原创性和归属权更加困难。例如，当 AI 生成内容与人类作品相似时，判断是否侵权需要技术分析和法律考量。同时，隐私权也面临威胁，AIGC 系统可能基于个人数据生成内容，若数据收集和使用未经同意，则构成对隐私的侵犯。

4. 技术滥用风险

AIGC 技术的高度开放性和易用性，在降低创作门槛的同时，也可能被滥用于制作深度伪造内容，从而引发技术滥用风险。这类风险主要表现为利用 AIGC 工具实施社会欺诈、传播虚假信息等违法犯罪活动。不法分子通过 AI 成像、AI 仿声技术，能够制造出高度逼真的合成图像、音频和视频，用于实施诈骗、敲诈勒索等非法行为。例如，2024 年国内某地警方破获的一起 AI 换脸诈骗案中，犯罪团伙利用实时视频合成技术冒充某公司老板，与公司财务人员进行视频通话，诱导其转账 186 万元至指定账户。技术滥用风险还体现在虚假信息的传播上。AIGC 技术能够快速生成大量逼真的虚假新闻、图片和视频，其传播速度和范围远超传统手段。虚假信息的传播路径多样化且隐蔽性增强，使监管部门的甄别和打击成本大幅提高。同时，公众在面对海量信息时，对真实性的判断难度也在不断加大。

【小结】

1. 算法黑盒与数据偏见导致歧视风险，需强化透明性与伦理监管。

2. AIGC 引发版权归属争议与隐私侵权隐患；深度伪造泛滥威胁信息安全，需完善法律与技术监管体系。

任务三　AI 伦理治理实践

【任务描述】

随着 AI 成为各国科技发展战略的核心，各国纷纷通过伦理规范来明确 AI 技术研发和应用的基本伦理要求，并加强全球合作，以推动 AI 的有序发展。在本任务中，通过探讨国内外 AI 法规及相关政策、行业发展现状以及法律实践面临的挑战，将全面理解 AI 伦理治理的重要性及其复杂性。通过本任务的学习，将识别并理解当前 AI 法律实践中面临的主要挑战，培养批判性思维和解决问题的能力。

【具体内容】

1. 国内外 AI 法规及相关政策

为了应对高速发展的 AI 技术带来的伦理和社会挑战，各国纷纷加速构建 AI 治理的法律框架。在国际层面，欧盟凭借《人工智能法案》率先建立起风险分级监管体系，将 AI 系统划分为"不可接受风险""高风险""有限风险"和"最低风险"四类，对医疗诊断、信用评估等高风险场景实施全生命周期监管。此外，欧盟的《通用数据保护条例》（GDPR）为 AI 数据处理提供了重要法律依据，特别强调了对个人数据隐私的保护。美国则采取"联邦-州"协同治理模式，例如加州设立《自动化决策系统问责法案》要求公共部门 AI 系统进行算法影响评估，展现了其在 AI 监管方面的审慎态度。其他国家如日本、新加坡等也根据自身国情，制定了相应的 AI 政策，推动技术的规范化发展。

在国内，关于 AI 法规体系的建设也在持续推进。《数据安全法》《个人信息保护法》和《网络安全法》为 AI 技术的应用和发展提供了基础性的法律框架。2023 年发布的《生成式人工智能服务管理办法（征求意见稿）》是我国在 AI 领域的重要立法探索，明确了生成式 AI 的定义、适用范围，并对数据版权、内容真实性和数据隐私等方面提出了具体要求。该法规旨在规范生成式 AI 的发展，平衡技术创新与社会安全之间的关系。同时，我国通过《新一代人工智能发展规划》等政策文件，强调建立健全 AI 伦理法规体系，推动 AI 技术的健康、可持续发展。

2. 行业发展

中国 AI 行业正从"野蛮生长"转向"负责任创新"，逐步形成"技术-标准-认证"联动的治理生态。2024 年 9 月发布的《人工智能安全治理框架》1.0 版，标志着中国在 AI 伦理治理领域迈出重要一步。该框架提出了包容审慎、风险导向、技管结合和开放合作四大原则，旨在构建安全、可靠、公平、透明的 AI 技术生态。行业实践中，阿里巴巴推出"AI 伦理开放平台"，提供算法偏见检测工具；百度建立"AI 生成内容溯源系统"，通过数字水印技术实现内容可追溯。同时，2024 年 7 月发布的《人工智能全球治理上海宣言》进一步彰显了中国在全球 AI 治理中的引领作用。该宣言从促进 AI 发展、维护 AI 安全、构建治理体系、加强社会参与和提升公众素养、提升生活品质与社会福祉五个维度，呼吁全球协同合作，共同应对 AI 技术带来的伦理挑战。这些实践不仅为国内 AI 行业的规范化发展提供了重要指引，也为全球 AI 伦理治理贡献了中国智慧，推动 AI 技术朝着更加负责任和可持续的方向发展。

3. 法律实践面临的挑战

当前 AI 法律实践面临诸多挑战，这些挑战主要源于 AI 技术的快速迭代而法律体系的渐进式完善模式难以同步响应，导致监管滞后性日益显著。例如，自动驾驶汽车在发生事故时，责任归属问题尚未有明确的法律规定。同时，数据隐私与数据安全一直是焦点问题。

AI 系统的训练与运行高度依赖海量数据资源，但在数据采集、共享和处理过程中，个人隐私权、算法透明度等伦理要求与技术创新需求形成复杂博弈。此外，AI 系统的自主性和复杂性使得在侵权、错误决策等情况下的责任归属难以明确，传统法律中"行为–责任"的线性因果关系链被打破，算法开发者、运营主体与终端用户之间的责任边界趋于模糊。这些问题表明，AI 法律领域亟需在技术创新与法律规范之间寻求平衡，以应对未来更为复杂的伦理和法律风险。

【小结】

1. 随着人工智能技术的发展，国内外都在积极推进 AI 法规体系的建设。

2. 由于 AI 技术的高速发展，法律方面仍有诸多挑战，如监管滞后、责任界定、数据安全等。

7.5　AIGC 的可持续发展

学习要点

1. 了解 AIGC 可持续发展的含义。
2. 了解可持续发展的治理举措。

任务　了解 AIGC 可持续发展的要素

【任务描述】

本任务将深入探讨 AIGC 可持续发展的内涵、人工智能价值对齐的重要性，以及 AIGC 通识教育的必要性。AIGC 的可持续发展不仅依赖技术进步，还需从伦理、社会影响和环境资源等多维度进行考量。同时，本任务将阐述人工智能价值对齐的概念及其在确保 AIGC 正向发展中的关键作用，强调技术目标与人类价值观的一致性。此外，探讨构建分层递进的 AIGC 通识教育体系，以提升技术开发者、企业和社会公众对 AIGC 技术的认知与伦理素养，为 AIGC 的可持续发展奠定坚实的社会基础。通过本任务的学习，将全面理解 AIGC 可持续发展的多方面要求，并深刻认识到伦理教育在其中的重要支撑作用。

【具体内容】

1. AIGC 可持续发展的内涵

AIGC 的可持续发展是一个关乎技术、社会和环境的多维度议题。随着 AIGC 技术的飞速发展，其在内容创作、信息传播、教育、娱乐等多个领域展现出巨大的应用潜力，极大地提升了内容生产的效率和多样性。然而，AIGC 的可持续发展并非仅仅依赖技术的进步，还需要从伦理、社会影响和环境资源等多个方面加以考量。从伦理角度看，AIGC 生成的内容需要符合道德规范，避免虚假信息、误导性内容或侵犯版权等问题，以确保其对社会的积极影响。同时，AIGC 的广泛应用可能会对就业结构产生冲击，这就需要通过教育和培训来提升劳动力的适应能力，以实现社会的平稳过渡。此外，AIGC 的运行依赖大量的计算资源，这不仅带来了能源消耗的挑战，也对环境可持续性提出了要求。因此，开发更高效的算法、优化能源使用以及探索绿色技术成为推动 AIGC 可持续发展的关键。总之，AIGC 的可持续发展需要技术、社会和环境三方面的协同努力，以确保其在创造价值的同时，也能为人类社会的长远发展做出积极贡献。

2. 人工智能价值对齐

价值对齐是确保 AIGC 正向发展的核心机制。简单来说，价值对齐是指确保人工智能系统的目标和行为与人类的价值观和社会利益保持一致。在 AIGC 领域，这意味着生成的内容不仅要高效、准确，还要符合道德、法律和社会规范。例如，AIGC 生成的新闻报道应真实可靠，避免误导公众；创作的艺术作品应尊重版权，不侵犯他人的知识产权；而用于教育的内容则应积极向上，有助于学习者的成长。价值对齐的重要性在于，它能够帮助避免 AIGC 技术可能带来的负面影响，如虚假信息传播、文化偏见强化等。通过在技术设计和应用过程中融入伦理考量，可以更好地引导 AIGC 的发展方向，使其成为推动社会进步和可持续发展的积极力量，而不是潜在的风险源。因此，无论是技术开发者、企业还是政策制定者，都应重视人工智能价值对齐，将其作为 AIGC 可持续发展的核心原则之一。

3. AIGC 通识教育

构建 AIGC 可持续发展的社会基础，需要实施分层递进的通识教育体系。针对技术开发者，麻省理工学院的"嵌入式伦理"课程开创先河，将伦理审查流程嵌入 AI 开发全生命周期，使学生在编写代码时同步考虑隐私保护、公平性等要素。此外，企业作为 AIGC 技术的主要应用者和推广者，需要建立完善的伦理框架。通过内部培训和伦理教育，企业能够确保员工在使用 AIGC 技术时遵循道德和法律规范，避免因技术滥用而引发社会问题。最后，社会公众的 AI 伦理教育同样不可或缺。公众对 AIGC 技术的认知和理解直接影响其接受度和信任度。通过科普活动和教育项目，可以提升公众的伦理素养，培养负责任的 AI 使用者。

【小结】

1. AIGC 可持续发展需技术、社会与环境协同，嵌入伦理审查与价值对齐机制，优化算法效能并推动绿色技术应用。

2. 构建开发者、企业、公众分层教育体系，将伦理嵌入技术全周期，提升社会认知力与技术信任度。